普通高等教育"十三五"规划教材

地下工程围岩稳定性分析与维护

谭文辉　王培涛　主编

U0323163

北　京

冶金工业出版社

2020

内 容 提 要

　　本书从理论与工程实践角度出发，较为全面、系统地介绍了地下工程围岩稳定性分析与维护的基本原理和方法，以及一些新理论、新方法在实际工程中的具体应用。主要内容包括地下工程的基本概念、特点和研究发展方向，地下工程围岩稳定性的主要影响因素（岩体结构、地应力和水），围岩分级与力学参数估计，围岩失稳机理与稳定性分析方法，以及围岩稳定性的维护等。

　　本书可作为建筑、水利、水电、矿山、交通等领域高等院校高年级本科生和研究生的教材，也可供相关领域的工程技术人员和管理人员参考。

图书在版编目（CIP）数据

　　地下工程围岩稳定性分析与维护/谭文辉，王培涛
主编. —北京：冶金工业出版社，2020.3
　　普通高等教育"十三五"规划教材
　　ISBN 978-7-5024-8390-6

　　Ⅰ.①地… Ⅱ.①谭… ②王… Ⅲ.①地下工程—
围岩稳定性—高等学校—教材 Ⅳ.①TU94 ②TU457

　　中国版本图书馆 CIP 数据核字（2020）第 043914 号

出 版 人　陈玉千
地　　址　北京市东城区嵩祝院北巷 39 号　邮编　100009　电话　(010)64027926
网　　址　www.cnmip.com.cn　电子信箱　yjcbs@cnmip.com.cn
责任编辑　杨　敏　美术编辑　吕欣童　版式设计　禹　蕊
责任校对　卿文春　责任印制　李玉山
ISBN 978-7-5024-8390-6
冶金工业出版社出版发行；各地新华书店经销；三河市双峰印刷装订有限公司印刷
2020 年 3 月第 1 版，2020 年 3 月第 1 次印刷
787mm×1092mm　1/16；17.25 印张；420 千字；268 页
42.00 元

冶金工业出版社　　投稿电话　(010)64027932　投稿信箱　tougao@cnmip.com.cn
冶金工业出版社营销中心　电话　(010)64044283　传真　(010)64027893
冶金工业出版社天猫旗舰店　yjgycbs.tmall.com
　　　　　　（本书如有印装质量问题，本社营销中心负责退换）

前　　言

　　中国是目前世界上地下空间开发利用的大国，也是隧道建设的大国。隧道和地下工程被广泛应用于城市建设、交通物流、市政设施、水利水电、资源存储、矿产开发、国防建设等多个领域。但是，由于地下工程地质条件的复杂性，建设过程中岩爆、大变形与大面积塌方、突水、地表沉陷等地质与工程灾害事故频发，常造成人员伤亡、设备损失、工期延误和工程失效等。

　　因此，深入了解地下工程稳定性的影响因素，掌握地下工程开挖不稳定机制，评判地下工程的稳定性，制定合理有效的稳定性维护机制就成为必然。基于此，作者编写了本书。本书分为7章，第1章为绪论，介绍地下工程的基本概念、特点和发展现状，以及地下工程研究进展和研究发展方向；第2章~第4章介绍地下工程围岩稳定性主要影响因素（包括岩体结构、地应力和水），以及它们的研究新进展；第5章为地下工程围岩分级与力学参数估计，介绍综合考虑各种影响因素的围岩分级方法和岩体力学参数估计方法，为围岩稳定性分析奠定基础；第6章为地下工程围岩失稳机理与稳定性分析方法，介绍地下工程的稳定性问题、围岩压力的分类与计算、围岩稳定性分析的基本方法、地下工程中多场耦合分析进展；第7章为地下工程围岩稳定性的维护，介绍围岩维护的原则和方法，重点介绍锚喷支护的计算与分析。

　　本书内容既有地下工程围岩稳定性的基本原理和方法，也有最新研究进展及作者近年的部分科研成果，有助于读者更好地掌握地下工程的基础理论知识和研究方法，了解学科的新进展，培养科学思维方式，提升工程分析与处理能力。

　　本书除第2章和第4章的部分内容由王培涛编写外，其余章节皆由谭文辉编写。研究生王鹏飞、王海信、于江、李阳、王保库、张亚飞等参与了资料的整理工作，在此表示衷心的感谢。

在本书编写过程中，参考了有关文献，在此向文献作者表示衷心感谢！

本书的出版得到了北京科技大学研究生教育发展基金的资助，特此致谢！

由于作者水平有限，书中不足之处，恳请专家和读者批评指正。

作　者

2019 年 8 月

目　　录

1 绪 论

1.1 地下工程的基本概念与特点

21世纪是开发地下空间的世纪。今天，中国已是世界上隧道及地下工程规模最大、数量最多、地质条件和结构形式最复杂、修建技术发展速度最快的国家。未来，随着我国经济的持续迅速发展、城市人口的急剧增长以及复杂的国际局势和我国周边态势，为解决人口相对集中给交通、环境等带来的压力，满足国家环境和局势变化需求，继续修建各种各样的隧道及地下工程（如城市地铁、公路隧道、铁路隧道、水下隧道、市政管道、地下能源洞库等）成为必然趋势，这给地下工程的发展建设带来了机遇。

1.1.1 地下工程的定义

地下工程是一个较为广阔的范畴，它泛指修建在地面以下岩层或土层中的各种工程空间与设施，是地层中所建工程的总称，通常包括矿山井巷工程、城市地铁隧道工程、水工隧洞工程、交通隧道工程、水电地下硐室工程、地下空间工程、军事国防工程、仓储工程、建筑基坑工程等。

1.1.2 地下工程的分类

随着国民经济的发展，地下工程的范围越来越广泛，其分类也越来越复杂。

（1）按地下工程的功能分类有：

1）工业工程。包括各类地下工厂、车间、电站等。

2）交通工程。各种铁路和公路隧道、山岭与水底交通隧道，城市地下铁道。

3）民用工程。地下商业街、地下商场、地下车库、影剧院、展览馆、餐厅、体育馆以及一些公共建筑、人民防空工程。

4）仓储工程。各种地下储库，包括油库、气库、液化气库、热库、冷库、档案库、物资库、放射性废物库等。

5）公用和服务性建筑。地下自来水厂、污水处理站、给排水管道、热力和电力管线、煤气管道、通信电缆管道等。

6）军用工程。各种野战工事、指挥所、通信枢纽、人员和武器掩蔽所、军火和物资库等。

（2）按地下工程的赋存环境及建造方式分类有：

1）岩体中的地下工程。岩体中的地下工程主要为工业工程，如矿山巷道、电站，仓储工程（放射性废物库）等，埋深较大。

2）土体中的地下工程。土体中的地下工程主要为地下民用工程、城市地铁等，埋深较浅。根据建造方式，土中的地下建筑可分为单建式和附建式两种类型。单建式是指地下建筑独立建在土中，在地面以上没有其他建筑物。附建式是指各种建筑物的地下室部分。

（3）按地下工程设计与支护类型分类，可划分为地下结构工程和地下围岩工程两类。

1）地下结构工程。地下结构工程又称为地下建筑结构，通常是在埋藏较浅或质量较差不能自稳的围岩中开挖地下空间并构筑建筑结构，使结构承担围岩荷载，其结构分析设计与建造类似于地表的建筑结构。

2）地下围岩工程。当埋深增加，围岩质量较好时，地下开挖工程的自稳性逐步提高，工程围岩仅需要部分支护或不需要支护就能保持工程的稳定。因此，工程围岩既是引起工程失稳的因素又是承载体。所以，对于这类工程的分析设计和支护与地下结构存在本质区别，多采用岩土工程的方法进行分析。

此外，按领域分，还有矿山、交通、水电、军事、建筑、市政等。按空间位置分，有水平式、倾斜式和垂直式。按埋藏深度分，有深埋式和浅埋式。按形状分，有洞道式和厅房式，洞道式是指长度较大、径向尺寸相对较小的地下工程；厅房式又叫硐室式（也有的称硐室），是指长度相对较短、径向尺寸较大的地下工程。

对于洞道式工程，不同的行业领域有不同的称谓。公路及铁路部门称之为隧道，在矿山中称为巷道，水利水电部门称之为隧洞，而军事部门则称之为坑道或地道，在市政工程中又叫通道或地道。隧道通常是指修筑在地下或山体内部，两端有出入口，供车辆、行人等直接通行的交通工程。隧道由于要通过车辆，断面一般比较大。巷道通常是指为采掘地下矿物而修建的地下空间结构体，包括各种用途的巷道，有时也泛指硐室。矿山巷道一般埋藏较深，断面较小，主要用以运输、行人和通风。隧洞是水力发电工程、城市市政方面用于引水、排水、通风等的地下工程，两端有出口，断面一般比较小。通道、地道和坑道的长度和断面都相对较小，有单出口或多出口，多用于行人和储物。

1.1.3 地下工程的特点

地下工程与地面工程相比，在工程施工工序、受力特性和失稳模式等方面具有完全本质的区别，主要表现在以下几个方面：

（1）工程受力特点不同。地面工程是经过工程施工，形成结构后，承受自重、风、雪以及其他静力或动力荷载；地下工程是在处于自然状态下的岩土地质体内开挖的，在工程开挖之前就存在构造应力环境（原岩应力）。因此，地面工程是先有结构，后有荷载；地下工程是先有荷载，后形成结构。

（2）工程材料特性的不确定性。地面工程材料多为人工材料，如钢筋混凝土、钢材、砖、混凝土等，这些材料虽然在力学与变形性质等方面也存在变异性，但是，与岩土体材料相比，不仅变异性要小得多，而且，人们可以加以控制和改变。地下工程材料所涉及的材料，除了支护材料性质可控制外，其工程围岩均属于难以预测和控制的地质体。地质体是经历了漫长的地质构造运动的产物，地质材料不仅包含大量的断层、节理、夹层等不连续介质，而且还存在着较大程度的不确定性，其不确定性主要体现在空间分布和随时间的变化方面。

1）空间上的不确定性。对于地下工程围岩，不同位置围岩的地质条件（岩性、断层、节理、地下水条件、地应力等）都存在着差异，这就是地下工程地质条件和力学特性的空间变异性。因此，人们通过有限的地质勘察、取样试验，很难全面掌握整个工程岩体的地质特性和力学性质，只能通过对整个工程岩体的特性进行抽样分析、研究，由此预测其工程特性。

2）时间上的不确定性。即使对于同一地点，在不同的历史时期，其地应力、力学特性等也会发生变化，这就是时间上的不确定性。尤其开挖后的工程岩体特性随时间的变化还与开挖方式、支护形式和施工时间与工艺密切相关，这是一个十分复杂的变化过程。

（3）工程荷载的不确定性。对于地面结构，所受到的荷载比较明显。尽管某些荷载也存在随机性（如风载、雪载、地震荷载等），但是，其荷载量值和变异性与地下工程相比还是较小的。

对于地下工程，工程围岩的地质体不仅会对支护结构产生荷载，同时它也是一种承载体。因此，不仅作用到支护结构上的荷载难以估计，而且，此荷载还随着支护类型、支护时间与施工工艺的变化而变化。所以，对于地下工程的计算与设计，一般难以准确地确定作用在结构上的荷载类型、量值。

（4）破坏模式的不确定性。对于地面工程，其破坏模式一般较容易确定，可根据结构力学和土力学中诸如强度破坏、变形破坏、旋转失稳等破坏模式确定。

对于地下工程，其破坏模式一般难以确定，它不仅取决于岩土体结构、地应力环境、地下水条件，而且还与支护结构类型、支护时间与施工工艺密切相关。

（5）地下工程信息的不完备性与模糊性。地质力学与变形特性的描述或定量评价取决于所获取信息的数量与质量。然而，地下工程只能通过局部的有限工作面或露头获取信息，因此，所获取的信息是有限的、不充分的，且可能存在错误资料或信息，这就是信息的不完备性。对地下工程围岩的力学与变形特征的描述对地下工程设计与分析是十分重要的，但影响岩体工程特性的材料多数是定性的，如节理特征、充填物以及岩性等，参数分界也具有模糊性。

1.1.4 我国地下工程的发展现状

地下工程是随着社会的进步而兴起并不断发展的。公元前 2200 年，古巴比伦王国为连接宫殿和神殿修建了长约 1km、断面为 3.6m×4.5m 的砖砌构造隧道，采用明挖法建造，是最早的交通隧道。我国形成于公元前 212 年以前（距今 2500~3000 年）的龙游石窟群是至今被发现的世界上最大的古代人类地下建筑，每个石窟面积 300~3000m² 不等，高度 30m，顶部呈漏斗型，洞窟内科学地分布着 3~4 根巨大的"鱼尾形"石柱，与洞顶浑然一体。

16 世纪以后，由于炸药的发明和应用，以及凿岩机械的出现，大大加速了地下工程的发展。19 世纪，美国修建了世界上第一座长约 12km 的铁路隧道。随着地下施工技术的进步，城市地铁工程也在世界各地兴起，从 1863 年伦敦开始修建第一条地铁至今，世界上在建和在运营的地铁已遍布近百个城市。

我国是一个多山、多江河的国家，铁路、公路建设中需要穿越山岭、河流、海洋的隧道修建量很大。自 1888 年我国修建第一条隧道——狮球岭隧道以来，经过 130 余年艰难曲折的发展历程，秦岭隧道、乌鞘岭隧道、太行山隧道、关角隧道等一批越岭特长交通隧道已经建成；跨越水域的武汉长江隧道、上海崇明岛隧道、南京长江隧道、厦门翔安海底隧道、青岛海底隧道、港珠澳桥隧大通道等内陆水域及海域隧道也已建成，琼州海峡隧道、渤海湾桥隧工程正在规划。

中国隧道修建技术从大瑶山双线铁路隧道采用新原理、新方法、新结构、新技术、新设备、新工艺全面建成开始，已步入了世界先进水平行列，在勘测设计、施工、运营、科研等方面取得了许多重大的成就和创新。

（1）铁路隧道。截至 2018 年底，我国大陆运营铁路隧道总数约有 15117 条，总长16331km，2018 年新增运营铁路隧道 550 座，总长 1005km。西宁—格尔木铁路复线工程中的关角隧道，全长 32.645km，是世界高海拔最长的隧道，也是国内已运营的最长铁路隧道。其次是太行山隧道，长 27.848km；运营最长的水下隧道是狮子洋隧道，长度10.8km。在建铁路隧道总计约 8200km，大理—瑞丽铁路工程中的高黎贡山隧道长34.54km，是我国最长的在建铁路隧道。

（2）公路隧道。截至 2018 年底，我国大陆等级运营公路隧道有 17738 条，总长约17236km。近 5 年来每年新增运营公路隧道皆在 1000km 以上。目前运营最长的公路隧道为 19.1km 的木寨岭隧道；其次为秦岭终南山隧道，长 18.02km；第 3 为麦积山隧道，长12.286km。我国在公路隧道方面，跨江越海隧道工程蓬勃发展。港珠澳大桥沉管隧道全长 5.664km，最大水深 44m，由 33 节沉管对接而成，包括 28 节直线段沉管和 5 节曲线段沉管。港珠澳大桥海底隧道是我国第一条外海沉管隧道，也是世界上最长的公路沉管隧道和唯一的深埋沉管隧道，被誉为交通工程中的"珠穆朗玛峰"。

（3）地下铁道。北京、南京、深圳、广州等 40 多个城市的地铁正处在建设与规划的热潮中。截至 2018 年底，我国大陆已有 37 个城市拥有了轨道交通，共计 185 条运营线路，总里程达 5761km，车站 3268 座。同年，新增运营线路里程 734km、车站 597 座。截至目前，大陆已有 63 个城市的轨道交通网规划获得批准，43 个城市获批修建地铁，规划总里程达 12000km。

2016 年 4 月开工建设的京张高铁八达岭隧道全长 12.01km，八达岭长城地下车站最大埋深 102m，地下建筑面积 3.6 万平方米，是世界最大、埋深最大的高铁地下车站。车站层次多、硐室数量大、硐型复杂、交叉节点密集，是目前国内最复杂的暗挖硐群车站。车站两端渡线段单硐开挖跨度达 32.7m，是国内单拱跨度最大的暗挖铁路隧道。八达岭地下车站采用了诸多创新设计：在高铁地下车站中首次采用叠层进出站通道形式；首次采用环形救援廊道设计；首次采用一次提升长大扶梯及斜行电梯等先进设备；首次采用精准微损伤控制爆破等先进技术。

（4）城市地下工程。充分开发利用地下空间是城市持续发展的必然趋势，我国大陆地区地下空间开发利用整体历经了初始化阶段、规模化阶段和网络化阶段。各阶段的重点功能、发展特征、布局形态和开发深度等特征相继转变（见表 1-1）。

目前城市地下工程建设已进入新的发展时期。在城市总体规划中，地下空间的开发利用已经由原来的"单点建设、单一功能、单独运转"方式转化为现在的"统一规划、多功能集成、规模化建设"新模式。隧道及地下工程技术给人们带来了更加便利和舒适的生存环境，是支撑靓丽的现代化大都市的重要方面。

表 1-1 我国地下空间开发发展历程

发展阶段	时　间	重点功能	发展特征	布局形态	开发深度	代表城市
初始化阶段	20 世纪 90 年代以前	民防单建工程、平战结合的地下停车场和地下商业街等	单体建设、功能单一、规模较小	散点分布	10m 以内	一般地级市
规模化阶段	1990 ~ 2010 年	轨道交通等	沿轨道交通呈线状开发	据点扩展	10~30m	北京、天津、上海、广州、深圳
网络化阶段	2010 年至今	轨道交通节点、综合管廊、地下综合体和深隧工程等	以地铁系统为网络，综合商业、交通和综合管廊等地下设施；管线全部入廊，统一管理，近年正高速发展	网络延伸	50m 以内	上海、北京、西安等
生态化阶段	2050 年以后	各类地下设施融合	功能齐全、生态良好的生态系统	立体城市	50~200m	（远景目标）

城市地下工程中，综合管廊建设是一个突出特点。截至 2017 年底，我国大陆综合管廊在建里程达 6575km，并以每年 2000km 的规模增长。目前，我国管廊建设规模宏大、建设水平与工艺一流，已成为综合管廊建设的超级大国，并不断进行技术创新。

例如，西安市地下综合管廊建设 PPP 项目 1 标是目前国内单笔投资额最大、智慧化程度最高和总里程数最长（73.13km）的城市地下综合管廊项目。武汉 CBD 综合管廊是首条城市综合管沟，实现了雨污分流和强弱电缆入池，通过与地下交通环廊一体化设计，利用交通环廊上方结构空腔设置支线管廊。沈阳城市综合管廊（南运河段）是全国第一条全线盾构工法施工的城市老城区地下综合管廊。长沙已建成的管廊长 48km，4 条管廊已投入运营，其结合"BIM+GIS"体系架构，自主研发了长沙管廊综合管理平台，着重打造"1 个监控中心，1 个综合管理平台和 4 大系统（环境与设备监控系统、安全防范系统、通信系统和预警与报警系统）"，将信息化管理、智能化运营、智能机器人巡检、廊内无线传感组网和振动光纤传感等一系列新技术应用于管廊运营。

当前，在建的城市地下综合体规模庞大且数量众多，例如西安市幸福林带工程，其规划长度为 5.85km，平均宽度为 200m，总占地面积 117 万平方米，总投资 200 多亿元，工程包括景观园林、市政道路、综合管廊、地铁配套和地下空间 5 个部分，是目前全球最大的地下空间综合体、全国最大的城市林带建设项目，项目建设工期为 4 年，计划于 2020 年 5 月 1 日投入运营。在建的光谷中心城中轴线区域地下公共交通走廊及配套工程，总投资约 80 亿元，总建筑面积约 52 平方米，建成后将成为"中国最长的地下空间走廊"。预计 2019 年完工的成都地铁博览城综合交通枢纽，是集地铁、大容量公交、道路交通、P+R 停车场、商业和园林景观为一体的地下 4 层、总规模约 17 万平方米的城市交通综合体。

我国已建成的里程最长、规模最大、体系最完善的地下综合管廊是珠海横琴综合管廊，该工程总投资 20 亿元，全长 33.4km，沿环岛北路、港澳大道、横琴大道等地形呈"日"字形环状管廊系统。

地下空间是一种宝贵的不可再生资源，目前中浅层（0~40m）地下空间开发日趋饱和。为保证其集约高效的利用，城市地下空间的开发将朝着深层化、智慧化、绿色化、综合化发展。

（5）地下油气库。我国首座地下原油洞库始建于 1977 年，容量为 15 万立方米，后停用。2000 年建成的汕头液化石油气（LPG）工程是我国第一个采用水封技术在地下储存液化石油气的工程，总库容量达 20 万立方米，最大隧洞断面面积 304 平方米。此后在黄岛、珠海、宁波等地修建了 6 座大型水封液化石油气库的工程，库容量总计达 400 多万立方米。烟台 2014 年建成了地下水封 LPG 洞库，总库容为 100 万立方米。目前在建的地下储能工程还有惠州地下水封油库、湛江地下水封油库，库容各为 500 万立方米。

（6）引水隧洞。随着国民经济的快速提升，若干大型的水利水电工程也正在积极兴建。辽宁省已建成投入使用的直径 8m、长度达到 85.32km 的大伙房水库输水隧道是目前世界上已建成的最长隧道。规模宏大的葛洲坝、三峡、溪洛渡等水电站的建成，说明我国修建大型复杂地下工程的技术水平已位居国际前列。

根据"国家 172 项引水工程建设计划"，近年来新建水工隧洞数量持续增加，兰州市水源地引水隧洞（31.570km）、北疆供水工程喀双隧洞（283.270km）、东北引松供水隧洞等水工隧洞相继开工建设。目前在建的、长度比较长的引水隧洞还有引汉济渭工程秦岭特长输水隧洞（全长 98.3km）、引红济石工程隧洞（全长 19.76km）、引洮工程隧洞（长 96.35km）、引大济湟工程隧洞（全长 24.17km）、辽西北供水工程隧洞（全长 230km）、吉林中部引松供水工程隧洞（69.855km，隧洞直径 6.6m，采用 TBM 施工）。

据不完全统计，近期每年有 180km 的水工隧道、270km 的铁路隧道、30km 的地铁隧道、3.4 万 km 的微型隧道需要开挖。

（7）地下矿山。矿山是地下工程的重要组成部分。我国是矿山资源开发量较大的国家之一，煤炭、金属、非金属矿山遍布全国各地。经过多年开采，我国的浅部资源正逐年减少，有的已近枯竭。最近几年国内有众多的矿山开采深度超过千米，例如：山东三山岛金矿 1050m，玲珑金矿 1150m，铜陵冬瓜山铜矿 1100m，湘西金矿 1100m，辽宁红透山铜矿 1300m，山东孙村煤矿 1350m，夹皮沟金矿、云南会泽铅锌矿和六苴铜矿 1500m，河南灵宝崟鑫金矿 1600m，另外，凡口铅锌矿、金川镍矿、高峰锡矿等都相继进入深部开采阶段。国外，南非有 12 座矿山超过 3000m，其中姆波尼格金矿（Mpaneng）达 4530m。据统计，在未来 10 年时间内，我国 1/3 的地下金属矿山开采深度将达到或超过 1000m，其中最大的开采深度可达到 2000~3000m。正在兴建的或计划兴建的一批大中型金属矿山，基本上全部为深部地下开采。如本溪大台沟铁矿，矿石储量 53 亿吨，开采深度 1000m 以上。我国在 2000m 以下深部还发现了一批大型金矿床，如山东三山岛金矿西岭矿区 1600~2600m 深度探明一个金储量 400t 的大型金矿床。有学者研究认为，如果我国固体矿产勘查深度达到 2000m，探明的资源量可以在现有的基础上翻一番。

但是，深部开采也面临一系列问题。进入深部开采后，地应力增大、地温升高、渗流压力增大；矿床地质构造和矿体赋存条件恶化；岩体结构及其力学特性发生重大变化，浅部的硬岩到深部可能变成软岩，弹性体可能变成塑性体或潜塑性体，给支护和采矿安全造成很大负担，适用于浅部硬岩的传统采矿和支护设计理论用于深部将可能出现一系列的严重问题。深部"高地应力、高温、高渗透压"的特点给安全开采提出了一系列关键技术难题，成为地下工程的一个重要研究方向。

大量已建和待建的工程说明，我国已经成为世界上隧道数量最多、发展速度最快、地质条件与施工环境最复杂、地下工程和隧道结构形式多样的国家。这既给地下工程学科带来了挑战，也带来了发展的机遇。

1.2 地下工程研究进展

地下工程是以地下空间为主体，研究地下空间开发利用过程中的各种环境岩土工程问题、地下空间资源的合理利用策略，以及各类地下结构的设计、计算方法和地下工程的施工技术（如浅埋暗挖、盾构法、冻结法、降水排水法、沉管法、TBM 法等）及其优化措施等。

地下工程赋存于岩土介质的地质环境中，因此，赋存环境中的初始应力分布、地下水、岩体结构、施工方法与工序、支护结构类型等因素均影响着地下工程的稳定性。随着地下工程的埋深逐渐增加，以及工程地质、水文地质、岩土力学等学科的发展，作为岩土工程的一个重要工程分支，地下工程的理论与分析方法也得到发展。

1.2.1 围岩压力理论与稳定性研究进展

1.2.1.1 围岩压力理论的发展

地下工程围岩压力理论的发展大致可分为三个阶段：古典压力理论阶段、散体压力理论阶段、弹塑性压力理论阶段。而弹塑性压力理论阶段又经历了解析计算、数值计算与数值极限分析计算三个阶段。

（1）古典压力理论阶段。20 世纪 20 年代以前，主要是古典压力理论阶段。该理论认为，作用在支护结构上的压力是其上覆岩层的重量 γH（γ、H 分别表示岩体的重度和地下工程埋置深度）。作为古典压力理论代表的有海姆（A. Heim）、朗金（W. J. M. Rankine）和金尼克（А. Н. Динник）理论。其不同之处在于，他们对地层水平压力的侧压系数有不同的理解。海姆依据静水压力认为侧压系数为 1，朗金根据松散体理论认为是 $\tan^2(45° - \varphi/2)$，而金尼克根据弹性理论认为是 $\nu/(1-\nu)$，其中，ν、φ 分别表示岩体的泊松比和内摩擦角。由于当时地下工程埋置深度不大，因而曾一度认为这些理论是正确的。

（2）散体压力理论阶段。随着开挖深度的增加，人们越来越多地发现，古典压力理论不符合实际情况。于是又出现了散体压力理论。该理论认为，当地下工程埋置深度较大时，作用在支护结构上的压力不是上覆岩层重量，而只是围岩坍落拱内的松动岩体重量。对于浅埋隧洞，代表性的有太沙基（K. Terzaghi）理论——支护上承受的压力是上覆土层重量与上覆土层和相邻土层摩阻力之差。对于深埋隧洞，代表性的有普氏（М. М. Протольяконов）理论——支护上承受的压力是围岩坍落拱内的松动岩体重量。散体压力理论是相应于当时的支护形式和施工水平发展起来的。由于当时的掘进和支护所需的时间较长，支护工程与围岩不能及时紧密相贴，致使围岩最终往往有一部分破坏、坍落。而且散体压力理论没有认识到围岩的坍落并不是形成围岩压力的唯一来源，亦即不是所有的地下工程都存在坍落拱；更没有认识到地下工程主要围岩压力并不是松散压力而是形变压力；也无法理解通过稳定围岩以充分发挥围岩的自承作用问题。此外，散体压力理论也没有科学地确定坍落拱的高度及其形成过程。

　　围岩的复杂性和散体理论的欠缺，必然导致基于工程类比的经验法广泛应用，出现了围岩分级的经验方法，该法能够得到反映多因素的围岩压力估算公式，在国内外和各行业得到了广泛的应用。

　　（3）弹塑性压力理论阶段。随着工业的发展，人们认识到地下工程围岩压力主要是围岩与结构之间的形变压力。卡斯特奈（H. Kastner）（1962）称之为真正的地层压力。20世纪70年代中期，随着地下工程施工工艺的进步、弹塑性理论与数值分析的发展，围岩压力理论进入弹塑性阶段。

　　人们首先应用弹塑性解析法从理论上求解围岩形变压力，但由于问题的复杂性，能够求解的围岩压力不多，重点是研究隧洞的弹性解与塑性解。尽管围岩压力理论中直接引用线弹性分析的地方不多，但线弹性分析是弹塑性、黏弹性、黏弹塑性及弱面体力学分析的共同基础。对于强度很高、完整性很好、埋深不大的岩体，隧洞的围岩一般处于弹性阶段；对于节理岩体，如果围岩应力不高，或者当采用紧跟作业面的施工方法及支护向围岩提供很大的抗力时，围岩也有可能处于弹性状态，如再略去其各向异性的影响，那么也可应用线弹性理论分析。经典的基尔西（G. Kirsch）公式就是这方面的代表性例子。

　　实践证明，土体和软弱、松散岩体围岩常常进入塑性，直至破坏状态，所以研究围岩稳定不能不考虑塑性问题和破坏问题。从20世纪50年代后期开始，有学者应用弹塑性理论来研究围岩稳定问题。著名的芬纳（R. Fenner）-塔罗勃（J. Talobre）公式和卡斯特奈（H. Kastner）公式就是这方面的代表性例子，他们导出了圆形隧洞的弹塑性应力解。思密德（H. Schmid）和温德尔斯（R. Windels）依据连续介质力学方法计算了圆形衬砌的弹性解；此外，由于岩土的流变特性，也有学者开始将流变理论引用到围岩稳定分析中来，以研究围岩应力、变形的时间效应。赛拉塔（S. Serata）等人采用岩土介质的各种流变模型得到了圆形硐室的黏弹性解。基于围岩与支护共同作用的特征线法，在20世纪80年代初开始应用。

　　我国在1978~1982年间导出了圆形隧洞的弹塑性、黏弹塑性位移解与围岩压力解析解，郑颖人、徐干成等人运用弹性力学得到了在非均压地层压力作用下的围岩与支护共同作用线弹性解。然而，解析解只能导出简单情况下的围岩压力解，对复杂的围岩压力问题必须采用有限元法等数值方法解决。数值方法有连续体方法（如有限元法、有限差分法、边界元法等）和非连续体方法（离散单元法、流形法、DDA法等），已逐渐成为分析围岩二次应力状态和确定塑性区范围的重要研究手段之一。国内外编制了Plaxis、FLAC、Midas、GeoFBA、3DEC等许多岩土及地下工程的专用软件。

　　总体来看，从20世纪60年代至80年代，主要发展了弹塑性解析解及其相应的隧洞设计计算方法，如奥地利学者勒布希维兹（L. V. Rabcewicz）的基于破裂楔体理论的锚喷支护计算方法以及我国的基于解析解的锚喷支护计算方法等；在80年代以后，我国应用数值分析方法求解围岩形变压力逐渐普遍；目前，基于数值分析方法的隧道围岩与衬砌结构共同作用理论求解实际工程问题已经逐渐普遍起来，并开始纳入规范。

　　此外，除弹塑性材料破坏理论外，另一些破坏力学理论（如断裂力学、损伤力学）也被引入岩石力学研究，用于围岩稳定性分析和围岩压力预测。

　　总的来说，虽然当前围岩稳定与围压理论有了很大的发展，但仍然是粗浅的。由于地下工程围岩压力本身的复杂性，计算方法和计算参数受到制约，难以达到理想的结果；而且围岩压力受到工程地质条件、初始地应力、硐室形状和尺寸、施工方法及时间效应、支护结构形式和刚度等多方面因素的影响，任何一种理论和方法都很难把所有因素考虑周全，因而围岩压力理论需要不断发展与完善。与此同时，围岩压力的经验方法将会长期存在，但经验方法也需要不断提炼与升华。企图采用一种理论，解决各种不同地质条件下和不同目的的地下工程围岩稳定分析问题是不现实的。

1.2.1.2 地下工程围岩稳定性研究进展

地下工程围岩稳定性分析涉及岩石强度与变形理论、岩石断裂与损伤力学、岩石多场耦合作用、岩石非线性理论、岩石加固与稳定性分析方法等。目前较前沿的岩石力学理论研究主要涉及如下几个方面。

A 岩石强度、变形及时间效应

岩石作为自然界的一种天然材料，对其变形和破坏特性的研究是沿着材料力学、弹性力学、塑性力学、断裂力学和损伤力学等逐步发展的。由于水库大坝、山岭隧道、跨江（海）桥隧等重大工程项目的兴建，以及地下采矿工程、人防工程及地下空间利用的快速发展，促进了岩石力学性质与时间效应的持续研究，天然岩石材料的复杂性也越来越为人们所认识。

（1）岩石强度和强度准则。岩石强度理论或强度准则是岩体工程设计、结构安全性分析的基础知识，一直是工程力学界的一个热门课题。以最大剪应力为基础的 Mohr 强度理论没有考虑中间主应力对材料强度的影响，俞茂宏在 1961 年提出了双剪概念，并在 1991 年发表统一强度理论公式，后又提出非线性统一强度理论，可以将经典理论作为该理论的特例或线性逼近。经过 60 年来的持续研究，该理论已经形成众多系列，融入塑性力学、断裂力学、损伤力学等学科，并广泛应用于机械零件、混凝土构件以及岩土工程的强度分析。统一强度理论扩展到三向拉伸区，更适用于岩土材料和岩土工程。

（2）岩石的变形与流变性状。

1）岩石的变形。岩石在外力作用下产生变形，其变形按性质可分为理想弹性、弹塑性和黏弹塑性变形。岩石的变形特征一般用杨氏模量和泊松比 2 个指标来表示。岩石不是理想弹性体，其变形与荷载之间并非线性关系，其变形参数的确定和使用方法一直是工程界研究的热点。

对于软岩和节理裂隙发育或高地应力条件下的岩体，黏性变形时间效应更为明显，是工程设计与计算中必须考虑的主要因素。何满潮等根据理论分析和工程实践，初步将深部软岩的变形力学机制归纳为物化膨胀型、应力扩容型和结构变形型 3 大类和 13 种亚类。同时指出，软岩工程大变形难以控制的根本原因是其具有复合型变形力学机制；软岩大变形控制的三大关键因素为：正确地确定软岩的复合型变形机制，有效地转化复合型为单一型以及合理地应用转化技术、不同地区的岩石其基本力学特性差异巨大。

2）岩石流（蠕）变模型。20 世纪 20~30 年代，流变力学形成了独立的学科。流变是岩土材料的重要力学特征，许多工程问题（采矿、大坝、桥墩、石油开采、能源和放射性核废料储存、边坡及地下构筑物的稳定性等）都与岩土的流变特性密切相关。

岩石流变模型的研究是岩石流变力学理论研究的热点和核心之一。随着一些新的理论和方法逐渐被采用，岩石流变模型理论也得到了一定程度的发展，包括用流变经验模型、元件模型、损伤断裂模型来研究并发展岩石流变模型。

目前，岩石流变损伤断裂的研究主要集中在探讨岩石蠕变损伤、蠕变断裂及其耦合机制。如孙钧等对软岩的非线性流变力学特性进行了理论预测和试验研究，提出了统一的三维大变形非线性黏弹塑性流变本构模型及其算法，并将其应用于地下工程中。同时，还分析了含Ⅰ型裂纹岩石的流变断裂特性，提出Ⅰ型裂纹流变断裂韧度的3个阈值，然后应用断裂力学和黏弹塑性理论，在考虑屈服、蠕变和Ⅱ型裂纹扩展等物理力学特性的基础上，得到了岩体隧洞衬砌与围岩应力解析式。之后采用直接拉伸试验，对红砂岩进行了拉伸断裂和拉伸流变断裂试验，得到了该类岩石流变断裂准则。

3）岩石流（蠕）变试验。岩石流变试验主要分为室内岩石流变试验和现场岩体流变试验。室内试验具有能够长期观测、较严格控制试验条件、重复次数多等优点；现场试验耗资费时、难度较大，因而对现场岩体流变力学特性的试验研究成果相对较少。岩石流变力学特性的试验研究成果也主要集中在室内试验方面。

B 岩石断裂与损伤力学

（1）断裂与损伤机制。岩石断裂与损伤力学是岩石力学的一个重要分支。岩石和金属断裂与损伤力学的根本区别在于研究材料的特性、断裂机制及工作条件。开展岩石断裂与损伤力学的研究大多从试验开始，如徐卫亚和韦立德基于概率论和损伤力学对岩石在荷载作用下的破坏、损伤和弹塑性变形等特征进行了探讨，建立了弹塑性损伤统计本构模型。周家文等结合向家坝砂岩单轴循环加卸载室内试验，对脆性岩石单轴循环加卸载的应力-应变曲线特征、峰值强度及断裂损伤力学特性等进行了研究，指出岩石宏观力学特性取决于岩石内部微裂纹的细观力学响应。杨更社等采用试验研究了岩石单轴受力CT识别损伤本构关系。王思敬等在常温、常压、循环条件下，对不同化学性质的水溶液作用下的2种花岗岩和2种砂岩进行了断裂力学指标K_{IC}和δ_c的三点弯曲试验。

（2）裂纹扩展机制。20世纪80年代，在含裂纹岩石的开裂破坏研究上更注重理论与试验相结合，对含裂纹岩石破坏研究应用比较多的理论是节理损伤力学，它是损伤力学理论与岩石力学、工程地质学之间的交叉学科，把岩石中的节理裂隙看成是岩石内部的初始损伤，通过引入一种所谓"损伤变量"的内部状态变量来描述受损材料的力学行为，从而研究其裂隙的产生、演化、体积元破坏，直至断裂的全过程，并建立相应的裂纹扩展损伤模型，如非弹性滑动模型等。

20世纪90年代至今，随着计算机的发展和对现实世界认识的加深，人们运用新的试验和数值分析方法对含裂纹岩石的开裂破坏开展了更深入的研究。如李术才和朱维申从弹性断裂入手对弹性体中的三维裂纹扩展理论问题进行探索，并采用数值方法对三维开裂机制进行模拟，为真实反映三维裂纹的开裂机制、对三维开裂的控制和加固研究提供了有益的参考。葛修润等借助CT技术对三维裂纹开裂问题、破坏机制进行了有益探索。

近年来，诸多学者从宏观角度对节理岩体的渐进破坏和锚杆加固止裂进行研究。如周宏伟和谢和平探讨了岩石破裂面的各向异性特征。张强勇等应用断裂损伤力学研究断续节理岩体开挖卸载过程中渐进破坏的力学机制，从压剪和拉剪2种应力状态出发，建立了复杂应力状态下加锚断续节理岩体的损伤演化方程，并根据预应力锚索与裂隙岩体的联合作用机制，研究了裂隙岩体的损伤断裂变形特性以及锚索的空间锚固效应，并将其应用于水利、采矿等地下工程的破坏稳定分析中。

C 岩石动力响应

(1) 岩石动力特性与动力本构关系。岩石动力特性的研究主要包括冲击动力学和爆炸动力学两大方面。冲击动力学必须考虑加载率效应带来的影响,针对不同加载率或应变率段的动力学试验,借助不同的加载试验机进行。李海波等利用动载试验机系统研究了应变率小于 $10s^{-1}$ 时岩石的动力学特性;针对应变率为 $10\sim10^{3}s^{-1}$ 的岩石力学特性试验研究,主要利用分离式霍普金森压杆(SHPB)试验机及轻气炮等进行。在 SHPB 试验中,利用常规的矩形波加载会带来很大的试验误差。为此,李夕兵等提出了获得岩石动态应力 - 应变全图、测试合理加载波形的试验方法,在此基础上,提出利用半正弦波加载是 SHPB 岩石冲击试验的理想波形,目前该方法已经被国际岩石力学学会动力学委员会推荐为建议方法,并被应用到深部岩石力学的研究热点——岩石动静组合加载和诱导致裂试验研究中。

在岩石爆炸动力学特性研究中,研究应力波在岩土介质中的传播与衰减规律具有很重要的理论意义和工程实践价值。在地下工程中,可以借助应力波在岩石介质中传播与衰减的规律,达到减少爆炸波对地下工程及建筑物破坏效应的目的;在矿山破岩等实际工程中,充分利用其爆炸能量可以获得最佳破坏效果;在地震工程中,通过掌握地震波对地面建筑物、构筑物的破坏效应可以找到减少地震破坏的对策。

岩石动力本构关系大多基于实验获得,如席道瑛等通过岩石长杆冲击试验,获得了大理岩、砂岩在干燥、饱水、饱油情况下的衰减系数及其动态本构关系。尚嘉兰等用预埋于不同位置的压力探头监测冲击产生的平面应力波在岩样中的应力历史波形,获得了花岗岩的动态本构关系。单仁亮等结合对花岗岩和大理岩实测冲击破坏本构曲线的分析,将统计损伤模型和黏弹性模型相结合,建立了考虑应变率效应的岩石冲击破坏时效损伤模型。

(2) 岩石声、电磁传播特性。岩石声学特性理论是超声波测试技术及其工程应用的理论基础,主要包含岩石超声波和超声衰减理论研究两个部分。张晖辉等开展了循环荷载下大试样岩石的破坏前兆声发射试验。张茹等研究了单轴多级加载岩石的破坏声发射特性。赵明阶和吴德伦从岩石的变形特性出发,通过等效裂纹模型的建立,建立了岩石在单轴加载、卸载和重加载过程中声传播特性的理论模型,利用广泛采用的超声波纵波速度与孔隙率的关系式,最终导出单轴压缩荷载作用下岩石超声波纵波速度与应力的理论关系式。

岩石电磁学主要研究岩石电学性质的频率特性、岩石电阻率与岩性、孔隙率和饱和度之间的关系。如李夕兵和古德生基于地壳中的众多岩石具有压电晶体结构物质的事实,利用长波近似,最早提出应力波和电磁波在岩体中相互耦合的理论,给出 P 波、S 波和表面波与所耦合的电磁波间的定量关系;后来又系统研究了应力波作用下节理面前后电磁辐射强度的变化规律,以及岩石破裂电磁辐射频率与岩石属性参数的关系。冯启宁和郑学新对岩石电学性质的试验进行了深入研究,建成从低频(100Hz)到超高频(3000MHz)全频段内测量岩石电阻率、介电常数、阳离子交换量和激发极化电位的物理模拟装置。

对于岩石脆性材料开裂时伴随的物理现象,除人们很早关注的声发射、热等现象以外,开裂破坏时的电磁信号特征也是最近研究的热点和难点。对岩石破裂出现的电磁现象研究,最早来源于对地震减灾的研究,除了大量的现场观测研究外,一些实验室的研究主要集中在以下几方面:(1)岩石磁性随应力变化的磁化率、剩磁强度;(2)岩石电性随应力变化的视电阻率;(3)岩石破裂时的电场变化的自电位;(4)岩石破裂时的电磁辐射的电磁波。

对于脆性材料断裂过程中的力-电-磁耦合的理论研究，目前主要包括公理化方法和变分原理方法建立的模型等。关于岩石缺陷的断裂全过程中起裂、裂纹稳定到非稳定扩展瞬态的力电磁响应的理论和试验研究，还鲜见文献报道。

D 岩石多场耦合模型与应用

岩石介质多场耦合主要研究在温度场（T）、渗流场（H）、应力场（M）和化学场（C）的耦合作用下（以下称 THMC），气体、液体、气液二相流体或化学流体在岩石的孔隙中传输，固体骨架和流体中的温度分布及其骨架变形与破坏规律。始于 1992 年的 DE-COVALEX 项目是研究高放核废料深埋性能与安全评价的一项国际合作项目，目前已经滚动开展了 5 期，它致力于对岩体 THMC 耦合过程进行理论和试验分析。中国科学院武汉岩土力学研究所和武汉大学加入了 DECOVALEX 第 4 和 5 期的研究工作。我国诸多学者在多场耦合方面已经做了不少的研究工作。如周创兵等研究了广义多场耦合概念，在 THMC 耦合系统中考虑了工程作用（E），形成 THMC-E 广义耦合系统。赵阳升对多孔介质耦合作用进行了系统研究。冯夏庭等对岩石化学-应力-渗流耦合开展了细观力学试验，同时利用自开发的 EPCA 程序进行数值模拟研究，提出了岩石工程设计新方法。刘泉声等开展了三峡花岗岩温度与时间相关的力学性质试验，并对岩石时温等效效应与煤矿深部岩巷围岩稳定控制进行了较系统的研究。这些成果对我国水利水电、采矿、油气开发、核废料处置、CO_2 储存以及地下硐室的工程设计与施工具有重要的指导意义。

E 深部岩体分区破裂化与岩爆

（1）分区破裂化。随着深部工程的不断增加，深部一些新的岩石力学现象不断出现。在深部岩体工程开挖硐室或坑道时，在其硐室围岩中会产生交替的破裂区和非破裂区的现象，这种现象叫分区破裂化（zonal disintegration）。这与浅层的地下巷道围岩变形和破坏已知理论概念在原则上是不同的。

中国学者自 2003 年起开始关注并开展了分区破裂化现象的研究。钱七虎和李树忱在国内率先介绍了国外学者关于分区破裂化现象研究的成果，指出了今后的研究方向及其关键问题，提出了深部围岩分区破裂化现象是一个与空间、时间效应密切相关的科学现象，认为分区破裂化效应的产生，一方面是由于高地应力和开挖卸载导致的围岩"劈裂"效应引起的，另一方面是由于围岩深部高地应力和开挖面应力释放所形成的应力梯度而产生的能量流引起的；并强调高应力条件下因卸载形成应力梯度，导致径向加速度和位移，因此高应力条件下开挖卸载的动力过程是形成分区破裂的重要原因。分区破裂化的定性规律（影响因素）中应该考虑巷道、硐室开挖的速度（卸载速度）分区破裂化与应变型岩爆是一个问题的两个侧面，都取决于岩体开挖后岩石积聚的变形势能转变为动能和破坏能的分配比例。

近年来，我国学者在围岩分区破裂形成机制方面、分区破裂化现象主要特征参数、分区破裂化现象产生的机理和产生的条件等方面进行了一些研究。

（2）岩爆。岩爆是一种世界性的地质灾害，极大地威胁着矿山和岩土工程施工人员和设备的安全。但是，由于岩爆问题极为复杂，因此还没有成熟的理论和方法。国内外学术界和工程界认为，研究岩爆发生的原因、条件以及各种因素的相互作用，是预测、预报和控制岩爆发生的理论基础。在实验室研究和现场监测与调查的基础上，各国学者从不同的角度先后提出强度理论、刚度理论、能量理论、岩爆倾向理论、三准则理论、失稳理论、三因素理论、孕育规律等一系列重要成果，其中强度理论、能量理论和冲击倾向理论占主导地位。岩爆倾向性研究中采用的方法包括统计学方法、模糊数学、神经网络、支持向量机、随机森林等多种方法。微震监测是目前预测及评价岩爆危险性广泛采用的手段，在水电、矿山和隧道工程中应用广泛。

F　岩体非线性理论与加固稳定分析

（1）岩体非线性理论。岩体稳定性评价的困难在于岩体系统高度非线性，这使得人们对岩体变形破坏机制缺乏足够认识，引进的数学、力学理论有时失效，定量化描述难以实现。非线性问题的解析求解一般较为困难，需要具体问题具体分析。岩体失稳的表现形式各异，但都是在外界影响下介质物理力学性质的突变引起的，相关研究更具有理论指导作用。

近年来，在岩石工程中应用的非线性理论主要有耗散结构理论、协同论、分叉、分形、突变、浑沌、支持向量机、神经网络、遗传算法、随机森林、统计学方法等理论。这些非线性分析方法主要应用于岩体分级、边坡稳定等级分类、岩体参数确定、岩爆等级计算等领域，这些理论正成为解决非线性复杂大系统问题的有力工具，也是研究岩石非线性系统理论的数理基础。

（2）岩体加固稳定性分析。在稳定性分析方面，极限平衡法、块体理论、强度折减法、矢量和法得到了广泛的应用，岩体加固稳定性分析成果较多涉及工程开挖、隧道和采矿工程领域。

（3）软岩的力学特性与加固理论。工程软岩是指在工程力作用下能产生显著塑性变形的工程岩体。随着开采深度的增加，地下工程围岩所处的地质力学环境越来越复杂，采用常规支护设计的深部软岩巷道工程稳定性越来越难以控制，安全事故时有发生。其主要原因在于，在深部高地应力场和开采扰动作用下，巷道工程岩体开挖后处于塑性大变形阶段，采用常规的支护方式易使支护体与围岩之间出现刚度、强度和结构不耦合，从而造成巷道变形加剧，难以控制。因此联合支护方法是此类巷道常用的方法。何满潮等针对此类软岩问题提出了以锚索支护为核心的耦合支护理论和技术。

随着岩体工程，特别是地下岩体工程规模、数量的不断增大、增多，岩体工程加固理论得到了发展。近10年来，全长锚固中性点理论、松动圈理论、围岩强度强化理论、锚固力与围岩变形量关系理论和锚固平衡拱理论都得到了发展。

1.2.2　地下工程开挖与加固技术现状

1.2.2.1　隧道施工技术的发展

近20多年来，隧道施工技术随着隧道工程的日益增多和相关科学技术的发展，取得了重大进步，主要体现在以下方面：

（1）盾构、TBM装备与施工技术。经过10多年的引进、消化吸收、再创新，我国盾构与TBM的自主制造技术已取得了骄人的成果，2012年我国自主制造的盾构已占据国内近80%的市场，且已出口到新加坡、马来西亚、印度等多个国家。盾构与TBM技术在国内（除贵阳外）的所有地铁工程中得到了广泛应用；在穿越长江、黄河、黄浦江、珠江、湘江、赣江等大型河流的市政道路、高速铁路、地铁、输气管道等工程方面都取得了许多技术成果。长 8.9km 的上海长江隧道为目前世界上已建成的最大直径（15.38m）的盾构隧道。

在盾构施工技术方面，已在大粒径砂卵石地层、高度软硬不均地层、极软土地层中取得了技术上的突破；在地层沉降控制方面，能控制在毫米级水平上；进度方面，目前的最高月进度已达到 700m 以上。

（2）水下隧道沉管法的应用促进了海底隧道、越江隧道的发展。世界上已建成沉管隧道 100 多座，我国已建成的沉管隧道有 10 多座，广州、浙江等地有多座沉管隧道正在施工。新建成的上海外环沉管隧道规模为世界第二、亚洲第一，标志着我国的沉管隧道施工水平达到了世界先进水平。

（3）浅埋暗挖技术的应用。浅埋暗挖法在大秦线与北京地铁取得成功后，目前已广泛应用于我国大部分地铁工程以及部分公路隧道、铁路隧道、跨江越海隧道工程中。特别是注浆、超前管棚、超前小导管、水平旋喷、冻结、降水法（轻型井点和深井降水）、降水回灌等辅助工法的进一步的发展，拓宽了浅埋暗挖法的使用范围。目前，我国隧道浅埋暗挖法施工技术处于世界领先水平。

（4）超浅埋、大跨度、小净距矩形顶管技术。在郑州下穿中州大道近 105m 的 4 孔通道建设中，采用了矩形顶管方式；断面最大跨度为 10.12m，隧道上覆土厚仅 3.0m，相邻通道的净间距仅为 1m；地层为地下水位以下的粉土与粉质黏土。经 4 条顶管施工多次扰动的影响，最重要的中州大道路面下地层最大沉降仅为 28.2mm。机动通道用时 30d、非机动通道用时 25d 完成顶进施工。

（5）岩溶隧道处理技术。近年来，我国较为系统地研究了岩溶体注浆、溶腔防护加固、隧底跨越、岩溶水引排、绕避迂回等技术的适用条件和技术措施，形成了针对不同岩溶、岩溶水较为系统的处理方案，如"释能降压法"处理岩溶技术、高压顶水注浆技术等。

（6）高地应力隧道变形问题处理技术。在乌鞘岭隧道和兰渝线北段隧道工程中遇到了高地应力软岩大变形问题，各硐室均表现为以水平收敛为主的大变形，具体表现出变形速率快、变形量大、变形持续时间长等特点。该工程摸索出了"抗放相随，支护适宜，适时补强"挤压大变形隧道的治理原则，即以较强的支护达到"抗"的作用，为随后可控的"放"提供前提。主要措施为：以"钢拱架+锁脚锚杆+喷射混凝土"为主要支护系统，"深孔锚杆"作为补强措施，必要时采用"多次开挖、多次支护"，较为有效地遏制了变形。

（7）高地应力岩爆问题处理技术。在高地应力岩爆方面，研究和探索出了利用声发射、微震监测进行岩爆预测技术。在处理措施方面，采用钻孔（微爆）释放应力、洒水、适时支护及应用高性能喷射混凝土技术等。整体上来讲，对于岩爆的处理仍处于被动防护状态。

1.2.2.2 地下矿山开挖技术的发展

地下矿山开挖技术发展主要表现在以下方面：

（1）锚喷支护以及光面爆破技术的应用。锚喷是地下支护技术的一项革新，施工简单、效果显著，现已成为地下工程施工中广泛应用的技术。已开发应用的锚杆有上百种，喷射混凝土机具经历了多次替代，支护设计理论逐步成熟。目前，锚喷、锚注、锚索

（简称"三锚"）联合支护技术在高地应力、大变形巷道中取得良好成效，中深孔、深孔光面爆破技术已得到广泛应用。

（2）岩石巷道凿岩台车及钻、装、运、支等工序的成套机械设备的使用，形成了多种类型的机械化作业线，大大提高了巷道施工的机械化程度和掘进速度。装岩运输设备正向大型化、自动化方面发展，用于爆破钻眼的凿岩机器人已经研制成功，全断面巷道掘进机得到了较快的发展，悬臂式掘进机得到了较多的应用。

（3）立井快速施工技术及大型机械化配套技术基本成熟。伞形钻架、大吊桶、大抓岩机、大井架、大绞车、大吊泵、大模板、大搅拌机等设备得到全面配套，施工速度大大提高，基岩段月进百米已轻而易举。目前，立井施工技术正向深度1000~1300m的深井发展。

（4）人工冻结加固岩土技术更加成熟并得到推广应用。人工冻结是处理软土问题的一项有效手段，而且对控制施工影响和施工环境保护有重要的意义。冻结法过去主要应用于煤炭矿山，现已成功应用于城市地铁隧道、深基坑围护以及桥墩基础等工程。在煤矿，冻结深度已由最初的100m左右发展到目前的700m左右。

1.2.2.3 围岩加固技术的发展

地下工程中加固技术众多，其中应用最广泛的是锚固技术，相关理论研究主要围绕两个方面进行：其一从锚固体加固的效果出发研究作用机制；其二从锚固体与周围接触介质相互作用的角度出发研究锚固载荷传递机制，尤其是对加浆锚固体中锚固体与注浆体、注浆体与围岩土体间相互作用的黏应力分布状态以及传递机制进行研究。锚固作用是充分利用锚固岩体的自身抗剪强度，通过锚固体将拉力传递至结构体，以此保持结构体的自身稳定。目前对锚固作用机制的认识主要有以下几种观点：悬吊作用、组合梁作用、增强作用、连续压缩拱作用和销钉作用。这些观点反映了不同锚固方式在不同条件下的加固作用，力学模型为实际情况的抽象处理。

近10年来，随着岩体工程特别是地下岩体工程规模增大、数量增多，加固理论、全长锚固中性点理论、松动圈理论、围岩强度强化理论、锚固力与围岩变形量关系理论和锚固平衡拱理论得到了发展。为了研究荷载超出结构极限承载力后的结构行为，或结构失稳行为，李新平等将复合材料力学的研究方法和观点引入到层状岩体-锚杆支护系统，将其看成是一种由层状岩体（基体材料）、锚杆（纤维材料）、砂浆（黏结材料）构成的单向复合增强材料，通过理论分析、数值模拟和对比模型试验，定量分析这种等效复合材料的力学性质与各组分材料之间的关系。

1.2.3 地下工程勘测、监测与反馈分析

地下工程中，为了获得真实的原岩应力和岩体状况必须进行岩体地应力的测试和各种监测。同时，为了获得准确的岩体力学参数，以参数辨识为主的反分析预测法近十几年来在岩石力学中迅速发展。它以隧道和地下工程施工中的大量监控量测信息为基础，通过参数反演，从而获得衬砌结构上的真实围岩压力，为当前解决岩体参数不够准确的问题提供了有效方法。与此同时，以测试为手段的现场监控设计法也正在发展，通过现场实测来获得设计的定量参数作为工程设计依据，以修正围岩压力值，提高设计的可靠性。

1.2.3.1　现代勘测手段

岩石工程的地质勘测通过地质测绘、工程地球物理勘探、钻探和坑探等手段对地形地貌、水文地质条件、岩石的物理力学性质开展分析研究，为工程设计提供依据。

现代工程地质勘测中，测绘仪器和手段愈发进步，包括全站仪、GPS 技术以及三维激光扫描技术等。主要物探技术有 TSP、HSP、陆地声呐、直流电法、地质雷达等，钻探技术有中长距离钻探、超长炮孔、炮孔。固源阵列式三维瞬变电磁探测方法实现了隧道前方 80m 含水构造的三维电阻率成像，能够探测含水构造的规模和空间展布；孔中雷达与跨孔电阻率 CT 成像使钻孔周围 15m 范围含水构造的探测更为准确；遥测遥感、多点高频物探和高速地质钻机的综合使用，使得地质及水文资料的信息量和准确度大为增强；地球卫星定位系统（GPS）的应用，不仅使野外勘测工作效率翻倍、费用减少，而且使控制精度等级提高；地质素描、物探与钻探相结合，长短距离预报相结合，预报资料与地质分析相结合，使得预报的准确度大为提高。

近年来，随着高分航遥等先进勘察手段的逐步引入应用，以及无人机勘察技术水平的快速提升，在隧道工程勘察技术方面逐渐形成了"空、天、地"三位一体的综合勘察技术。通过应用空基系统（包括 GPS 卫星、北斗卫星、遥感卫星等）、天基系统（包括临近空间的浮空器和近地无人机搭载的高清摄像机、雷达、激光扫描仪等）、地基系统（包括轨旁灾害监测、综合视频监控等），建立了"空、天、地"三位一体的新型勘察体系，解决了复杂艰险山区传统勘察方式难以实现"上山到顶，下沟到底"的难题。

近年来，岩石工程的试验测试装置也在不断地进行研制和改进，以适应大型、复杂工程需要。如葛修润和周百海采用先进的设计方案、独特的结构布局、计算机直接控制和自适应控制技术，研制了一套功能多样化、体积小型化的 RMT-64 型，以及后续的 RMT-150、RMT-201 和 RMT-301 型岩石和混凝土多功能数控电液伺服试验机系列产品，并进行了大量试验研究。蔡美峰采用新研制的仪器成功在 2800m 深部进行了水压致裂地应力测量。李小春等在茂木式真三轴试验机和 RT3 型岩石高压真三轴仪的基础上，采用多级轨设计实现了框架横置，提高了加载的稳定性且方便试样和传感器装卸，并首次加入了对中装置，提高了试验的可重复性。

地下结构大型三维地质力学模型试验在 21 世纪初有了快速发展。李仲奎等在 2000 年首先研制了大比尺三维地下硐室群模型试验系统，该系统最大外部尺寸达到 6.5m×5.5m×2.5m（长×高×宽），模型本身质量超过 105kg，采用离散化技术模拟了复杂三维地应力场，并采用了机械臂和微型 TBM 及内窥技术，最早实现复杂地下硐室的隐蔽开挖模拟。此后，张强勇等研制了可任意拆卸、组合拼装的大比尺三维隧道模型试验系统，该系统最大外部尺寸为 5.2m×4.5m×2.7m（长×高×宽），其自动液压控制系统具有压力高、保压时间长、可进行稳步梯级加载等特点，能够满足各类地下工程的三维和平面地质力学模型试验的要求，并可用于分区破裂化研究。

岩石工程的室内测试技术，除了传统的材料试验机，如单轴、三轴以及剪切试验机等，目前还根据岩石工程的需要，发展了岩石破裂过程 CT（Computerized Tomography）检测、软岩剪切测试与岩石蠕变测试技术等。

与室内试验相比，原位试验能够更加准确地获得岩体的物理力学性质，尤其是当岩体地层结构较为复杂和基础应力状态不明确时，所获数据更为真实，因而广泛用于对重要问题或重大工程的设计。除此之外，针对大跨度以及岩石流变等特殊问题，也常常采用原型试验。原位试验包括现场变形测试、弹性波测试、地应力测试以及水压裂法等，可对岩体的弹性模量、应力、变形和抗渗等多种性能做出评价。

在南水北调西线工程中，为查明沿线岩石的力学特性，选取了几个典型地段进行了波速测试和现场大型直剪试验。李利平等基于现场锚杆应力、衬砌应力、爆破振速等检测数据，对大跨度隧道围岩变形的特性、岩体参数的选择和结构稳定性做了分析，为类似工程的设计和施工提供了参考。现场原型试验不仅包括对岩体物理力学性质的测试及分析，对于一些加固措施的效果，如锚杆、锚索、重力墩等，现场试验也是一种有效的测试手段。如荣冠等开展了三峡永久船闸高强锚杆的现场试验研究，全面分析了锚杆、混凝土及砂浆的应力特征，同时研究了锚杆和混凝土的变形，揭示了锚杆与混凝土联合工作规律和砂浆在循环荷载下破坏情况。

基于上述测试新技术，我国在岩石工程超前预报、动态反馈分析、设计优化、长期工程安全与风险分析、岩体质量分类、变形稳定技术标准等方面取得了一系列成果。

1.2.3.2 微震监测

地下矿山监测岩体初期破裂引起的弹性波信号的应用可以追溯到1942年。矿山地震监测系统已从早期的机械式，经由信号电子模拟系统，发展到现在的全数字化地震监测系统；其监测数据处理和分析功能也已从早期简单的脉冲记数和震幅记录，经由简单震源定位，发展到目前能够自动进行定量地震学参数计算，并具有一定地震预测分析能力，同时可将矿山工程结构和地震数据三维可视化综合集成，为矿山深部地震活动及其开采响应研究提供有效监测。国外微震监测技术的发展已使矿山微破裂的监测从"难以实现的奢望"转变为采矿安全管理的一个有机组成部分，如南非、德国、波兰、美国、英国、加拿大、日本和澳大利亚等国在矿山、隧道、地下油气料储存硐室和热干岩发电等方面均得到广泛应用，取得了大量的研究成果。

中国开展矿山监测微震研究较晚，但也已取得了较好进展，并逐渐得到应用。1986年门头沟煤矿首先采用波兰SYLOK微震监测系统；1990年兴隆庄煤矿采用澳大利亚地震监测系统进行监测；2004年凡口铅锌矿引进加拿大ESG微震监测系统；2005年铜陵冬瓜山铜矿也建立对该矿深部采区地压的监测。姜福兴等与澳大利亚联邦科学院就煤矿灾害的预测及防治工作进行了科技攻关，针对矿山的不同灾害，研制成功BMS微震监测系统，并应用在峰峰、兖州、双鸭山等矿区，开展了顶板破裂高度、异常压力、动压规律监测预警，以及底板突水监测预警、冲击地压监测预警、导水裂隙带高度监测、海下开采金矿的岩爆与海水溃水监测预警等，取得了很好的应用研究成果。

潘一山等研制了一套国内首台具有自主知识产权的矿区千米尺度破坏性矿震监测定位系统，并在北京木城涧煤矿的冲击矿压预测预报中得到了应用，定位精度高。窦林名教授团队从波兰矿山研究总院引进SOS微震监测系统，已经在十几个具有冲击地压现象的矿井安装，预测了多次矿震和冲击矿压事件。2004年以来，唐春安团队在引进加拿大ESG微震监测系统，借鉴国内外微震监测成果的基础上对该系统进行了多项改进，针对国内用户需求研制了中文三维可视化软件，并在红透山铜矿、张马屯铁矿、石人沟铁矿、义马跃进与千秋煤矿、新庄孜煤矿、锦屏二级水电站深埋隧洞群等不同领域进行了大量微震监测工作，在岩体动力灾害方面的研究方面取得了许多成果。

1.2.3.3   动态设计与反馈分析

在岩石工程勘测与设计中，为了尽可能准确、真实地模拟和分析结构及基础岩体的应力、变形及稳定性，必须要得到真实的岩体力学参数。动态设计与反馈分析根据工程实施过程中现场监测的实际数据，对设计阶段采用的参数进行实时调整，并对工程结构的变形及稳定性重新评价，甚至调整、修改设计方案。

反馈分析方法能够预测真实岩体的变形及其他力学特性，指导设计、施工和加固措施，为工程的安全稳定提供保证。近年多位学者对反馈分析法进行了研究和改进，如以位移反馈法为基础，引入优化反演思想及结构模量与结构缺陷度的概念，建立等效横观各向同性边坡体的地层参数优化反演的有限元方法，可快捷可靠地搜索到地层参数反演的最优值。冯夏庭等结合人工智能、系统科学、岩石力学与工程地质学等多学科交叉，提出了岩石工程安全性的智能分析评估和时空预测系统的思路和岩石力学参数反分析方法。朱维申等也结合工程现场的开挖进程开展了反馈应用分析等。

1.3   我国地下工程的展望与重点研究方向

1.3.1   我国地下工程的展望

近年来，我国进行了诸多大型岩土工程实践，如三峡、葛洲坝、二滩、小湾、溪洛渡、锦屏、南水北调等大型水电、水利工程，成昆、宝成、京广、京九、青藏、京沪高铁等铁路工程，国家干线高速公路工程，跨海大桥工程，国防地下工程，登月工程，抚顺、大同、徐淮、金川、铜陵等矿山工程，开展了"六五"至"十三五"等专项攻关和"973计划"等课题的科研工作，取得了系列研究进展与成就。

国家新型城镇化建设、新一轮西部大开发、"一带一路"、海绵城市、城市地下综合管廊、城市轨道交通、京津冀协同发展、长江经济带、珠三角经济区等战略规划，为我国隧道及地下工程领域技术发展带来了前所未有的契机，未来各行业对地下工程的需求如下：

（1）西部交通建设对隧道的需求。2016~2030年是我国西部大开发加速发展时期，交通基础设施建设也将得到快速发展，在铁路、公路的建设过程中必将出现大量的特长、深埋隧道。如成兰铁路，隧道的比例高达70%以上。

（2）调水工程对隧道的需求。目前南水北调东线、中线工程已经通水，但正在建设的北疆供水工程、东北供水工程和即将开工建设的南水北调西线工程还有大量的特长隧洞，如雅砻江引水隧洞长131km、通天河引水隧洞长289km，这些隧洞无论规模或技术难度都是空前的。

（3）跨江越海交通工程对隧道的需求。随着国家发展战略及基础设施建设的推进，以及铁路网、公路网结构的进一步完善，将会出现越来越多的水下隧道，如在建的汕头苏埃通道、武汉三阳路长江隧道以及拟建的琼州海峡、渤海海峡及台湾海峡通道等。

（4）战略能源储备对地下工程的需求。据有关分析研究，到2020年我国石油对外依存度将达70%，天然气对外依存度将达50%。建设大型地下储油、储气洞库成为必然，目前正在建设的惠州、湛江国储库容量均达$500×10^4 m^3$。未来将会在沿海地区建设大量地下储能洞库。

（5）城市轨道交通发展需求。截至目前，全国有 63 座城市已获批轨道交通建设，规划建设线路总长度 12000km，其中线路总长的 80% 以上为地铁，超过已运营线路总里程。随着我国城镇化水平的不断提高与城市人口规模的上升，轨道交通仍有较大发展空间；且随着路网的完善，大量的上跨下穿区间隧道将会成为必然。

（6）城市地下综合管廊发展需求。我国城市的各种管线"各自为政、冲突不断"，地下空间开发受到制约。在城市总体规划中，地下空间的开发利用已经由原来的"单点建设、单一功能、单独运转"，转化为现在的"统一规划、多功能集成、规模化建设"的新模式。城市地下空间是一个十分巨大而丰富的"空间资源"。一个城市可发展利用的地下空间资源量一般是城市总面积乘以开发深度的 40%。北京地下空间资源量为 1193 亿立方米，可提供 64 亿平方米的建筑面积，将大大超过北京市现有的建筑面积。大连市城市地下空间可提供建筑面积 1.94 亿平方米，超过现有大连市房屋建筑面积（5921 万平方米）。

国家积极推进城市地下综合管廊建设，国办发〔2015〕61 号文件指出，到 2020 年，建成一批具有国际先进水平的地下综合管廊并投入运营……。因此，城市地下空间开发利用将进入一个新的发展时期。

（7）城市排水、排污和海绵城市对深隧建设的需求。为加快推进海绵城市建设，增强城市防涝能力，改善水生态，国办发〔2015〕75 号文件提出，要综合采取"渗、滞、蓄、净、用、排"等措施，最大限度地减少城市开发建设对生态环境的影响，将 70% 的降雨就地消纳和利用；到 2020 年，城市建成区 20% 以上的面积达到目标要求；到 2030 年，城市建成区 80% 以上的面积达到目标要求。因此，将会出现大量用于排、蓄水的城市深埋隧洞。

（8）深部采矿的需求。未来十年，我国 1/3 地下金属矿山采深将达到或超过 1000m，深部采场的"三高"特性使开采环境复杂，在采动效应的联动影响下，岩体力学特性及其工程响应较浅部发生明显变化，同时造成岩爆、突水、顶板大面积来压和采空区失稳等灾害性事故在程度上加剧、频度上提高，成灾机理更加复杂，对深部资源的安全高效开采提出巨大挑战。如何解决上述问题是深部资源安全高效开采的关键，也是深部地下工程需要重点解决的问题。

1.3.2 需重点研究的问题

1.3.2.1 岩石力学与工程的理论研究方面

（1）岩石力学与地质学科的交叉融合。岩石力学研究对象与岩石工程载体是不同成因和长期演化形成的地质体。它的物质组成、结构构造和赋存状态构成了它的地质本质性。王思敬指出，"岩石的地质本质性、物理本属性和力学的本构性应该是岩石力学与工程的三大属性。这三者的知识贯通和共识必将导致岩石力学与工程研究的深化和总体水平的提升"。岩石力学本构性研究中如何考虑岩石物质特性、结构性及其赋存状态（如地应力、地下流体、气体和地温等）与工程作用力的相互影响和制约，还有待进一步深入研究。在解决岩石工程问题中，研究岩体的地质本质性和确定设计力学参数及判定岩石工程问题的关系，需要得到进一步重视。工程地区的地质动力过程和地质灾害需要同工程安全分析评价结合起来。地质、地球物理勘测取得的信息，如何更加充分运用到岩石力学与工程研究中，也仍然是值得关注的问题。岩石力学与地质科学等多学科交叉融合必将对岩石力学与工程研究有所裨益。

（2）岩石力学中渗流、力学、热力学与化学损伤力学的耦合分析。岩石与赋存环境营力相互作用，不可避免地出现变形和破裂，破坏机制更为复杂，破坏过程体现了强非线性特征。岩石中的流体不仅影响有效应力，而且可造成岩石部分物质软化或溶解，改变应力、应变的条件，同时又可改变渗流场特征。岩石热力学效应、渗流热力学效应及化学损伤效应互相有着密切的联系。对于水库、堤坝、隧道建设、水下采矿，应重点研究场区地下水渗流场分布情况，加强研究大范围高精度探水的装备及技术意义重大。开展这些方面的研究有益于探索岩石力学的协同统一模型，发展多场、多过程和多尺度的耦合分析方法。

（3）岩石力学多尺度问题的协同统一。岩石介质存在固有的空间多尺度特性，反映了不同尺度岩石结构性的构成和分布特征，在复杂工程中研究其性能时必须加以考虑。岩石力学参数的取得离不开试验平台的建设和开发。通过室内试验、大尺度现场试验、工程原型试验和现场监测不同尺度的有机融合分析，可更好地理解岩石的力学性质及其工程行为。因此，发展现场原位试验平台建设和室内小尺寸平台建设同样重要，二者相得益彰、相辅相成。将来利用废弃的矿山、人防工程或地下工程，并结合地下防护、地下能源储存与废弃物处理等领域的研究需要，建立国家层面的岩石力学与工程地下实验室十分重要。由于模型简化和理想化等原因，借助于室内小尺度和工程现场大尺度融合分析，开展岩石介质、岩石结构面、岩体结构微-细-宏观多尺度试验和数值研究是将来的热点和难点，特别是岩石量子力学的研究有助于将岩石力学推进到一个新水平。

（4）岩石多时间尺度的时效变形研究。岩石的时效变形中流变特性的研究已经取得了较丰硕的成果，而在不同加载路径及应力变化条件下的岩石时效变形试验和分析研究尚待深入。饱和岩石的蠕变特性已有所研究，而在渗流条件下，渗透压和渗透梯度的影响、渗流流体对岩石化学蚀变影响、温度及热力效应以及岩石破裂过程的时效性等有待进一步研究，以期探索协同时效变形理论和试验研究方法，发展多过程和多尺度耦合流变本构模型。而对各向异性岩石及损伤断裂岩石的非线性流变本构模型也有待进一步完善。

（5）岩石初始应力场和工程扰动效应统一分析。岩石应力、应力释放及地应力场演化是岩石力学过程中的内在力源，理应受到高度的重视。但是关于岩石的内应力状态及可能的释放条件同岩石的结构和力学性能尚研究得不够深入。岩石初始应力是由自重应力、现今活动构造应力、残余构造应力和成岩结晶和胶结应力等构成。它们对岩石变形和破坏的作用不同，在岩石强度和工程扰动效应的研究中，需要进一步研究与分析非协调变形产生的自平衡封闭应力，以及多年冻土和可燃冰工程热扰动问题。而在深部及破碎岩体中准确测定原岩应力的方向、大小，也是岩石工程中的难点问题。

（6）岩石工程自然条件与人工影响的协同研究。各种特殊条件下的岩石参数变量，如破碎度、强度、热物理指标以及超长时间（万年以上）条件下的岩石力学性质试验方法获取的参数等；特殊条件有喀斯特地貌、软弱岩层、高密度的破碎体、高应力、高速的水体流动、高温度、低温度、高低温循环、不利的化学条件、复杂的地质构造等；地下工程（建筑）主要包括大型地下硐室、地下水电站、地下核废料储存工程、CO_2 地质封存、地热开采与利用、盐岩/花岗岩中油气地下储存工程、压气储能工程等，对这些地质因素与人工扰动之间的相互作用还要进一步研究，以确保工程设计和建设的安全可靠与经济合理。

（7）现场原型监测、地质力学模型与数值计算多手段联合分析。目前，属于中国自己的核心监测技术和设备较为欠缺，需要深化基础研究，研发具有自主知识产权的核心高性能监测设备和大型结构地质力学模型试验系统。很多数值模拟研究仅仅是在对商业软件的简单使用上，对其基本理论的研究和进一步开发相对贫乏，而且我国自主创新研发的数值模拟软件较少，有必要在基础理论、模型及核心技术问题上深入研究，尤其需要加强以现场监测和大型地质力学模型为依据的数值计算综合分析平台的建设，真正实现监测、模型与分析一体化。

（8）岩石热力学与地热、非常规油气开发利用。地球内部蕴藏着极为巨大的热能和非常规油气能源，其开发利用极为重要，但是在科学技术上具有很大的挑战，要求多学科协同研究。岩石力学通过岩石热力学、岩石破裂力学、岩石渗流力学等耦合研究可以对地热和非常规油气开发利用做出重要贡献。此外，致密岩油气、页岩气、煤层气、天然气水合物等开发利用、深部矿井热害控制与资源化、CO_2 地质封存与核废料地质处置等也都属于相类似的新领域研究。这要求对地球深部岩石力学特性及深部岩石致裂机制、压裂控制及渗流特征做进一步创新研究。岩石内部气体对岩石破裂及碎裂化作用有待进一步开展试验和理论研究。

（9）岩体中非协调变形和破坏研究。岩体一般都具有初始的微观和细观裂纹，这些初始微、细裂纹对岩体的连续性和变形协调性的影响是一个值得研究的问题。地下工程（含巷道、隧道和硐室）开挖卸荷将会造成围岩中产生更多的次生微、细和宏观裂纹，从而使得裂纹的密度和尺寸发生变化，相应地也会对岩体变形非协调性产生新的重要影响，这也许是产生深部围岩分区破裂化、围岩深部岩体破裂和岩爆的力学本质，因此值得下大功夫对深部岩石力学中非连续性、非协调变形和破坏进行深入研究。

（10）岩石静、动力学协同统一。静态与动态岩石力学均有较多的深入研究成果，然而不同加载速率及加载波形对岩石变形、破裂和破坏的协同统一研究尚嫌不够。通过系统的静、动态岩石力学试验，了解其机制的异同性，探索统一的破坏判据和强度理论十分必要。不同的静、动荷载在岩石中的应力分布和超应力荷载有所区别，破裂、破坏耗散能量不同。这反映了岩石固有的碎裂化能的不同，因而动、静态岩石强度存在某种关联性。当动载作用于具有一定静应力状态的岩石，其动、静荷载的综合效应机制尚未得到充分的研究。岩石爆破动力学的理论研究，以及在爆炸力作用下岩石的变形场及本构模型均有待进一步完善。高能量爆炸和核爆炸中岩石受到超高温、高压作用，岩石的局部熔融和挤压碎裂化使得其本构方程极为复杂，目前的研究尚嫌不够。

结合工程实践，理论联系实际、试验与测试、重大岩土工程关键技术与计算分析并重应有助于上述十大挑战性难题和重要问题的解决。

1.3.2.2　地下工程开挖技术方面

基于我国地下工程发展趋势，超长隧道技术，高地应力软岩大变形控制技术，高水压、大断面水下隧道建设技术，高地温、高地热隧道建设技术，高地震烈度与构造活跃带的隧道建设技术，隧道运营维护管理技术，新材料研发与应用的开发，高地应力巷道岩爆控制技术，深部开挖技术等是今后需要深入研究的关键课题。

（1）超长隧道开挖技术研究。主要科学问题包括：深长隧道突水突泥致灾构造及孕灾模式、灾害源孕灾响应与定量识别理论、动力学演化与致灾机制以及灾害预测预警与防控理论；深部复合地层地质条件与力学行为特征、TBM-深部复合地层围岩相互作用与致灾机制、深部复合地层 TBM 适应性与安全控制设计等。

超长大深埋隧道宜采用不设或少设斜竖井，以 TBM 法为主的"TBM+钻爆法"修建模式。高黎贡山隧道、新疆引水工程（独头掘进距离超过 20km）等都面临着长距离独头掘进的难题。

（2）高地应力软岩隧道大变形控制技术研究。我国在建和规划的高地应力软岩大变形隧道非常多，尽管在大变形控制技术方面已经取得了很大进步，如兰渝铁路、成兰铁路等大变形隧道，但是在大变形预测及极严重大变形控制方面还需要进行系统深入的研究。

（3）高水压、大断面水下隧道建设技术研究。高水压是在建的苏埃通道、佛莞城际新狮子洋隧道，及拟建的渤海海峡通道、琼州海峡通道、台湾海峡通道等大断面水下隧道工程所面临的重大技术难题，开展 1MPa 以上水压条件下的盾构刀具更换、长距离掘进等关键技术研究显得尤为迫切。

（4）高地温、高地热隧道建设技术研究。针对大瑞铁路高黎贡山隧道（深孔钻探实测最高温度为 40.6℃，路肩最高温度为 36.7℃）及类似工程建设的需求，需尽快开展高地温、高地热条件下隧道施工及防护技术研究。

（5）高地震烈度与构造活跃带的隧道建设技术研究。随着国家基础设施建设力度的进一步加大，高地震烈度或构造活跃带地区隧道安全问题更加突出。如目前正在修建的成兰铁路隧道、川藏铁路隧道、高黎贡山隧道等都位于强地震带。

（6）隧道运营维护管理技术研究。利用信息化技术以及人工智能对隧道的智能安全监控、隧道灾害预警以及救援措施实施等相关技术进行研究可作为该领域的一个发展方向。岩溶发育、高海拔缺氧、低温、低气压恶劣气候环境下的隧道防灾相关技术也有待进一步深入研究。

（7）新材料研发与应用的开发研究。混凝土材料的耐久性、混凝土材料在强度发展过程中与钢筋协同工作的性能、施工性能等是提高隧道安全服役年限的重要因素，高性能混凝土（含喷射混凝土）、高可靠性防水材料等有待进一步开发。

（8）高地应力硬岩巷道岩爆控制技术。岩爆和矿震等伴随开采过程发生的动力灾害，因其发生地点具有"随机性"、孕育过程具有"缓慢性"、发生过程具有"突变性"，对开采安全威胁极大。在硬岩巷道深部开采过程中，随着地层中应力水平的增高，地层岩体处于强压缩状态，岩体对工程扰动更加敏感，开挖或开采扰动作用引起的动力学响应更加剧烈，诱发各种动力灾害的危险性显著增加，其中岩爆灾害威胁尤为突出，开采动力灾害（岩爆）的有效预测和防控对深部地下工程的安全高效开采具有重要意义。

（9）深部开采与地下开挖技术。地下采矿工程的科学问题主要涉及煤矿瓦斯灾害的地质构造作用机制、采动裂隙场时空演化与瓦斯流动场耦合效应、煤矿瓦斯动力灾害演化机制及地球物理响应、瓦斯煤尘爆炸动力学演化机制，深部开采下破断煤岩体中瓦斯吸附、解吸与物质流动规律、多场多尺度裂隙结构演化和瓦斯运移规律、破断煤岩体中瓦斯导向流动的形成机制及控制理论、深部煤与瓦斯共采的时空协同作用机制及优化理论，地质赋存条件对深部煤矿动力灾害的作用机制及量化分析方法、深部断续煤岩体的变形破坏规律和工程动力响应特征、采动应力分布、能量场的时空演化规律与多因素耦合致灾机制、深部煤矿动力灾害的多参量监测预警与防治的理论与方法，矿井突水的含导水构造地质特征及条件、采动岩体结构破坏与裂隙演化及渗流突变规律、矿井突水预测与控制的基础理论与方法，深井复杂地层岩体力学特征识别与表征方法、钻井载荷与井眼围岩作用机制、钻井设计平台与风险控制机制，深部岩体结构与地应力特征及其对灾害的控制作用、深部强卸荷作用下裂隙岩体与围岩力学行为的演化规律、深部重大工程灾害时空孕育演化动力学过程与成灾机制和时空预测等。

此外，深部岩石力学性质及其在大陆构造变形过程中水力劈裂、岩爆、岩石高温破裂与可钻性等都成为深部岩石与地下工程的关键问题。

1.4　本书主要内容

围岩稳定性分析与维护原理是研究围岩稳定性影响因素（岩体结构、地应力、地下水等），开挖扰动作用下围岩应力、变形、破坏的规律，以及围岩压力和支护原理的学科。由于围岩应力、变形、破坏和围岩压力都是地层开挖前原岩应力历史发展的延续，与岩体结构和开挖扰动密切相关，所以必须从原岩应力状态出发，结合岩体力学性质、围岩赋存条件和开挖扰动特点进行研究。

现有的围岩稳定与围岩压力理论几乎都是建立在已有的力学理论基础上的，例如弹性理论、塑性理论、松散介质理论和流变理论等。这些理论都有一定假设条件，它们虽然与复杂多变的自然地质体之间存在着一定的差异，但在科学发展的进程中是允许把复杂的条件加以简化和抽象的，并在发展中逐步提高。因此，本书还将介绍这些经典的理论和方法，在系统介绍地下工程稳定性与维护的原理和方法的同时，兼顾学科前沿研究动态。

本书共分7章，第1章简要介绍地下工程的基本概念、特点，研究进展及趋势，第2章详细介绍岩体结构几何特征的测量、分析方法，三维节理网络重构模型，以及岩体结构面研究最新进展；第3章介绍地应力特点及其最新研究进展；第4章介绍地下水渗流基本理论、突水特性与力学模型及最新研究成果；第5章介绍地下工程围岩分级与力学参数估计方法及工程应用。第6章介绍地下工程围岩失稳机理及稳定性分析方法；第7章介绍地下工程稳定性维护原理和方法。

上述7章中，第1章是绪论，第2~4章是围岩稳定性的影响主要因素（节理、地下水和地应力），第5章是围岩质量的评价，第6章是围岩失稳机理与稳定性分析方法，第7章是围岩的维护原理和方法。由于诸如原岩应力、岩体特征、地下水等，都是围岩稳定性分析的基础，近年来在不断发展中，因此在各章节还将介绍它们最新的研究进展。

本书采用基础理论与最新研究进展兼顾、理论方法与工程实践相结合的方式，力争使学生在掌握地下工程的基础理论知识和研究方法的同时，培养科学思维方式，拓宽视野，提升工程分析与处理能力。

参 考 文 献

[1] 王梦恕，谭忠盛.中国隧道及地下工程修建技术［J］.中国工程科学，2010，12（12）：4~10.

[2] 高谦，施建俊，李远，等.地下工程系统分析与设计［M］.北京：中国建材工业出版社，2011.

[3] 姜玉松．地下工程施工技术［M］．武汉：武汉理工大学出版社，2008．

[4] 赵勇，田四明．截至2018年底中国铁路隧道情况统计统计［J］．隧道建设（中英文），2019，39（2）：324~335．

[5] 洪开荣．近2年我国隧道及地下工程发展与思考（2017-2018）［J］．隧道建设（中英文），2019，39（5）：710~723．

[6] 油新华，何光尧，王强勋．我国城市地下空间利用现状及发展趋势［J］．隧道建设（中英文），2019，39（2）：173~188．

[7] 郭陕云．我国隧道和地下工程技术发展与展望［EB/OL］．2018.10http：//www.sohu.com/a/257921724_161325．

[8] 洪开荣．我国隧道及地下工程发展现状与展望［J］．隧道建设，2015，35（2）：95~107．

[9] 蔡美峰，谭文辉，任奋华，等．金属矿深部开采创新技术体系战略研究［M］．北京：科学出版社，2018．

[10] 郑颖人，朱合华，方正昌，等．地下工程围岩稳定分析与设计理论［M］．北京：人民交通出版社，2012．

[11] 佘诗刚，董陇军．从文献统计分析看中国岩石力学进展［J］．岩石力学与工程学报，2013，32（3）：442~464．

[12] 王思敬，杨志法，傅冰骏．中国岩石力学和岩石工程的世纪成就［M］．南京：河海大学出版社，2004．

[13] 何满潮，王树仁．大变形数值方法在软岩工程中的应用［J］．岩土力学，2004，25（2）：185~189．

[14] 何满潮，陈新，梁国平，等．深部软岩工程大变形力学分析设计系统［J］．岩石力学与工程学报，2007，26（5）：931~944．

[15] 陈有亮，孙钧．岩石的流变断裂特性［J］．岩石力学与工程学报，1996，15（4）：323~327．

[16] 刘保国，孙钧．岩体流变本构模型的辨识及其应用［J］．北方交通大学学报，1998，22（4）：10~14．

[17] 孙钧．岩土材料流变及其工程应用［M］．北京：中国建筑工业出版社，1999．

[18] 孙钧．三峡工程高边坡岩体长期变形与稳定研究［J］．同济大学学报（自然科学版），2001，29（3）：253~258．

[19] 孙钧．岩石流变力学及其工程应用研究的若干进展［J］．岩石力学与工程学报，2007，26（6）：1081~1106．

[20] 徐卫亚，韦立德．岩石损伤统计本构模型的研究［J］．岩石力学与工程学报，2002，21（6）：787~791．

[21] 周家文，杨兴国，符文熹，等．脆性岩石单轴循环加卸载试验及断裂损伤力学特性研究［J］．岩石力学与工程学报，2010，29（6）：1172~1183．

[22] 杨更社，谢定义，张长庆，等．岩石单轴受力CT识别损伤本构关系的探讨［J］．岩土力学，1997，18（2）：29~34．

[23] 汤连生，张鹏程，王思敬．水-岩化学作用之岩石断裂力学效应的试验研究［J］．岩石力学与工程学报，2002，21（6）：822~827．

[24] 李术才，朱维申．复杂应力状态下断续节理岩体断裂损伤机理研究及其应用［J］．岩石力学与工程学报，1999，18（2）：142~146．

[25] 李术才，朱维申．加锚节理岩体断裂损伤模型及其应用［J］．水利学报，1998（8）：52~56．

[26] 葛修润，任建喜，蒲毅彬．煤岩三轴细观损伤演化规律的CT动态试验［J］．岩石力学与工程学报，1999，18（5）：497~503．

[27] 葛修润，任建喜，蒲毅彬，等．岩石疲劳损伤扩展规律CT细观分析初探［J］．岩土工程学报，

2001，23（2）：191~196.

[28] Zhou H W, Xie H. Anisotropic characterization of rock fracture surfaces subjected to profile analysis [J]. Physics Letters, A, 2004, 325（5-6）: 355~362.

[29] 张强勇，李术才，陈卫忠. 裂隙岩体加锚支护模型及其工程应用 [J]. 岩土力学，2004，25（9）: 1465~1468.

[30] Li H B, Zhao J, Li T J. Triaxial compression tests on a granite at different strain rates and confining pressures [J]. International Journal of Rock Mechanics and Mining Sciences, 1999, 36（8）: 1057~1063.

[31] Zhao J, Li H B, Wu M B, et al. Dynamic uniaxial compression tests on a granite [J]. International Journal of Rock Mechanics and Mining Sciences, 1999, 36（2）: 273~277.

[32] 李夕兵，古德生，赖海辉，等. 冲击载荷下岩石动态应力-应变全图测试中的合理加载波形 [J]. 爆炸与冲击，1993，13（2）: 125~130.

[33] 古德生，李夕兵. 现代金属矿床开采科学技术 [M]. 北京：冶金工业出版社，2006.

[34] 宫凤强，李夕兵，刘希灵. 一维动静组合加载下砂岩动力学特性的试验研究 [J]. 岩石力学与工程学报，2010，29（10）: 2076~2085.

[35] 席道瑛，郑永来，张涛. 大理岩和砂岩动态本构的实验研究 [J]. 爆炸与冲击，1995，15（3）: 259~266.

[36] 尚嘉兰，沈乐天，赵宇辉，等. BUKIT TIMAH 花岗岩的动态本构关系 [J]. 岩石力学与工程学报，1998，17（6）: 634~641.

[37] 单仁亮，薛友松，张倩. 岩石动态破坏的时效损伤本构模型 [J]. 岩石力学与工程学报，2003，22（11）: 1771~1776.

[38] 张晖辉，颜玉定，余怀忠，等. 循环载荷下大试件岩石破坏声发射实验——岩石破坏前兆的研究 [J]. 岩石力学与工程学报，2004，23（21）: 3621~3628.

[39] 张茹，谢和平，刘建锋，等. 单轴多级加载岩石破坏声发射特性试验研究 [J]. 岩石力学与工程学报，2006，25（12）: 2584~2588.

[40] 赵明阶，吴德伦. 单轴受荷条件下岩石的声学特性模型与实验研究 [J]. 岩土工程学报，1999，21（5）: 540~546.

[41] 李夕兵，古德生. 应力波和电磁波在岩体中相互耦合的研究 [J]. 中南矿冶学院学报，1992，23（3）: 260~266.

[42] 冯启宁，郑学新. 测井仪器原理电法测井仪器 [M]. 东营：石油大学出版社，1991.

[43] 李夕兵，万国香，周子龙. 岩石破裂电磁辐射频率与岩石属性参数的关系 [J]. 地球物理学报，2009，52（1）: 253~259.

[44] 周创兵，陈益峰，姜清辉，等. 复杂岩体多场广义耦合分析导论 [M]. 中国水利水电出版社，2008.

[45] 赵阳升. 多孔介质多场耦合作用及其工程响应 [M]. 北京：科学出版社，2010.

[46] Feng X T, Chen S, Zhou H. Real-time computerized tomography（CT）experiments on sandstone damage evolution during triaxial compression with chemical corrosion [J]. International Journal of Rock Mechanics & Mining Sciences, 2004, 41（2）: 181~192.

[47] 冯夏庭，HUDSON J A. 岩石工程设计 [M]. 伦敦：泰勒和弗朗西斯，2011.

[48] 刘泉声，许锡昌，山口勉，等. 三峡花岗岩与温度及时间相关的力学性质试验研究 [J]. 岩石力学与工程学报，2001，20（5）: 715~719.

[49] 钱七虎，李树忱. 深部岩体工程围岩分区破裂化现象研究综述 [J]. 岩石力学与工程学报，2008，27（6）: 1278~1284.

[50] 何满潮，王树仁. 大变形数值方法在软岩工程中的应用 [J]. 岩土力学，2004，25（2）: 185~189.

[51] 何满潮，陈新，梁国平，等．深部软岩工程大变形力学分析设计系统［J］．岩石力学与工程学报，2007，26（5）：931~944.

[52] 程良奎．岩土锚固的现状与发展［J］．土木工程学报，2001，34（3）：7~16.

[53] 孔恒，王梦恕，张成平．岩体锚固系统的作用机理认识［J］．西部探矿工程，2002，14（3）：1~3.

[54] 张乐文，李术才．岩土锚固的现状与发展［J］．岩石力学与工程学报，2003，22（Supp.1）：2214~2221.

[55] 李新平，王涛，宋桂红，等．锚固层状岩体的复合加固理论与数值模拟试验分析［J］．岩石力学与工程学报，2006，25（Supp.2）：3654~3661.

[56] 张桃荣，雷宛，林剑凯，等．综合物探法在矿山隧道勘查中的应用［J］．世界有色金属，2018（20）：250.

[57] 葛修润，周百海．岩石力学室内试验装置的新进展——RMT-64岩石力学试验系统［J］．岩土力学，1994，15（1）：50~56.

[58] 蔡美峰．大深度地应力测量技术［J］．北京科技大学学报，2004，11（6）：486~488.

[59] 李小春，石露，白冰，等．岩石技术现状的真三轴测试技术及对未来的展望［C］．岩石的真三轴．鹿特丹：Balkema，2011：1~18.

[60] 李仲奎，卢达溶，中山元，等．三维模型试验新技术及其在大型地下洞群研究中的应用［J］．岩石力学与工程学报，2003，22（9）：1430~1436.

[61] 张强勇，陈旭光，林波，等．高地应力真三维加载模型试验系统的研制及其应用［J］．岩土工程学报，2010，32（10）：1588~1593.

[62] 李利平，李术才，张庆松，等．浅埋大跨隧道现场试验研究［J］．岩石力学与工程学报，2007，26（Supp.1）：3555~3561.

[63] 周丁恒，曲海锋，蔡永昌，等．特大断面大跨度隧道围岩变形的现场试验研究［J］．岩石力学与工程学报，2009，28（9）：1773~1782.

[64] 荣冠，朱焕春，杨松林，等．三峡工程永久船闸高强锚杆现场试验研究［J］．岩土力学，2001，22（2）：171~175.

[65] Yang Chengxiang, Luo Zhouquan, Hu Guobin, et al. Application of a microseismic monitoring system in deep mining［J］. Journal of University of Science and Technology Beijing, 2007, 14（1）：6~8.

[66] 李庶林，尹贤刚，郑文达，等．凡口铅锌矿多通道微震监测系统及其应用研究［J］．岩石力学与工程学报，2005，24（12）：2048~2053.

[67] 唐礼忠，杨承祥，潘长良．大规模深井开采微震监测系统站网布置优化［J］．岩石力学与工程学报，2006，25（10）：2036~2042.

[68] 姜福兴，叶根喜，王存文，等．高精度微震监测技术在煤矿突水监测中的应用［J］．岩石力学与工程学报，2008，27（9）：1932~1938.

[69] 潘一山，赵扬锋，官福海，等．矿震监测定位系统的研究及应用［J］．岩石力学与工程学报，2007，26（5）：1002~1011.

[70] 吕长国，窦林名，何江，等．桃山煤矿SOS微震监测系统建设及应用研究［J］．中国煤炭，2010，36（11）：86~90.

[71] 陆菜平，窦林名，吴兴荣，等．煤岩冲击前兆微震频谱演变规律的试验与实证研究［J］．岩石力学与工程学报，2008，27（3）：519~525.

[72] 刘迎曦，吴立军，韩国城．边坡地层参数的优化反演［J］．岩土工程学报，2001，23（3）：315~318.

[73] 冯夏庭，周辉，李邵军，等．岩石力学与工程综合集成智能反馈分析方法及应用［J］．岩石力学与工程学报，2007，26（9）：1737~1744.

[74] 朱维申，杨为民，项吕，等．大型洞室边墙松弛劈裂区的室内和现场研究及反馈分析 [J]．岩石力学与工程学报，2011，30（7）：1310~1317.

[75] 佘诗刚，林鹏．中国岩石工程若干进展与挑战 [J]．岩石力学与工程学报，2014，33（3）：433~457.

[76] 王思敬．论岩石的地质本质性及其岩石力学演绎 [J]．岩石力学与工程学报，2009，28（3）：433~450.

2 岩 体 结 构

2.1 岩体结构与结构面研究现状

2.1.1 岩体结构

岩体是在地质历史时期形成的具有一定组分和结构的地质体，它赋存于一定地质环境之中，并随着地质环境的演化而不断地变化。国际岩石力学学会将岩体中存在的断层、软弱层面、大多数节理、软弱片理和软弱带等各种力学作用形成的破裂面和破裂带定义为结构面（discontinuity）。

结构面按地质成因一般分为三种：（1）原生结构面。主要指岩体形成过程中形成的结构面和构造面。如岩浆岩冷却收缩形成原生节理面、流动面；早期岩体各种接触面；沉积岩中的层理、不整合面；变质岩体内的片理、片麻理构造面等。（2）构造结构面。在岩体形成后的地壳构造等运动过程中，内部产生的各种不同尺度的破裂面，比如断层、错动面、节理面等。（3）次生结构面。在不同外力或环境作用下产生的风化裂隙面、卸荷裂隙面等。三种结构面中，原生结构面除岩浆岩中的原生节理面外，一般多为非开裂式，其结构面有一定的黏结力；构造结构面是岩体内最主要的结构面，与其他结构面有一定的内在联系；次生结构面多为张拉裂隙，其结构面不平坦，产状不规则，大多为不连续的。这些结构面彼此组合将岩体切割成形态不一、大小不等和成分各异的岩块，由结构面所包围的岩块称为结构体。结构面和结构体的排列组合方式称为岩体结构。

岩体内部结构面的存在严重影响岩体的力学性质，因而对结构面的研究成为岩石工程领域研究的重要方向。

2.1.2 岩体结构面研究现状

岩体结构面的研究始于 20 世纪 50 年代，以 Muller 等为代表的奥地利学派最早认识到结构面对岩体力学特征和工程稳定性起控制作用，并认为这是构成岩体和岩块力学与构成特征差异性的根本原因，从此开辟了结构面研究的先河。

国内，20 世纪 60 年代谷德振和孙玉科提出了"岩体结构"的概念和岩体结构控制岩体稳定的重要观点。80 年代孙广忠提出了"岩体结构控制论"，全面系统地研究了岩体结构面影响岩体变形与破坏的基本规律，并归纳为以下五点：（1）岩体是经过变形、遭受过破坏，由一定的岩石成分组成，具有一定的结构和赋存于一定地质环境中的地质体。岩体力学是研究环境应力改变时岩体变形、破坏的科学。（2）岩体在结构面控制下形成独特的不连续结构，岩体结构面研究包括岩体变形、破坏及其力学性质。岩体结构面控制作用远远大于岩石材料作用。（3）"岩体结构控制论"是岩体力学研究的基本方法。

（4）岩体赋存于一定的地质环境中。岩体赋存环境条件可以改变岩体结构力学效应和岩石力学的性能。（5）在岩体结构、岩石及环境应力条件控制下，岩体具有多种力学介质和力学模型，岩体力学是由多种力学介质和多种力学模型构成的力学体系。

国内外学者对结构面及节理岩体特性的研究如下。

2.1.2.1 结构面网络模拟研究

20 世纪 70 年代，国际岩石力学协会提出了要对岩体中的结构面进行定量描述，Priest 和 Hudson（1976）、Baecher（1977）等人通过研究发现岩体中结构面的采样参数具有一定的统计特征，自此利用统计学观点进行结构面网络建模的研究开始得到学者们的关注。

国外，Veneziano（1978）、Long 等（1982）、Robinson（1983）、Kulatilake 等（1984，1985，1986，1988，1990）、Andersson 等（1984）、Billaux 等（1987）、Dershowit 和 Einstein（1988）、Sahimi（1993）、Xu 和 Dowd（2010）等先后对结构面网络模拟进行研究并将其应用于岩石力学领域；国内潘别桐、熊承仁等（1989），徐光黎、潘别桐等（1993），陈剑平（1995，2001），贾洪彪、唐辉明等（2002，2008），张发明等（2004），汪远年等（2004），章广成（2008），吴月秀（2010）等从二维或三维角度对结构面网络模拟的研究方法进行了探讨。

研究发现，结构面之间既存在相关性也具有各自独立的特性。也就是说，它们既具有随机分布的特征，又具有一定的统计规律。对于同一组结构面，它们的产状并不相同，是分散的，但大多数服从正态分布、均匀分布或对数正态分布；结构面的岩体内部的分布往往表现出等距性和韵律性，但结构面间距一般多服从负指数分布或对数正态分布；结构面的迹长虽然长短不一，但一般服从负指数分布、对数正态分布或正态分布。

为了对岩体结构面进行网络模拟，中外学者围绕结构面分布性质、采样方法、概率模型建立、误差估计等方面进行了深入研究。Cruden（1977）、Priest（1981）采用测线方式，得出了平均迹长估计公式；Laslett（1982）基于极大似然原理，推导了由窗口数据估计结构面平均迹长的极大似然公式，但没有考虑测量窗口尺度对迹长估计的影响；1984 年，Kulatilake 等提出了主要节理平均迹长的估算法，1986 年，又提出了结构面迹长与规模之间的关系，使根据结构面实测迹长来计算结构面真实大小成为可能；1985 年，Karzulovic 和 Goodman 提出了主要节理频率确定的方法，使依据野外观测数据通过概率统计估计结构面分布频率的方法进一步完善；Mahtab 和 Yegulalp 在 1984 年美国第二十五届岩石力学会议上提出了岩石力学中产状分组相似性检验方法，用概率统计学结合等面积投影的方法进行岩体均质区划分；Kulatilake 等在 1990 年提出了校正结构面产状采样偏差的矢量方法，分析了不同结构面形态与窗口交切的概率及采样偏差的来源，并提出了对采样频率校正的具体方法。

国内，1986 年，潘别桐系统介绍了岩体结构面网络模拟的基本原理和方法。1993 年，徐光黎、潘别桐、唐辉明等系统地介绍了结构面地质特征及采样、结构面几何特征的概率统计分析及概率模型的构建、岩体结构面概率模型的模拟方法等有关内容，但限于当时的研究程度，主要是针对结构面网络的二维平面模拟。1993 年，伍法权对岩体结构面几何特征的概率分布特征、特别是三维条件下的特征以及一些形态特征参数的估算进行了比较详细的论述。1995 年，陈剑平、王清、肖淑芳等系统论述了利用计算机实现不连续面三维网络模拟的基本原理，特别是对不连续面均质区划分、不连续面统计、不连续面集合形态的参数校正、模拟方法等作了系统说明。2004 年，黄润秋、许模、陈剑平等对岩体结构面的测网统计法、岩体结构的精细刻画和连通率的等内容作了研究与论述。

2.1.2.2　节理剪切力学特性研究

20 世纪 60 年代以来，研究人员针对节理的剪切力学行为开展了大量的室内试验研究，并取得了一系列研究成果。Goodman（1976）研究认为，节理的非线性变形主要源于剪切过程中节理面微凸体的非线性压碎与张裂破坏，从细观破坏机制方面指出了节理岩体破坏的本质；Barton（1973）根据大量岩体结构面试验数据，提出了节理粗糙系数 JRC 的概念，认为岩石结构面抗剪切强度与正应力、节理粗糙度系数等直接相关，并给出了 JRC 为 5、10、20 的三条典型轮廓线；之后，Barton（1977）又对 136 个岩石试件进行了剪切试验，给出了十条典型节理轮廓线，形成了目前在工程实践中得到广泛应用的评估节理粗糙度的标准方法。Bandis（1983）等在大量剪切试验的基础上，进一步建立了估算岩石节理抗剪强度的 JRC-JCS 模型，对于岩石节理的粗糙性与剪切强度的关联性进行了修正和量化。大量研究表明，沿着单条节理表面开展直接剪切作用下，节理表面几何形态对岩石剪切破坏模式及抗剪强度影响显著。

针对单条复杂几何情况节理迹线或者节理面，Singh 与 Basu（2016，2018）通过测量天然结构面表面粗糙起伏，采用 JRC 表征了节理粗糙系数情况，并研究了不同正应力条件下 JRC 对抗剪强度的影响规律。Zhao 等（2018）研究了剪切作用下的节理表面粗糙折减情况，并对溶质流动的影响开展了数值分析，发现剪切破坏后的节理面几何形状发生了变化，提供了更多的渗流路径，溶质运移的能力显著增高。Niktabar 等（2017）针对含粗糙节理岩石开展了循环剪切试验，分别考虑了规则和不规则粗糙角度几何形态的节理，研究结果表明：试样抗剪强度随着粗糙起伏角和第一次剪切循环正应力的增高而增大，随着剪切循环进行，节理表面几何发生变化（平滑），抗剪强度逐渐降低。Cheng 等（2018）研究了岩石模型的剪切条件下峰值抗剪强度的尺寸效应情况，发现不同尺寸条件下抗剪强度变化存在一定差异。小尺寸模型的内聚力影响较小，当尺寸增大时，内聚力影响显著增高，而内摩擦角影响降低。Tian 等（2018）采用相似材料建立了不同填充条件下单条三角型起伏节理模型，开展的剪切试验表明：节理台阶起伏位置在剪切中容易发生断裂，节理的填充物性质、节理自身几何对于分析岩石的抗剪强度至关重要。这些研究成果充分说明节理的粗糙性对于节理岩体宏观力学特性（渗流特性、单轴压缩力学特性等）具有显著影响，是决定岩体抗剪强度的主要内在因素之一。

随着 3D 打印技术的兴起和进步，复杂结构的实体建模逐渐成为可能。3D 打印技术具有"任意材质、任意部分、任意数量、任意位置和任意领域"应用的优势，近些年来逐渐得到了岩石力学工作者的重视与应用。谢和平等（2015）基于 3D 打印技术实现了含缺陷岩石打印，并分析了荷载下应力变化、裂隙演化、失稳等力学行为和过程，对于促进深部岩体力学研究方法的进步具有重要意义。王培涛等（2018）采用 3D 打印技术制作了一批裂隙网络实体模型，并对比了几何粗糙性对裂隙网络模型的单轴压缩力学影响规律，从室内试验方面实现了复杂离散型裂隙岩体的力学分析。Zhu 等（2018）采用 CT 扫描和 3D 打印技术实现了含孔隙岩石的制备，得到的单轴压缩强度和动态巴西劈裂强度与火山岩室内试验接近，与 RFPA 数值分析结果得到了很好的对比验证，为含复杂孔隙/裂隙岩石材料的 3D 打印和室内试验研究提供了有益参考，推进了 3D 打印技术在岩土工程方面的推广应用。Kong 等（2018）采用 3D 打印技术制备了石膏岩石样本，其中石膏样品中考虑了不同孔隙分布和形态，通过 CT 扫描对打印实体的孔隙分布进行了分析，结果表明 3D 打印的样本能够有效地反映数字化模型的孔隙分布；但是 Kong 等也提出，基于 3D 打印的样本往往存在一定的层状结构，呈现出显著的横观各向同性特征，这一结构特征的影响在类岩石力学性能研究中不可忽视。这些研究成果表明，3D 打印技术为复杂岩体结构物理建模提供了有效的途径，将复杂结构进行实体重构，可以建立一批适用于室内相似模拟的试验模型，为复杂裂隙岩体力学行为的室内试验研究提供有效的方法和途径。

2.1.2.3 节理岩体力学特性理论研究

目前研究节理岩体的数学模型总结起来一般分为两种，即贯通节理岩体模型和非贯通节理岩体模型。贯通节理是单组节理或多组节理，节理产状分布可以有多种情况，如正交、任意夹角分布等。因此，数学模型可以有单组水平的横观各向异性材料，或正交各向异性材料，也可以包含多组不同产状均匀分布的节理。张武和张宪宏（1987）认为受多向节理切割的岩体是一种近似各向异性的连续的弹性介质，通过引入节理切向与法向刚度简化问题，基于节理材料和完整岩体的弹性常数及节理的产状参数，探讨了单向、双向和多向节理岩体的应力-应变关系，为后续研究奠定了理论基础。后续研究一般基于以下假设：（1）岩块为各向同性的均质体；（2）岩石强度服从库仑准则；（3）裂隙强度服从库仑准则，通过建立数学关系计算贯通裂隙岩体的强度并确定岩体的破坏方式。Wang 和 Huang（2009）建立了含有多组不同产状贯通裂隙的数学模型，提出了一种三维非线性本构模型并针对其中相应的二维规则贯通节理模型进行了研究，对强度、变形各向异性特征进行了系统研究，较理想地模拟了裂隙岩体的破坏过程。张贵科和徐卫亚（2010）利用岩体等效连续应变理论，针对正交各向异性岩体的变形参数进行了研究，提出了法向位移计算模型，并证明了岩体模型尺度大于节理面最大迹长期望值 3 倍时等效变形参数趋于稳定的结论。Duriez 等（2011）采用增量非线性模型研究了预制节理岩体的力学行为，并通过对试验数据标定过的颗粒流模型进行验证，得到了比较理想的拟合结果。韩建新等学者（2011）将裂隙岩体等效为各向异性连续体，给出了裂隙岩体的等效弹性模量和等效泊松比，并研究了岩块和裂隙的材料、几何参数对岩体等效弹性模量、等效泊松比的影响规律。研究发现，将裂隙的损伤影响等效到模型之中，无法表征裂隙岩体的破坏特性，应该同时考虑裂隙岩体的强度各向异性特性，研究裂隙岩体的破坏特性时才能全面反映岩体的变形、破坏特性。

岩体工程中普遍存在断续节理，含断续节理的岩体实质上是含初始损伤的介质，节理面使强度削弱，岩桥则控制节理岩体强度。部分学者在非贯通节理岩体损伤断裂变形特性研究方面开展了一些工作。李术才（2010）通过定义节理的传压系数和传剪系数来表征节理平面上节理模型的受力特性；杨建平和陈卫忠等（2011）引入了裂隙端部约束效应系数，对裂隙的变形进行了深入分析。已有研究表明：（1）结构面的应力与位移是非线性关系；（2）节理岩体力学特性与结构面抗压强度、粗糙度、结构面尺度、初始张开度、岩体初始应力状态等多种因素有关，具有高度非线性和随机性。

此外，裂隙的刚度也不是一成不变的常数，而是随着变形量增加而改变。就岩体工程稳定而言，当岩体开挖卸荷时，某些部位的节理端部高度的应力集中，将导致脆性断裂破坏，结果是其力学性能进一步劣化，即损伤进一步积累。原生节理及其扩展演化效应予以高度重视。研究手段常为断裂力学与损伤力学的综合运用。李术才等（1999）应用断裂力学和损伤力学的理论，研究断续节理岩体开挖卸荷过程中渐近破坏的力学机制，从压剪和拉剪两种应力状态出发，建立了复杂应力状态下断续节理岩体的损伤演化方程，并将其应用于研究采场煤岩层的运动和破坏规律。该方法为定量分析地下工程围岩破坏过程提供了理论依据。陈卫忠等（2002）引入非局部场及流变学理论，对断续节理岩体的蠕变损伤断裂机理进行了研究，建立了岩体非弹性变形过程中的损伤演化方程和考虑节理裂隙蠕变损伤耦合的应变率本构方程。李术才等（2006）采用损伤力学的方法，按应变能等效假设及自洽理论针对加锚断续节理岩体的本构关系及其损伤演化方程进行了研究，其结果有助于对断续节理岩体的研究与工程应用。

　　总体而言，目前研究中常将裂隙的损伤影响等效到模型之中，这导致裂隙岩体的破坏特性无法被准确表征，所以研究中应考虑裂隙岩体的强度各向异性，才能准确反映岩体的变形、破坏特性。

2.1.2.4　节理岩体尺寸效应研究

　　不同尺度范围内岩体的各项力学特性（变形、强度等）是不同的，一般地，当岩体尺寸大于某一临界尺寸时，岩体的某些力学参数会趋于稳定，因此，在实际研究中，常采用等效连续介质方法，建立基于等效节理岩体参数的计算模型（图2-1），避免普通计算机分析大尺度节理岩体面临的难以完成的巨大计算量。

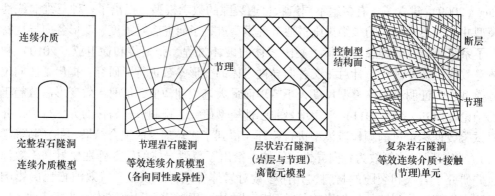

图2-1　不同节理分布岩体及相应的研究方法

　　等效连续介质力学方法是依据连续介质理论，将节理岩石系统等效为连续介质的方法。这种方法需要以模型尺寸大于表征单元体（REV）为前提，表征单元体（REV）由Hill（1963）提出，是一个尺度。大于该尺度，则REV的等效连续性质，例如弹性模量，渗透系数等可视为常数。

　　对岩体力学参数的尺寸效应进行研究主要涉及理论分析、数值试验、物理实验三方面。如何满潮等（2001）通过建立工程岩石的连续性模型，研究了工程岩石力学参数的尺度效应；Min等（2004）利用二维离散元程序UDEC来衡量裂隙岩体的等效变形性质和渗透性质，研究了裂隙岩体的等效渗透张量和等效柔度张量。陈卫忠和杨建平等人（2008）应用有限元方法，将结构面网格通过Monte Carlo方法进行了表征，研究了统计型节理裂隙岩体变形模量和单轴抗压强度的尺寸效应、REV特征。

　　除了选取变形、强度等参数作为尺寸效应等研究的对象外，还有从几何角度选取不同参数研究节理岩体的尺寸效应等性质的尝试。卢波、葛修润等（2005）应用分形几何的理论对表征单元体进行了研究。王媛等（2013）基于数字图像，从裂隙分形维数角度研究了 REV 尺寸并验证了可行性。夏露等（2013）从岩体块体化程度的角度对 REV 的存在性进行了较系统的分析，发现表征单元体的尺寸在 4~8 倍间距之间，不超过 8 倍间距。由于 REV 尺寸同时还受节理岩体所受围压影响，单从几何角度分析节理岩体的 REV 尺寸，并应用到等效连续介质分析方法是不全面的。因此，需要从不同角度进行综合研究，才能得到合理的 REV 尺寸和岩体力学参数。

2.2 结构面分级与结构面特性的描述

2.2.1 结构面分级

根据 1979 年谷德振教授对结构面进行的划分，结构面按规模一般可分为五级：

（1）Ⅰ级结构面。延展几千米到几十千米以上，深度至少切穿一个构造层，破碎带宽数十米到数十米以上的大断层或区域性大断裂，对区域构造起控制作用，对区域地貌、地形有重要影响。

（2）Ⅱ级结构面。延展数百米到数千米，延深数百米以上，破碎带宽度数米到几厘米的断层、层间错动带、接触破碎带以及风化夹层等，对山体和岩体稳定起控制作用，对大型工程选址、选线、工程总布局以及工程的长期整体稳定性有重要影响。

（3）Ⅲ级结构面。延展在百米范围以内的断层、挤压和接触破碎带、风化夹层，其宽度在 1m 或 1m 以内；也包括宽度在数十厘米以内，走向和纵深延伸断续的原生软弱夹层、层间错动带等。这些结构面一直影响工程具体部位岩体的稳定，破坏了岩体的连续性，构成岩体力学作用边界，控制岩体变形破坏的演化方向、稳定性计算的边界条件。

（4）Ⅳ级结构面。延展短，一般在数米至数十米范围内，未错动、不夹泥，如节理、层面、劈理以及次生裂隙等。这类结构面破坏了岩体的连续性，构成岩体力学作用边界，可能对块体的剪切边界形成一定的控制作用，使岩体力学性质具有各向异性特征，影响岩体变形破坏方式，控制岩体的渗流等特征。

（5）Ⅴ级结构面。延展性差，无厚度之别，分布随机，为数甚多的细小结构面，主要包括隐节理、隐蔽裂隙、劈理、不发育的片理、线理、微层理等。它的存在降低了由Ⅳ级结构面所包围的岩块的强度，而对工程岩体稳定性影响不大。

各级结构面对岩体力学性质及稳定性所起的作用不同，其中Ⅰ、Ⅱ、Ⅲ级为区域性的断裂，直接影响区域山体或工程岩体的稳定性，一般作为岩体力学的边界考虑，这类结构面规模大、数量少，在实际工程实践或科学研究中应按确定性结构面单独考虑；Ⅴ级结构面延展微小且连续性差，主要影响岩块的强度和变形性质，对岩体不产生直接影响或控制作用，这类结构面的影响已通过岩块的力学试验反映到岩石的力学性质之中，故在结构面网络模拟过程中不予考虑；Ⅳ级结构面延伸在数米范围内，直接反映岩体的完整性，控制着岩体的强度和变形特征，这类结构面发育数量巨大，同一期次形成的同一组结构面的几何参数在一定范围内具有随机分布的特征，适合用结构面网络模拟的方法对其进行统计建模。

　　另外，结构面按成因类型分的原生结构面、构造结构面和次生结构面中，构造结构面数量最多，是岩体内结构面的主要构成部分，构造结构面是受地壳构造运动的影响而产生的，其产状反映了构造应力的作用，同一时期的同一组结构面明显绕某一中心分布，具有明确的统计意义和明确的概率分布特征，最适合采用结构面网络模拟的方法对其进行描述；原生结构面因其规模一般较大，与其他类型的结构面有明显差异，在具体的结构面网络模拟过程中应视具体的情况将其单独作为一个结构面组或按确定性结构面考虑。次生结构面多为张裂隙，结构面不平坦，产状不规则，大多为不连续，由于其延展性较小，对岩体性质的影响较小，大多数情况下其尺寸小于删节尺寸，因此在现场结构面测量的过程中大多不予统计。

2.2.2　结构面特性的描述

　　岩体结构面的分布具有随机性，因此结构面的各个几何参数都具有随机性，是随机变量，可以用相应的概率分布来描述。描述结构面的常用指标有倾向、倾角、迹长、间距、断距。表 2-1 是不同学者对结构面几何参数概率分布的分析结果。

表 2-1　结构面几何参数经验概率分布形式

研究者	产状分布形式	迹长分布形式	间距分布	隙宽分布
Fisher（1953）	均匀	—	—	—
Snow（1965，1968）	—	—	负指数	对数正态
Robertson（1970）	—	负指数	—	—
Louis 等（1970）	—	—	负指数	—
Mardia（1970）	均匀	—	—	—
Steffen 等（1975）	—	对数正态	对数正态	—
Bridges（1976）	—	对数正态	—	—
Call 等（1976）	正态	负指数	负指数	负指数
Priest 和 Hudson（1976）	—	—	负指数	—
Baecher（1977，1978）	—	对数/负指数	负指数	—
Barton（1978，1986）	—	对数正态	对数正态	负指数
Cruden（1977）	—	—	负指数	—
Herget（1978）	正态	负指数	—	—
Einstein（1980）	—	对数正态	负指数	—
Segall 等（1983）	—	双曲线	—	—
Grossman（1985）	双正态	—	—	对数正态
Kulatilake（1990）	双正态	—	—	—
Piteau（1970）	—	负指数	—	—
Kokichikikuch 等（1987）	—	负指数	负指数	—
McMahon（1974）	—	对数正态	—	—
Dershowitz（1984）	Fisher	伽玛-1	—	—
潘别桐（1988）	均匀/正态	正态/对数正态	负指数	负指数

常用的概率分布主要有均匀分布、正态分布、负指数分布、对数正态分布，如下所示。

（1）均匀分布。均匀分布的表达式为：

$$f(x) = \frac{1}{b-a} \tag{2-1}$$

式中，x 的取值范围为 (a, b)，其均值与方差分别为 $\frac{a+b}{2}$ 和 $\frac{(b-a)^2}{12}$。

（2）指数分布。负指数分布的一般表达式为：

$$f(x) = \lambda e^{-\lambda x} \tag{2-2}$$

式中，x 的取值范围为 $(0, +\infty)$，其均值与标准差均为 λ。

（3）正态分布。正态分布的一般表达式为：

$$f(x) = \frac{1}{\sigma\sqrt{2\pi}} e^{-\frac{1}{2}(\frac{x-\mu}{\sigma})^2} \tag{2-3}$$

式中，x 的取值范围为 $(-\infty, +\infty)$，其均值与标准差分别为 μ 和 σ。

（4）对数正态分布。对数正态分布的一般表达式为：

$$f(x) = \frac{1}{\sigma\sqrt{2\pi}} e^{-\frac{1}{2}(\frac{\ln x-\mu}{\sigma})^2} \tag{2-4}$$

式中，x 的取值范围为 $(0, +\infty)$，其均值与标准差分别为 μ 和 σ。

结构面几何参数的分布特征如下。

2.2.2.1　结构面迹长的分布

在研究结构面时假设结构面为圆盘，利用测量技术不能够直接测量结构面半径的大小，但是可以根据结构面直接测量的迹长来确定结构面直径的分布。结构面迹长大小取决于结构面的形状和尺寸、结构面的产状、结构面与露头面之间的夹角以及露头的尺寸。后三个因素很容易通过准确测量获取，但是确定结构面的形状和尺寸却异常困难。用于测量结构面迹长的方法主要有测线法（图 2-2）和统计窗法（图 2-3）。

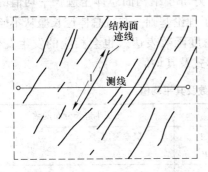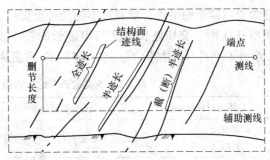

图 2-2　测线与迹长的关系图

Priest 和 Hudson（1981）针对测线法对结构面迹长、半迹长和删节半迹长的概率分布形式进行了研究。

（1）与测线相交切结构面迹长的概率分布。设结构面总体迹长概率分布函数为 $f(l)$，与测线相切的样本迹长概率密度函数为 $g(l)$，则：

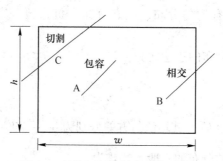

图 2-3 结构面与统计窗的相对关系

$$g(l) = \mu l f(l) \tag{2-5}$$

式中，l 为结构面迹长；μ 为结构面迹线中心点密度 $\left(\mu = \dfrac{1}{\bar{l}} \right)$；$\bar{l}$ 为结构面总体的平均迹长。

样本的迹长均值 (l_g)：

$$l_g = \frac{1}{\mu_g} = \int_0^\infty g(l) l \mathrm{d}l = \mu \int_0^\infty l^2 f(l) \mathrm{d}l = \frac{1}{\eta} + \sigma^2 \mu = \frac{1}{\mu} + \mu \sigma^2 \tag{2-6}$$

式中，σ 为结构面迹长总体分布的方差。

（2）与测线相交切结构面半迹长的概率分布。设半迹长交切测线的概率密度函数为 $h(l)$，有一组全迹长为 m 的结构面，交切测线的概率密度为 $g(m)$，则：

$$h(l) = \int_0^\infty \frac{g(m)}{m} \mathrm{d}m = \mu \left[1 - \int_0^l f(l) \mathrm{d}l \right] = \mu \left[1 - F(l) \right] \tag{2-7}$$

式中，$f(l)$ 为结构面总体迹长概率密度分布函数；$F(l)$ 为结构面总体全迹长的概率分布函数。

则样本半迹长均值 (l_h) 为：

$$l_h = \frac{1}{\mu_h} = \int_0^\infty \mu l \left[1 - F(l) \right] \mathrm{d}l = \frac{1}{2} \mu \int_0^\infty l^2 f(l) \mathrm{d}l = \frac{l_g}{2} \tag{2-8}$$

式（2-8）说明，测线法得到的半迹长平均值恰好等于结构面总体全迹长平均值的一半，这为通过样本的半迹长推测样本的全迹长提供了理论基础。并且总体迹长服从不同的分布类型 $f(l)$ 时，交切迹长和交切半迹长的概率密度函数表达式也会相应的发生变化。表 2-2 给出了 $f(l)$ 不同情况下，$g(l)$ 和 $h(l)$ 的表达式及其均值。

表 2-2　各类迹长理论分布函数及其平均值

分布形式	总体迹长分布函数		交切迹长分布函数		交切半迹长分布函数	
	概率密度 $f(l)$	均值 $\dfrac{1}{\mu}$	概率密度 $g(l)$	均值 $\dfrac{1}{\mu_g}$	概率密度 $h(l)$	均值 $\dfrac{1}{\mu_h}$
均匀	$\mu/2 < l \leqslant 2/\mu$	$\dfrac{1}{\mu}$	$\mu l^2 / 2$	$4\mu/3$	$\mu(1 - \mu l/2)$	$2\mu/3$
负指数	$\mu \mathrm{e}^{-\mu l}$	$\dfrac{1}{\mu}$	$\mu^2 l \mathrm{e}^{-\mu l}$	$2/\mu$	$\mu \mathrm{e}^{-\mu l}$	$1/\mu$
正态	$\dfrac{1}{\sqrt{2\pi}\sigma} \mathrm{e}^{-\frac{(l-1/\mu)^2}{2\sigma^2}}$	$\dfrac{1}{\mu}$	$\dfrac{\mu l}{\sqrt{2\pi}\sigma} \mathrm{e}^{-\frac{(l-1/\mu)^2}{2\sigma^2}}$	$1/\mu + \sigma^2\mu$	$\mu[1 + F(l)]$	$(1/\mu + \sigma^2\mu)/2$

（3）与测线相交切结构面删节半迹长的概率分布。在使用测线进行结构面采样的时候，部分结构面将被删节。假设删节值为 C，结构面样本共有 n 条，其中有 r 结构面被删节，未被删节的结构面为 $n-r$。

对于半迹长和删节半迹长，除了 $l>C$ 的删节半迹长概率 $i(l)=0$ 以外，所有的都是同类迹长，因此 $i(l)$ 和 $h(l)$ 成正比。并且，为了保证 $\int_0^\infty i(l)\,\mathrm{d}l=1$，应有：

$$i(l)=\frac{h(l)}{\int_0^c h(l)\,\mathrm{d}l}=\frac{h(l)}{H(l)} \tag{2-9}$$

则删节半迹长的均值（l_i）为：

$$l_i=\frac{1}{\mu_i}=\frac{\int_0^c lh(l)\,\mathrm{d}l}{H(C)} \tag{2-10}$$

当结构面总体迹长服从负指数分布时，则：

$$i(l)=\frac{\mu\mathrm{e}^{-\mu l}}{1-\mathrm{e}^{-\mu l}}\quad(0<l\leq C) \tag{2-11}$$

这时删节半迹长的均值（l_i）为：

$$l_i=\frac{1}{\mu_i}=\frac{1}{\mu}-\frac{C\mathrm{e}^{-\mu C}}{1-\mathrm{e}^{-\mu C}} \tag{2-12}$$

式（2-12）表明，用 $\dfrac{1}{\mu_i}$ 的显式表达 $\dfrac{1}{\mu}$ 是很困难的。当结构面总体迹长服从其他形式的分布时，也会遇到一样的问题。当然，对式（2-12）用迭代法计算 μ，从而可以得到结构面的平均迹长（$\bar{l}$）。

如果结构面样本足够多，那么根据概率论的基本原理可知：

$$\frac{r}{n}\approx\int_0^c h(l)\,\mathrm{d}l \tag{2-13}$$

（4）统计窗法确定结构面迹长。对于一组结构面，若采用统计窗法统计共有 n 条，其中，A 类结构面有 n_A 条，B 类结构面有 n_B 条，C 类结构面有 n_C 条，则：

$$\begin{cases}R_A=n_A/n\\R_B=n_B/n\\R_C=n_C/n\end{cases}$$

式中，R_A、R_B、R_C 分别为三类结构面所占的比例。

根据 Kulatilake 和 Wu 的研究，结构面的平均迹长（$\bar{l}$）为：

$$\bar{l}=\frac{wh(1+R_A-R_C)}{(1-R_A+R_C)(w\sin\theta+h\sin\theta)} \tag{2-14}$$

其中，w、h 分别为统计窗的宽度和高度（图 2-3）；θ 为结构面迹线在统计窗平面的视倾角。

2.2.2.2　结构面直径、半径的分布形式

为了计算的简便性，假设结构面为圆盘形（图 2-4），则露头面与结构面的交切的迹

线即为结构面圆盘的弦，平均迹长（$\bar{l}$）为平均弦长，则：

$$\bar{l} = \frac{2}{r}\int_0^r \sqrt{r^2-x^2}\,\mathrm{d}x = \frac{\pi}{2}r = \frac{\pi}{4}a \tag{2-15}$$

式中，r 和 a 分别为结构面的半径和直径。

假设结构面半径 r 服从分布 $f_r(r)$，直径 a 服从分布 $f_a(a)$，由式（2-15）则有：

$$\begin{cases} f_r(r) = \dfrac{\pi}{2}f\left(\dfrac{\pi}{2}r\right) \\[2mm] f_a(\mathrm{a}) = \dfrac{\pi}{4}f\left(\dfrac{\pi}{4}a\right) \end{cases} \tag{2-16}$$

式中，$f(l)$ 为迹长的概率分布。

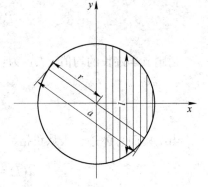

图 2-4　迹长与结构面规模的关系

2.2.2.3　结构面间距和密度的特征

（1）结构面间距。对于一组结构面，其间距可以由式 $d = \dfrac{1}{\lambda_d} = \dfrac{L\cos\theta}{n} = \bar{d}\cos\theta$ 计算得到结构面的平均间距（$\bar{d}$）。若把相邻的两条同组结构面的垂直距离看作间距观测值 d，大量实验资料和理论分析证实，d 多服从指数分布，其分布密度函数为：

$$f(d) = \mu e^{-\mu d} \tag{2-17}$$

式中，$\mu = \dfrac{1}{\bar{d}} = \bar{\lambda}$，其中 $\bar{d}$ 和 $\bar{\lambda}$ 分别为结构面的平均间距和平均线密度。

（2）结构面线密度。其按下式计算：

$$\lambda_d = \frac{n}{L\cos\theta} = \frac{\bar{\lambda}_d}{\cos\theta} \tag{2-18}$$

（3）结构面面密度。如图 2-5 所示的坐标系，测线 L 与 x 轴重合并与结构面正交，设结构面迹长为 l，半迹长为 l'。假定结构面迹线的中点均匀分布在平面内，中心点的密度为 λ_s，则在距离测线 L 垂直距离为 y 的微分条中，包含结构面迹线中点数 $\mathrm{d}N$ 为：

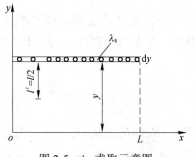

图 2-5　λ_s 求取示意图

$$\mathrm{d}N = \lambda_s \mathrm{d}s = \lambda_s L \mathrm{d}y \tag{2-19}$$

显然，只有当 $l' \geq |y|$ 时，结构面迹线才能与测线 L 相交，则中心点在微分条中与测线相交的条数 $\mathrm{d}n$ 为：

$$\mathrm{d}n = \mathrm{d}N\int_y^\infty h(l')\,\mathrm{d}l' = \lambda_s L \int_y^\infty h(l')\,\mathrm{d}l'\mathrm{d}y \tag{2-20}$$

对 y 在（$-\infty$，$+\infty$）上积分，得到在全平面上与测线 L 相交的迹线的数量 n 为：

$$n = 2\int_0^\infty \mathrm{d}n = 2\lambda_s L \int_0^\infty \int_y^\infty h(l')\,\mathrm{d}l'\mathrm{d}y \tag{2-21}$$

于是，结构面在测线 L 方向的线密度 λ_d 为：

$$\lambda_d = \frac{n}{L} = 2\lambda_s \int_0^\infty \int_y^\infty h(l')\,\mathrm{d}l'\mathrm{d}y \tag{2-22}$$

由式（2-22）代入迹长服从的概率分布可得结构面的面密度 λ_s。

（4）结构面体密度。由结构面呈薄圆盘状的假设条件，假设测线 L 与结构面的法线平行，即 L 垂直于结构面。取圆心在 L 上，半径为 R，厚度 $\mathrm{d}R$ 的空心圆筒，其体积为 $\mathrm{d}V = 2\pi R L\mathrm{d}R$，则中心点位于体积 $\mathrm{d}V$ 内的结构面数 $\mathrm{d}N$ 为：

$$\mathrm{d}N = \lambda_V\mathrm{d}V = 2\pi R L\lambda_V\mathrm{d}R \tag{2-23}$$

但是，对于中心点位于 $\mathrm{d}V$ 内的结构面，只有当其半径 $r \geqslant R$ 时才能与测线 L 相交。假设结构面的半径 r 的密度为 $f(r)$，则中心点在 $\mathrm{d}V$ 内且与测线 L 相交的结构面数目 $\mathrm{d}n$ 为：

$$\mathrm{d}n = \mathrm{d}N\int_R^\infty f(r)\,\mathrm{d}r = 2\pi L\lambda_V R\int_R^\infty f(r)\,\mathrm{d}r\mathrm{d}R \tag{2-24}$$

对 R 从 $0 \to \infty$ 积分，可得到全空间内结构面在测线 L 上的交点数 n 为：

$$n = \mathrm{d}N\int_0^\infty f(r)\,\mathrm{d}r = 2\pi L\lambda_V R\int_R^\infty f(r)\,\mathrm{d}r\mathrm{d}R \tag{2-25}$$

所以结构面的线密度 λ_d 为：

$$\lambda_d = 2\pi\lambda_V R\int_R^\infty f(r)\,\mathrm{d}r\mathrm{d}R \tag{2-26}$$

将结构面迹长的分布代入式（2-26）从而计算结构面的体密度 λ_V。

例 2-1　当 $f(r) = \dfrac{\pi}{2}\mu\mathrm{e}^{-\frac{\pi}{2}\mu r}$，代入式（2-26）可以得到结构面的体密度 λ_V 为：

$$\lambda_V = \frac{\lambda_d}{2\pi\,\bar{r}^2} \tag{2-27}$$

式中，$\bar{r}$ 为结构面的半径均值。

当岩体中存在 m 组结构面时，则结构面的总体密度 $\lambda_{V总}$ 为：

$$\lambda_{V总} = \lambda_{V1} + \lambda_{V2} + \lambda_{V3} + \cdots + \lambda_{Vm} = \sum_{i=1}^m \lambda_{Vi} \tag{2-28}$$

2.2.2.4　结构面倾向和倾角

目前在结构面网络模拟的研究中，大部分学者将倾向和倾角作为两个独立的变量分别进行统计建模，然后再将所生成的倾向和倾角数据进行随机组合构成结构面产状数据，而实际结构面的倾向和倾角之间并不是相互独立的，二者具有一定的相关性。因此，在建立结构面产状的概率模型时，应采用二维双变量概率模型，考虑倾向与倾角的相关性，这样才更加符合实际结构面产状的分布情况。

目前最为常见的结构面产状双变量理论概率分布类型有 Bingham 分布、双变量正态分布和球形正态分布（Fisher 分布）。

（1）Bingham 分布。Bingham 分布是一种球面上的双参数对称分布。若用该分布描述结构面产状（倾向为 θ；倾角为 φ）的分布规律，其概率密度方程为：

$$f(\theta,\varphi) = C_1\mathrm{e}^{(\zeta_1\sin^2\theta + \zeta_2\cos^2\theta)\sin^2\varphi} \tag{2-29}$$

其中：ζ_1 和 ζ_2 为 Bingham 分布的参数。

（2）双变量正态分布。双变量正态分布为平面上的分布，McMahon（1971）和 Zanbak（1977）在假定产状参数之间相关性系数为0的情况下，提出用双变量正态分布对结构面产状数据进行拟合。假定随机变量倾向 θ 和倾角 φ 符合均值为（$\bar{\theta}$，$\bar{\varphi}$）、方差为（σ_θ，σ_φ）的双变量正态分布，且相关性系数为 ρ，则二者的联合密度函数为：

$$f(\theta,\ \varphi)=\frac{1}{2\pi\sigma_\theta\sigma_\varphi\sqrt{1-\rho^2}}\mathrm{e}^{\frac{1}{2(1-\rho^2)}\left[\frac{(\theta-\bar{\theta})^2}{\sigma_\theta^2}-2\rho\frac{(\theta-\bar{\theta})(\varphi-\bar{\varphi})}{\sigma_\theta\sigma_\varphi}+\frac{(\varphi-\bar{\varphi})^2}{\sigma_\varphi^2}\right]} \tag{2-30}$$

式中参数 $\bar{\theta}$、$\bar{\varphi}$、σ_θ、σ_φ 和 ρ 可通过观测值进行估计。若判断一组结构面产状数据是否符合双变量正态分布，可采用检验的方法。

（3）球形正态分布。球形正态分布又称为 Fisher 分布，目前已有学者利用球形正态分布来建立结构面产状的概率分布模型。设一组产状数据共有 N 个观测值，结构面在球形坐标系下的角坐标为（θ^*，φ^*），则结构面产状的球形正态分布密度函数为：

$$g(\theta^*,\ \varphi^*)=\frac{k}{2\pi(\mathrm{e}^k-1)}\mathrm{e}^{k\cos\varphi^*}\sin\varphi^* \tag{2-31}$$

式中，θ^*、φ^* 的范围都是 $[0,\ \pi/2]$；k 为表示结构面产状离散程度的变量。判断一组结构面产状数据是否符合球形正态分布，可采用 χ^2 检验方法。

上述三种理论分布模型中，尽管双变量正态分布由于其参数容易获取而方便使用，但这种模型基于平面分布假设，与实际产状分布情况存在一定差异。因此，从拟合精度上来讲，球形正态分布和 Bingham 分布最适合用来描述结构面产状的分布情况。

当结构面产状数据不能满足上述几种理论分布类型时，可采用经验概率分布来描述结构面产状的分布情况。理论概率分布是通过一个理论函数来描述结构面产状的概率密度，而经验概率分布是基于校正后的结构面产状相对频率建立产状模型来描述结构面产状出现的频率。在随机生成结构面产状数据时，按照校正后的结构面产状相对频率对其进行生成。基于经验概率分布的结构面产状建模方法能有效减小由理论函数拟合所产生的误差，能够较为真实地反映实际结构面产状的分布情况。

2.2.2.5　结构面的张开度

结构面的张开度为张开节理两张开岩石表面间的垂直距离，该参数定义了节理的闭合程度，闭合程度与张开度定量关系见表2-3。大的张开结构面往往主要由沿着粗糙岩体结构面剪切过程形成，或者是因为张拉后的填充物逐渐撑开作用，抑或是由于溶液的溶蚀作用。

表 2-3　结构面张开度描述（Wyllie and Mah, 2004）

张开度	描　　述	
<0.1mm	非常紧密的	闭合的
0.1~0.25mm	紧密的	
0.25~0.5mm	部分张开的	
0.5~2.5mm	张开的	有间隙的
2.5~10mm	相对宽的	
>10mm	宽的	
1~10cm	非常宽的	张开的
10~100cm	极宽的	
>1m	洞穴型的	

大多数次生结构面的开度一般低于 0.5mm，并且，当结构面的开度在 0.1mm 或 1.0mm 之间时，除非其表面光滑平整，这种节理对岩体剪切强度的影响很小，不过开度的变化对于结构面网络的渗流作用影响非常大。

2.3 结构面三维不接触测量技术与三维节理网络重构

2.3.1 结构面几何参数获取方法

为了获取有关岩体结构面几何参数的样本资料，需要依据一定的测量方法，在现场进行大量的实地调查和测量工作，这是应用概率和数理统计理论的前提和基础，否则，所获的统计推断结果就很难全面反映结构面分布的真实情况。为了能够更加准确地反映结构面的分布，国内外学者通过改进收集结构面的方法、改变伪随机数的产生等来检验结果的准确度。

结构面几何参数的收集方法主要有三类，包括基于岩体露头面量测的测线法和统计窗法、针对钻孔进行的岩芯统计法和运用摄影测量等技术进行的统计方法。

（1）测线法和统计窗法。测线法由 Robertson 和 Piteau 于 1970 年提出，它是在岩石露头面或开挖面布置测线，逐一测量与测线相交的结构面的几何特征参数（包括结构面在测线上的位置、产状、半迹长、隙宽等）（图 2-2），确定结构面端点类型、成因类型、描述结构面填充情况、胶结情况、含水情况与起伏情况等。

实际岩体中，在人工开挖面或天然露头上，除少数结构面能完整裸露外，绝大多数结构面只能通过结构面与露头面的交线观察到，这种结构面与露头面的交线称为结构面迹线。结构面迹线的长度称结构面迹长，是用来描述结构面空间上延展程度的几何参数。结构面规模是最难以定量化的，它的大小可由结构面与露头面的交线迹长来近似表示。由于结构面与露头面相对位置是随机的，其迹长也是随机分布的，他们与结构面的规模大小有关，但如果有足够数量的结构面在露头面上并被观测到，就可以通过对迹长的统计分析推断出结构面的规模。根据结构面与测网的关系，实际能测量的有以下三种迹长形式：全迹长、半迹长、截（断）半迹长（图 2-2）。

测线法是目前最常用的方法，但是该方法的技术含量很低、工作量大。在一般情况下，两人一组一天平均可测 200～300 条裂隙。在测量过程中，工作人员长期置身于野外环境，受天气、剖面裸露情况等环境因素的影响，有时还可能受到塌方、滑坡、毒气等的威胁。对于一些高大陡立边坡，由于人工无法接触测量也导致大量结构面几何信息无法获得。所以总体而言，该法虽然准确可信，但是费工费时、低效，而且该法的使用受场景和环境的限制很大。虽然后来又派生出统计窗法、随机量测法等简化方法，但是也必须基于一定数量的人工野外量测。这些简化的人工量测方法在降低工作强度的同时，也降低了数据的真实性、完整性，影响了分析结果的准确性。

统计窗法是由 Kulatilake 和 Wu（1984）提出的，是在岩石的露头面上划出一定宽度和高度的矩形作为结构面的统计区域（统计窗）。根据结构面与统计窗的相对位置把结构面分为三类：（1）包容关系。即迹线的两个端点都在统计窗内（图 2-3 中 A）。（2）相交关系。只有一个端点在统计窗内（图 2-3 中 B）。（3）切割关系。即迹线的两个端点都不在统计窗内（图2-3中C）。与测线法不同的是进入统计窗的结构面都要被统计，并且不需要统计结构面的迹长，只要统计出三类结构面的数量，由结构面的统计量和统计窗的大小就能够估算出结构面的平均迹长。但在统计的过程中不能得到迹长的分布概率形式，因此统计窗法往往作为测线法的一个补充。

（2）岩芯统计法。钻孔技术（Rosengren，1968）或孔内照相技术（Eoek和Pentz，1968）应用于结构面信息的采集，是在20世纪60年代金刚石小口径已相当成熟的基础上发展起来的，它是在成孔过程中应用孔底原位的专业钻具，在能获得端面整齐的岩芯上作标记（使用小钻打孔），再配合孔斜数据求解该段岩芯上的结构面的空间展布信息。孔内照相技术也适用于金刚石成孔等孔壁完整的钻孔，在其孔内定位专用相机，再结合孔斜数据，可求解出结构面的产状。该方法的应用一方面对成孔工艺、成孔质量都有比较严格的要求；另一方面该法也无法获得结构面的规模信息，尤其是岩芯统计法的解译精度得不到保障，这是此法推广应用的最主要问题。但是在钻孔技术已发展成全方位钻孔的今天，在不具备获得剖面采集大规模结构面信息的情况下，钻孔技术仍是采集任意结构面信息的主要方法。

（3）摄影测量方法。摄影测量技术的发展和应用为结构面三维网络模拟提供了更加快捷和准确的方法。摄影技术自问世开始便用于测量，到20世纪60~70年代，模拟摄影测量仪器——立体测图仪的发展达到了顶峰，利用光学机械模拟装置可以实现复杂的摄影测量解算，从而由人工操作条件下实现测图的功能进入了解析时代，目前又发展到数字时代。最早的全数字摄影测量工作站是20世纪60年代末在美国建立的DAMC，后来有Kern的DSP1、Leica公司的Helava DPW610/650/710/750、Zeiss的PHODIS等，这些系统主要集中在遥感、航空摄影测量图片的解译上，应用对象一般规模较大。20世纪90年代我国张祖勋院士主持开发的VirtuoZo数字摄影测量工作站和刘先林院士主持开发的JX4数字摄影测量工作站都具有航片解译功能。

摄影测量方法采集物体空间位置信息的技术由于其非接触性、可同时获得大量标志点信息得到了广泛的应用。在工程地质领域，20世纪70年代初，Ross-Brown、Moore等人首次应用摄影摄像图片解译节理的走向和迹线长度，具有划时代的意义。Hardy、Ryan、Kemmeny等人发展了一套以井底摄像手段进行结构面信息采集并配合渗透性变化规律关系来分析岩体结构、评定岩体质量的方法。

20世纪90年代，日本的研究者基于图像处理技术对掌子面的地质条件进行了图像处理，以提炼与围岩分级有关的参数、预测掌子面前方的地质情况以及观察衬砌的开裂。澳大利亚的Csiro Exploration and Mining Technology Court（2003）推出了Ciro3D（3D Imaging/PIT Mapping System）和SIROJOINT，它是以普通数字相机为传感器，通过对获取岩体影像的处理，建立岩体影像的三维立体模型，进而获取岩体信息特征的处理系统。

国内应用摄影测量方法解决工程地质问题也取得了进展。1994年，李冬田等在广州蓄能电站二期工程的施工中，应用隧道摄影法实现了地质编录，并编制了相应的硬件、软件。1997年，在小浪底排沙洞中，也应用数码相机进行了隧洞摄影施工地质编录的研究，并配合精密的测量工作，但是，当时的数码相机的存储能力限制了该方法的推广使用。2005年，李冬田又提出了摄影测量法量测结构面产状的灭线和灭点推导法。熊忠劭（1992，1998）在三峡工程中的高、大、长边坡编录任务中应用了数码摄像技术，该法在野外测量 11 个控制点坐标的基础上，建立直接线性变换方程，以此为基础求解图像上其余点坐标，进行地质编录图的快速绘制。陈才明（2002）、李浩（2004）从理论上提出了岩体产状要素的求解方法。吴志勇（2003）对数码摄像机采集的裂隙图像应用人眼立体视觉能力进行了解译，基于光学成像原理确定了图像数据与实际裂隙之间的对应关系，并对图像裂隙进行了整理和统计。范留明（2005）、关宝树等（2003）也应用数码摄影及图像处理对于岩体裂隙信息的解译及地质判译做了探究，取得一些探索性认识。数字近景摄影测量技术为岩体裂隙信息的快速获取开辟了新的途径，推进了工程地质领域的信息化进程。但是，国内大部分应用摄影测量技术解决工程地质问题的研究工作还处于初步阶段，尚待系统化。

2.3.2 岩体几何参数三维非接触测量系统和数据统计

奥地利 Startup 公司的一套 3G 软件和测量产品 JointMetriX3D 和 ShapeMetriX3D 是一个有代表性的岩体几何参数三维非接触测量系统，应用该系统可以测量和评价岩体和地形表面。它可以提供详细的三维图像并且通过三维处理得到岩体结构面大量翔实的几何测量数据，记录边坡、隧道轮廓和实际岩体表面不连续面的空间位置，确定采矿场空间几何形状，确定开挖量，进行危岩体稳定性鉴定、块体移动分析等。

该系统的两个测量产品的主要区别是成像系统和图像处理方法：ShapeMetriX3D 使用一个没有支架的校准的单反相机（尼康 D80，3872×2592 像素，即 1020 万像素），从两个不同角度对指定区域进行成像并通过像素匹配技术进行三维几何图像合成。JointMetriX3D 由旋转的 CCD 线扫描照相机（10000 万像素）和软件组成。成像系统安装在一个三脚架上，当轮换单位转动折线传感器时，该系统一行行地获取全景图像，软件系统对不同角度的图像进行一系列的技术处理（基准标定、像素点匹配、图像变形偏差纠正），实现实体表面真三维模型重构，在计算机可视化屏幕上从任何方位观察三维实体图像，使用电脑鼠标进行交互式操作来实现每个结构面个体的识别、定位、拟合、追踪以及几何形态信息参数（产状、迹长、间距、断距等）的获取，并进行纷繁复杂结构面的分级、分组、几何参数统计。

当面对庞大而复杂的几何形状时，需要两个系统组合使用：有大量露头和需要全面分析时，用 JointMetriX3D 系统制作全面积的三维基准（定位）模型，用 ShapeMetriX3D 系统对三维图像进行细节部分的精细测量。该系统的两大优点：（1）解决了传统现场节理地质测量低效、费力、耗时、不安全，甚至难以接近实体和不能满足现代快速施工的要求的弊端，真正做到现场岩体开挖揭露面的即时定格和精确定位；（2）传统方法无法做到精细、完备、定量地获取具有一定分布规律和统计意义的Ⅳ级和Ⅴ级结构面几何形态数据，该系统却完全可以胜任，使得现场的数据可靠性和精度满足进一步分析的要求。

图 2-6 所示为通过标定过的高像素相机获取的岩壁揭露面左右视图，将左右视图导入软件分析系统，圈定重点测量区域，系统根据像素点进行匹配、图像变形偏差纠正等一系列技术，对三维模型进行合成，并实现方位、距离真实化，得到岩体表面的真三维数字模型（图 2-7），得到主要结构面分布有 3 组。

对三维数字模型进行处理，可以得到岩体结构面的几何测量数据。图 2-8 所示为结构面赤平极射投影图。3 组结构面的分布信息如图 2-9 所示。

图 2-6 岩壁左右视图

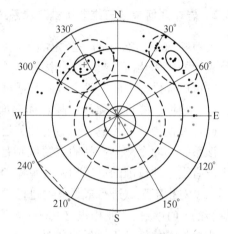

图 2-7 模型中结构面分布情况   图 2-8 结构面的赤平极投影图

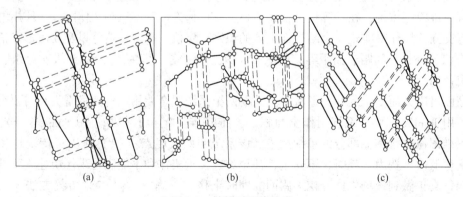

图 2-9 结构面迹线分布

（a）第一组；（b）第二组；（c）第三组

　　将搜集到的数据由 ShapeMetriX3D 系统软件统计，经分析整理，分别得到每组节理裂隙的线密度、迹长、间距、倾向和倾角等几何参数信息，并得到每组结构面的统计分布规律，见表 2-4。

　　可见，非接触测量法能够实现地质和岩体工程参数的快速、简便和安全采集，提高测量数据的质量，为用数字编录的方式展示实际的岩体状态提供了条件，对不易到达面和危险体的测量具有独特的优势。

表 2-4 结构面特征变量

节理组	面密度 /条·m⁻²	倾向 /(°)	结构面几何参数特征值											
			倾角/(°)			迹长/m			断距/m			间距/m		
			分布	均值	标准差	分布	均值	标准差	分布	均值	标准差	分布	均值	标准差
1	1.9	44.3	正态	74.61	2.1	负指数	1.88	—	均匀	0.28	0.14	负指数	0.53	—
2	1.5	147.9	正态	17.5	1.9	正态	1.46	0.61	均匀	0.53	0.34	负指数	0.68	—
3	1.1	326.1	负指数	54.20	—	负指数	1.5	—	均匀	0.42	0.27	负指数	0.90	—

2.3.3 结构面三维网络重构

2.3.3.1 结构面三维网络重构原理

岩体结构面的三维网络重构的理论基础是数理统计理论和蒙特卡洛（Monte Carlo）原理。Monte Carlo 随机模拟是根据某一随机变量的概率分布形式，利用一定的随机数生成方法，生成概率分布形式与该随机变量的分布形式相似或平行的随机数序列。它实际上是抽样统计的逆过程。Monte Carlo 在计算的中间过程中出现的数是随机的，但是它要解决的问题的结果却是确定的。

在实际中，岩体结构面的分布随机、形态多样、空间组合复杂，要对岩体中结构面进行完备的描述十分困难。为此，需要对问题进行适当简化，故引入如下假设：（1）结构面的形状都为薄圆盘状，这样就可以用结构面中心点坐标和结构面半径来描述结构面的大小和位置。（2）结构面为平直薄板，即每条结构面只有一个统一的产状。（3）在整个模拟区域内，结构面的分布均遵循相同的概率模型。假设的引入有利于数学建模和计算机的运算、存储等，简化了结构面的分布，尽管对结构面的分布具有一定的影响，但是影响不是很明显。后续岩体表征单元体的实验研究发现，现场测量的岩体的弹性模量和剪切模量与网络三维模拟的岩体的属性没有明显的变化。

三维结构面网络的重构流程如下：

（1）研究区工程地质调查和结构面数据采集。工程地质条件是实际岩体结构形成的基础，岩体中结构面的分布规律是在各种工程地质条件的综合作用下产生的，因此，应该将工程地质的观点融入到结构面网络模拟的各个环节，将定性的工程地质条件分析与定量的数学统计方法相结合，获得符合实际的网络模拟成果。另外，结构面数据采集是结构面几何参数建模的基础，在野外进行结构面数据采集时应尽量选取不同方向（最好相互垂直）的测线或测窗以减小野外测量的误差。

（2）岩体结构统计均质区的划分。在实际岩体结构研究中，研究区往往同时包含多种地层岩性和地质构造特征，采用结构面网络模拟方法对大范围区域岩体的结构特征进行研究时，首先要划分统计均质区，因为只有位于同一个统计均质区的岩体结构几何参数才具有相似的统计规律，若将不同统计均质区的结构面混在一起研究，会使模拟结果不符合实际岩体结构的发育分布规律。因此，统计均质区的划分至关重要，也是结构面网络模拟与工程地质条件相结合的一个重要环节。

（3）结构面优势组的划分和结构面产状模型的建立。结构面优势组的划分也是网络模拟中非常重要的环节，因为所有几何参数的建模都是在结构面分组的基础上进行的。在结构面分组过程中应特别注意与工程地质条件相结合，因为结构面的优势组与该地区构造发育特点有直接关系，结合区域构造发育特点及统计学方法对结构面优势组进行划分能有效地提高结构面分组的合理性。结构面产状模型的建立过程又分为结构面产状误差的校正和结构面产状概率分布模型的建立。目前国内结构面产状概率分布模型的研究中，大多数学者将倾向和倾角分开进行统计分析，分别建立相应的概率分布模型，而实际结构面的倾向和倾角是相关的，应将其考虑为一个二元变量进行分析。

（4）结构面迹长和三维尺寸模型的建立。结构面迹长是结构面三维尺寸在二维露头上的反映，结构面平均迹长的估算精度直接影响结构面尺寸模型的建立，在结构面平均迹长的估算及结构面迹长概率分布模型的研究中，应注意各种采样误差的校正；然后根据结构面迹长与结构面直径之间的关系，建立结构面直径的最佳概率分布模型，并确定相应的统计参数。

（5）结构面间距模型的建立和结构面密度的求解。首先确定结构面间距的最佳概率分布类型及统计参数。目前传统的基于测线法的结构面间距和线密度的求解方法没有考虑由有限长度的测线引起的误差，因此，应对测线方向的平均间距进行误差校正，获取校正后的测线方向的结构面间距和线密度值，在此基础上估算沿结构面平均法线方向的平均间距真实值和线密度值。若采样方法为统计窗法，则可直接估算结构面面密度；然后根据线密度或面密度数值，考虑结构面直径及结构面产状的影响，对各组结构面的体密度值进行估算。

（6）初始三维结构面网络模型的建立。利用蒙特卡洛模拟法按照统计分析得到的概率分布类型和统计参数，随机生成每条结构面的位置、产状和直径数据，建立初始三维结构面网络模型。

（7）基于实测数据对结构面网络模型进行验证和调整。在初始三维结构面网络模型中沿实际测线或窗口的位置截取验证截面，利用实测数据分别从结构面产状、结构面密度和结构面平均迹长等方面对验证截面上结构面迹线的分布情况进行验证，若存在出入，则返回结构面几何参数的建模过程中对模型参数进行调整，再次生成结构面网络，直至所生成的网络满足实测数据的验证，此时获得的网络可作为最终的三维结构面网络。图 2-10 所示是三维结构面网络重构流程。

2.3.3.2 三维结构面网络重构

笔者基于 PFC2D 中的 FISH 语言，开发了基于 Monte Carlo 方法的随机节理生成算法，根据 2.3.2 节实例的结构面几何信息统计结果（表 2-4），将相关数据导入 FISH 开发程序中，于 5m×5m 的范围内生成了相应的二维节理计算模型，如图 2-11 所示。

进行结构面三维网络重构，也可以结合 AutoCAD 的内嵌式程序设计语言 Auto LISP 开发小程序实现。以某矿 4 号岩体结构面为例，把统计分析得出的岩体结构面的密度、倾向、倾角、间距、迹长、断距的规律，通过 Monte Carlo 的设计程序生成模拟的节理文件，把所得的节理文件通过 AutoCAD 显示出来，并且借助菜单栏可以对结构面进行多种操作。建立的 20m×20m×20m 的三维结构面网络如图 2-12 所示。图 2-12（a）为结构面圆盘模型效果图，图 2-12（b）、（c）为结构面轴测图与结构面主视图上节理的情况。

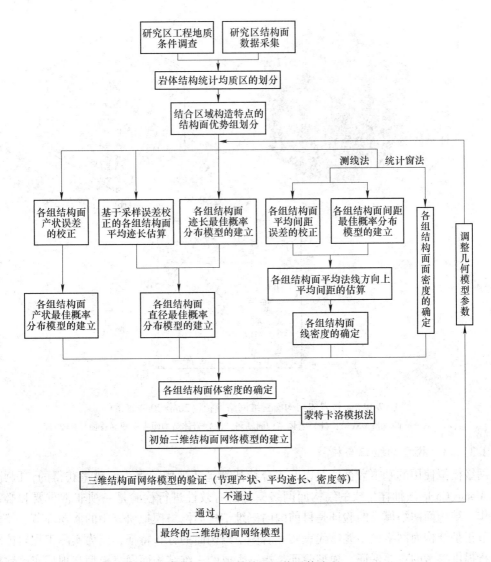

图 2-10 三维结构面网络重构流程

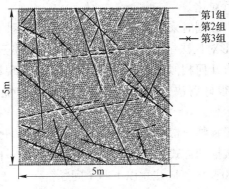

图 2-11 颗粒流 PFC 模型节理网格

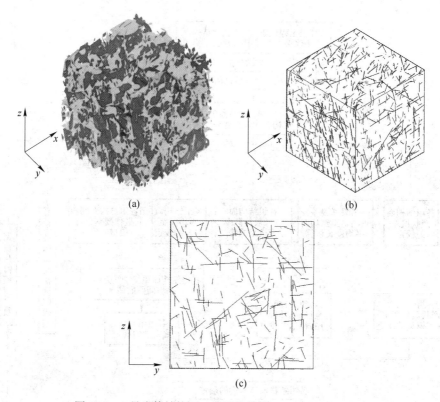

(a)   (b)

(c)

图 2-12   4 号岩体结构面三维网络模拟 （20m×20m×20m）

（a）Beacher 圆盘模型效果；（b）岩体结构面轴测；（c）岩体结构面主视图（xz 面，$y=20$）

2.3.3.3 模型的验证与校核

网络模拟使用的基本数据资料以及集合特征都是从现场的露头面测量获得的，因此，对于 Monte Carlo 法抽样生成的结构面网络模型的有效性进行检验是一项非常重要和必需的工作。结构面网络模型的验证是目前国内三维结构面网络模拟研究中的薄弱环节，然而该环节正是结构面网络模型能够代表实际岩体中结构面的分布特征，能为实际工程岩体结构分析提供参考的重要保证。模型验证是指将生成的三维结构面网络模型与现场实测数据进行对比，由于在现场搜集结构面的三维数据非常困难，所以通常是与测线法或统计窗法获得的实测结构面数据进行对比。

在实际应用中，可分别或同时采用图形对比和参数对比两种方法进行验证。

（1）图形对比法。图形对比法主要是通过比较计算机网络三维模拟图与现场实际岩体中结构面的分布是否具有几何相似性来进行检验。但是由于现场结构面空间分布三维数据的获取问题至今还没有很好解决，因此目前图形对比还只能停留在二维和定性的层面上。

在实际工程中，地质工程师通常都会有对露头面、平洞及钻孔岩芯中的结构面情况进行地质编录，在剖面上以素描的方式来描述，这就是进行图形对比分析的依据，可以作为"参照剖面"。在图形对比检验中，应注意以下两个问题：

1）比较剖面的确定。一般来讲，"参照剖面"多采用在野外进行结构面统计测量所选的露头面、平洞（直立墙与顶、底）或工程开挖面，因为在这些面上的结构面相对清晰，易于获取。在确定"参照剖面"时，一个重要的原则就是保证所选择剖面的走向、形态、大小与"参考平面"基本相同，尽量避免因这些影响而造成的图像失真。但是由于网络模拟并非真实岩体的再现，因而图形对比只能反映统计上的意义。

2）结构面在剖面上出露迹线的取舍。在用"对比剖面"切割三维网络模拟的岩体时，如果将网络图上的所有与该剖面相交切的结构面迹线全部留下来，会与实际情况产生很大的差异。因为在实际的地质编录或野外调查中，都会根据实际情况，对结构面进行取舍，舍掉那些相对较小的结构面。因此，为了与实际情况一致，对"对比剖面"中的结构面同样也需要进行相应的取舍。

（2）数据对比法。数据对比法的具体实施步骤如下：

1）使用不同产状的平面对重构的三维结构面模型进行切割，获得相应的剖面。

2）在所有的剖面上，采用类似测线法的原理获取区域内结构面出露迹线的各参数值，包括结构面倾向、倾角、间距、迹长和裂隙。

3）重复1）~2），直到满足样本数量的要求。

4）对所得到的结构面出露迹线的相关资料，采取与现场结构面测量统计相同的方法进行统计，求取模型中每组结构面各个参数的平均值。

5）将所得到的各个参数的平均值与现场实测资料相应参数进行对比，检验模拟效果。

评价模拟效果的精度通常用误差来表示，其数学表达式为：

$$\delta = \frac{M_v - F_v}{F_v} \times 100\% \tag{2-32}$$

式中，δ 为相对误差百分比；F_v 与 M_v 分别为现场实测资料和根据网络模型统计得到的各参数的均值。Wathugala（1991）通过研究认为，如果相对误差 $\delta < 30\%$，即可认为模拟效果良好，检验合格。

另外，也可以采用置信区间的方法来评价模拟效果。此时，需首先确定待检验数据相应某一置信水平 a（如 $a = 0.05$）的置信区间，若野外数据都在对应参数的置信区间内，则认为模型数据与实际数据贴近。

2.4 结构面张量与岩体力学特性的空间变异性

节理岩体内部复杂结构面的存在严重影响了岩体力学参数的性质，导致岩体强度参数、变形性能产生折减，也即结构面的存在对岩体产生了损伤。这种损伤属于几何损伤。几何损伤的理论最初是由日本学者大野信忠和村上澄男研究发展起来的，而后由日本学者 T. Kawamoto 首次将几何损伤理论应用在结构面岩体中，为处理多组结构面分布的各向异性问题带来方便。

最初的损伤力学模型是基于材料各向同性的原则建立的，通过标量参数来表示岩体的损伤程度。通常情况下，可将结构面理想地概化为岩体的损伤，只有在满足岩体内部结构面的尺寸与岩体的尺寸相比特别小时，才能建立接近实际的岩体损伤模型，计算岩体的损伤变量来描述岩体结构面引起的损伤。但是，岩体内结构面分布特征错综复杂，岩体的力学性质表现为各向异性特征，为了更加精确地表现岩体的力学性质，其损伤变量必须使用张量来描述。

2.4.1　岩体结构面张量

由结构面几何损伤力学理论可知，为了将岩体结构的几何特征和力学特性联系起来，首先必须对结构面的损伤变量进行定义。

2.4.1.1　岩体结构面张量的定义

岩体结构面几何损伤理论最初是根据金属材料蠕变损伤理论中的有效应力概念发展的一种三维各向异性损伤理论。一般情况下，材料的损伤是由微小裂纹和微小孔洞的发展造成的，材料的承载面积不断减小和承载能力不断下降也正是由于这些微小缺陷的逐渐演化所导致的。Kawamoto 等人将这种材料损伤理论应用到结构面岩体工程中，形成了最基本的结构面岩体损伤力学框架。

日本学者 M. Oda 提出了用结构面张量来描述岩体中任意一点处结构面几何特征的方法，为研究结构面几何特征与岩体力学性质之间的联系提供了有效的途径。M. Oda 假设岩体结构面服从薄圆盘模型，定义第 k 组结构面张量表达式如式（2-33）所示：

$$F_{ij}^{(k)} = 2\pi\rho \int_0^\infty \iint_{\Omega/2} r^3 n_i n_j f(n, r) \, \mathrm{d}\Omega \mathrm{d}r \tag{2-33}$$

式中，r 表示结构面半径；ρ 表示结构面体积密度；$\boldsymbol{n}$ 表示单位法向量；$f(n, r)$ 为结构面方位和规模的联合概率密度函数；$\Omega/2$ 为单位球体表面的三维角度，$\Omega/2$ 和 $\mathrm{d}\Omega$ 的定义如图 2-13 所示；n_i，$n_j(i, j = x, y, z)$ 分别为结构面法向量 $\boldsymbol{n}$ 在坐标轴 i 和坐标轴 j 的方向分量。

2.4.1.2　岩体结构面张量的计算

A　结构面几何特征参数的选取

选取结构面几何特征参数应该能很明显地表示出复杂节理岩体的各向异性特征。以往研究表明，描述岩体结构面的几何特征，至少应该考虑如下几个方面：

（1）结构面的方位和密度。通过确定结构面的中心点可以很方便地给出结构面的方位，因此可以直接调用根据节理三维网络模拟所得到的数据。裂隙的平均体积密度 ρ 按式（2-34）计算，

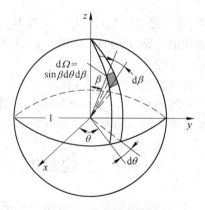

图 2-13　定义的单位球体

$$\rho = m(V)/V \tag{2-34}$$

式中，$m(V)$ 是指中心点落在体积 V 当中的结构面数量，若 V 足够大，通过将 ρ 和 V 相乘，可以估算出 V 体积当中的结构面的数量。

（2）结构面的形状和尺寸。一个面积为 A 的平滑的结构面包含两个结构表面，每个结构表面都有一个单位法向量 $\boldsymbol{n}$（或者 $-\boldsymbol{n}$）。通过合理的假定，可以选取面积为 A 的等效圆来替代结构面。于是，这个等效圆的半径 r 为 $\sqrt{A/\pi}$。

通过对结构面圆形的假设，我们可以得出用结构面半径 r 表示的概率密度函数 $f(r)$ 来描述结构面裂隙的尺寸，概率密度函数 $f(r)$ 必须满足式（2-35）：

$$\int_0^\infty f(r) \, \mathrm{d}r = 1 \tag{2-35}$$

野外观测通常表明，具有较大尺寸的结构面的数量相对较少。如果满足这种情况的话，$f(r)$ 可以满足负指数分布：

$$f(r) = \lambda\, e^{-\lambda r} \tag{2-36}$$

这种参数分布的平均值和标准差都等于 $1/\lambda$ 。关于式（2-36）的近似值，并没有具体的分析，但是对于简化方程是有用处的。例如，对于 r 的 n 次方的计算如式（2-37）所示：

$$\overline{r^n} = \int_0^\infty r^n \lambda\, e^{-\lambda r}\, dr = \frac{n!}{\lambda^n} \tag{2-37}$$

式（2-37）可以用如下符号代替：

$$\overline{\Phi} = \int_0^\infty \Phi(r)f(r)\, dr \tag{2-38}$$

式中，函数 $\Phi(r)$ 的平均值计算可根据概率密度函数 $f(r)$ 计算求得。

（3）结构面的方位。通过引入概率密度函数 $f(n, r)$ 来描述结构面的方位。$f(n, r)d\Omega dr$ 是指在单位法向量上，以一个微小三维角度 $d\Omega$ 和微小半径范围 dr 表示的微小结构表面。如图 2-13 所示，$d\Omega$ 可以简写表示为 $\sin\beta\, d\theta\, d\beta$，$f(n, r)$ 须满足式（2-39）。

$$\int_0^\infty \iint_\Omega f(n, r)\, d\Omega dr = 1 \tag{2-39}$$

式中，Ω 表示整个三维角度为 4π，即在如图 2-13 所示的单元球体上，$0 \leqslant \theta \leqslant 2\pi$ 且 $0 \leqslant \beta \leqslant \pi$。

由于结构面在其方向上的两个法向量是相反的，$f(n, r)$ 一定满足对称性的性质，即 $f(n, r) = f(-n, r)$。若 n 和 r 互相独立，可以得到：

$$f(n, r) = f(n)f(r), \quad f(n) = f(-n) \tag{2-40}$$

如果函数 $P(n)$ 满足 $P(n) = P(-n)$，可以得到：

$$\iint_{\Omega/2} 2P(n)f(n)\, d\Omega = \iint_\Omega P(n)f(n)\, d\Omega = \langle P(n) \rangle \tag{2-41}$$

式中，$\Omega/2$ 表示上半球的三维角度，即满足 $0 \leqslant \alpha \leqslant 2\pi$ 且 $0 \leqslant \beta \leqslant \pi/2$。在式（2-41）中，$\langle P(n) \rangle$ 表示 $P(n)$ 的平均值，可以通过概率密度函数 $f(n)$ 计算。如果 $P(n) > 0$ 与 $-P(-n)$ 相等，便可得到：

$$\iint_{\Omega/2} 2P(n)f(n)\, d\Omega = \iint_\Omega |P(n)| f(n)\, d\Omega = \langle |P(n)| \rangle \tag{2-42}$$

如果 n 方向为各向同性，那么 $f(n)$ 一定等于 $\pi/4$。

B　与测线相交的结构面数量的确定

引入一条平行于单位向量 i 的笔直测线，称之为 i 测线（图 2-14）。每一个结构面都有两个垂直法向量，选择其中一个相对于 i 方向可以形成锐角的法向量定义为 n'（n' 和 i 之间的向量积 $n' \cdot i = n_i$ 一定大于零）。结构面（n', $2r$）是指以 n' 为法向量，以 $2r$ 为直径的裂隙。

假设一条长度为 h 的圆形条柱，其中心轴与 i 测线重合，其横截面积为结构面（n', $2r$）垂直于 i 测线所对应的投影面积，即横截面积为 $\pi r^2 n_i$（n_i 为 n' 在 i 方向上的分量）。如果选择长度为 h 的条柱体积 $\pi h r^2 n_i$ 足够大，则中心点落在条柱内的结构面数量就可以通过条柱体积乘以结构面的体积密度 ρ 得到。

因为 $f(\boldsymbol{n}', r)$ 等于 $2f(n, r)$，$2f(n, r)\,\mathrm{d}\Omega\mathrm{d}r$ 是指法向量落在 $\mathrm{d}\Omega$ 内，半径为 $\mathrm{d}r$ 的微小结构面。所以，中心点落在条柱内的 $(\boldsymbol{n}', 2r)$ 结构面数量 $\mathrm{d}N^{(i)}$ 为 $(\pi\rho hr^2 n_i) \times \{2E(\boldsymbol{n}', r)\mathrm{d}\Omega\mathrm{d}r\}$。如果 $(\boldsymbol{n}', 2r)$ 结构面的中心点都落在条柱内，那么这些结构面一定与 i 测线相交。$\mathrm{d}N^{(i)}$ 也是 $(\boldsymbol{n}', 2r)$ 结构面与 i 测线相交的结构面数量，可通过式（2-43）计算得到：

$$\mathrm{d}N^{(i)} = 2\pi\rho hr^2 n_i f(n, r)\mathrm{d}\Omega\mathrm{d}r \tag{2-43}$$

这些与 i 测线相交的结构面称为与 i 测线相关结构面。与 i 测线相关结构面总数可通过在三维角度为 $\Omega/2$ 且 $0 \leqslant r < \infty$ 的范围内积分估算得到：

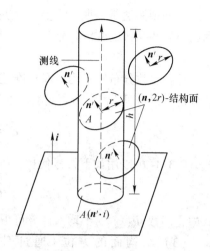

图 2-14　条柱内结构面计算示意图

$$N^{(i)} = 2\pi\rho h \int_0^\infty \iint_{\Omega/2} r^2 n_i f(n, r)\mathrm{d}\Omega\mathrm{d}r \tag{2-44}$$

如果结构面方向 $\boldsymbol{n}'$ 与半径 r 互相独立，可以得出：

$$\frac{N^{(i)}}{h} = 2\pi\rho \int_0^\infty r^2 f(r)\mathrm{d}r \iint_{\Omega/2} n_i f(n)\mathrm{d}\Omega = \pi\rho < r^2 > < |n_i| > \tag{2-45}$$

式中，$\dfrac{N^{(i)}}{h}$ 为单位长度下与 i 测线相交的结构面的数量。

C　岩体结构面张量

每个结构面的单位法向量 $\boldsymbol{n}'$ 是以测线为参考来确定其方向的。对于 $(\boldsymbol{n}', 2r)$ 结构面，引入一个新的垂直向量 $\boldsymbol{m}$。$\boldsymbol{m}$ 向量的方向与 $\boldsymbol{n}'$ 完全重合，单位为 $2r$，并不是单位向量。可以得出：

$$\boldsymbol{m} = 2r\boldsymbol{n}' \tag{2-46}$$

式中，$\boldsymbol{m}$ 为长度为 h 的体积中与 i 测线相交的 $(\boldsymbol{n}', 2r)$ 结构面的数量。因此，将 $\mathrm{d}N^{(i)}/h$ 与 $\boldsymbol{m}$ 相乘就可以得到单位长度测线上，垂直于 $(\boldsymbol{n}', 2r)$ 结构面方向的总和。

$$\frac{\mathrm{d}N^{(i)}}{h} \cdot \boldsymbol{m} = \{4\pi\rho r^3 n_i f(n, r)\mathrm{d}\Omega\mathrm{d}r\}\boldsymbol{n}' \tag{2-47}$$

这个向量可以投影到 j 方向上，给出如下的投影图像 $\mathrm{d}F_{ij}^{(R)}$：

$$\mathrm{d}F_{ij}^{(R)} = 4\pi\rho r^3 n_i n_j f(n, r)\mathrm{d}\Omega\mathrm{d}r \quad (i, j = 1, 2, 3) \tag{2-48}$$

即通过基向量 i 和 j 的选取，建立正交参考坐标系。与单位长度 i 测线相交的 $\boldsymbol{m}$ 方向上的总和在 j 方向上的分量的计算，是通过在三维角度为 $\Omega/2$ 且半径为 $0 \leqslant r < \infty$ 的范围内，对 $\mathrm{d}F_{ij}^{(R)}$ 进行积分求得。

$$F_{ij}^{(R)} = 4\pi\rho \int_0^\infty \iint_{\Omega/2} r^3 n_i n_j f(n, r)\mathrm{d}\Omega\mathrm{d}r \quad (i, j = 1, 2, 3) \tag{2-49}$$

如果 $\boldsymbol{n}'$ 和 r 是互相独立的变量，可以得到：

$$F_{ij}^{(R)} = 2\pi\rho < r^3 > < n_i n_j > \quad (i, j = 1, 2, 3) \tag{2-50}$$

当参考系旋转时，式（2-49）中的 $F_{ij}^{(R)}$ 便转化为二阶张量。$F_{ij}^{(R)}$ 称为结构面张量。值得注意的是，这些张量特征与概率密度函数 $f(n, r)$ 的特殊形式是独立的。$F_{ij}^{(R)}$ 是一个无量纲量，是衡量岩体不连续性的一个重要指标。

在定义结构面张量公式（2-49）的过程中，$f(n, r)$ 的确定相当重要。然而，也可以将式（2-49）改写成另一种形式，使其不出现 $f(n, r)$，如公式（2-51）所示：

$$F_{ij}^{(R)} = \frac{1}{V} \sum_{}^{m(V)} (2\pi r^3 n_i n_j) \quad (i, j = 1, 2, 3) \tag{2-51}$$

式中，求和必须为给定的体积 V 中所有的结构面 $m(V)$ 的总和。

若节理岩体中分布有多组结构面，则结构面张量总和的表达式如式（2-52）所示：

$$F_{ij} = \sum_{k=1}^{N} F_{ij}^{(k)} \tag{2-52}$$

式中，N 表示总的结构面组数。

如上所述，结构面张量的表达式也可以通过矩阵形式来表达，如式（2-53）所示：

$$\boldsymbol{F}(F_{ij}) = \begin{bmatrix} F_{xx} & F_{xy} & F_{xz} \\ F_{yx} & F_{yy} & F_{yz} \\ F_{zx} & F_{zy} & F_{zz} \end{bmatrix} \tag{2-53}$$

由于满足对称性 $F_{ij} = F_{ji}$，张量矩阵具有 3 个特征值和 3 个相互正交的特征矢量。结构面张量的对角元素被定义为结构面张量方向分量，从上述定义可以看出，结构面张量方向分量（F_{xx}、F_{yy} 和 F_{zz}）能够综合反映在 x、y 和 z 方向的尺寸情况和密度情况。

上述结构面张量的表达式中包含了结构面的倾向、倾角、尺寸大小和密度的几何特征情况。可以确定，结构面张量完全可以全面地反映出结构面岩体的几何特征。结构面张量方向分量（F_{xx}、F_{yy} 和 F_{zz}）在一定程度上较好地反映了岩体的各向异性特征，更适合对复杂节理岩体几何损伤的研究。

2.4.2 某矿岩体力学特性的空间变异性研究

以某矿边坡岩体为研究对象，建立结构面岩体三维离散元分析模型，根据上节给出的结构面张量计算公式，通过 Matlab 计算出各个尺寸节理岩体的结构面张量参数，研究结构面张量与节理岩体力学参数之间的关系。

2.4.2.1 节理岩体 3DEC 模型建立

以该矿 $-80m$ 水平，岩性为片麻岩的 5 号点为例，将现场获取的左视图（图 2-15（a））和右视图（图 2-15（b））导入 ShapeMetriX3D 软件分析系统，圈定出重点测量区域，然后通过基准标定、像素点匹配、图像变形偏差纠正等一系列技术，对三维模型进行合成以及方位、距离的真实化，得到岩体表面的三维视图（图 2-15（c））和优势节理组（图 2-15（d）），图中有四个节理组（64.41°/81.02°，320.09°/37.06°，25.82°/44.31°，134.5°/48.27°），对每组的数据进行统计分析可以得出各组结构面的倾向、倾角、迹长、间距和断距信息。

根据各组节理产状的概率分布规律，采用 Monte Carlo 方法，应用所编制的程序可以得到岩体的三维节理网络模型，图 2-16 所示为 5 号点四组结构面的节理网络模型。

数值计算采用的节理岩体模型的尺寸分别为：$2.5m \times 2.5m \times 2.5m$，$5m \times 5m \times 5m$，$7.5m \times 7.5m \times 7.5m$，$9m \times 9m \times 9m$，$10m \times 10m \times 10m$，$11m \times 11m \times 11m$，$12.5m \times 12.5m \times$

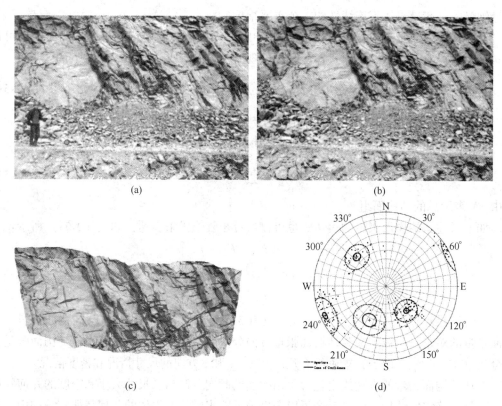

图 2-15　岩体结构面现场拍摄合成图

（a）现场拍摄左视图；（b）现场拍摄右视图；（c）合成图；（d）极点等密度图

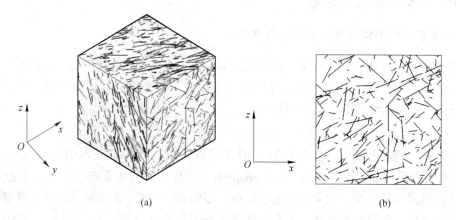

图 2-16　岩体结构面三维网络模型

（a）结构面三维迹线（20m×20m×20m）；（b）结构面 *zOx* 面迹线

12.5m，15m×15m×15m，17.5m×17.5m×17.5m，20m×20m×20m。每一级尺寸建立两个不同位置的岩体模型，共建立 20 个模型。图 2-17 所示为 20m×20m×20m 的节理岩体模型。为了在 3DEC 软件中建立具有非贯通节理的岩体模型，通过引入"假想结构面"的方法来解决。

　　由于所研究的结构面采样点距离边坡最高点的高差达到 230m，如果仅仅考虑自重应力的影响作用，则采样点处的垂直方向的应力约为 5.2MPa。在数值模拟试验中，节理岩体模型的两个水平方向的边界应力取值等于垂直方向的应力，即 $\sigma_x = \sigma_y = \sigma_z = 5.2\text{MPa}$。因为岩体模型的边界应力远比岩体的抗压强度小得多，因此，对于岩体三维模型的边界应力取值产生的误差可以不予考虑。

图 2-17　3DEC 片麻岩非贯通节理岩体模型（20m×20m×20m）

　　在 3DEC 数值分析中，通常采用 Mohr-Coulomb 破坏准则和理想弹塑性本构模型来分析岩块的变形特征，最后通过室内试验确定岩块的力学参数。表 2-5、表 2-6 分别为 5 号点片麻岩的岩块力学参数和结构面力学参数。

表 2-5　岩体模型中片麻岩岩块力学参数

岩性	密度 $\rho/\text{kg}\cdot\text{m}^{-3}$	弹性模量 E/GPa	体积模量 K/GPa	剪切模量 G/GPa	内摩擦角 $\varphi/(°)$	黏聚力 C/MPa	抗拉强度 σ_t/MPa
片麻岩	2630	39.61	21.5	18.63	43.86	8.53	4.58

表 2-6　岩体模型中片麻岩结构面力学参数

结构面	切向刚度 $K_s/\text{GPa}\cdot\text{m}^{-1}$	法向刚度 $K_n/\text{GPa}\cdot\text{m}^{-1}$	内摩擦角 $\varphi/(°)$	黏聚力 C/MPa	抗拉强度 σ_t/MPa
真实结构面	0.9	2.25	30	0.55	0
假想结构面	162	405	35	2.99	0.82

2.4.2.2　结构面张量分量与岩体尺寸的关系

　　两组不同尺寸的 20 个模型在 x 方向的张量参数值如图 2-18 所示。当尺寸达到 15m 时，张量参数值 F_{xx} 趋于稳定。图 2-19 和图 2-20 所示分别为两组模型在 y 和 z 方向的张量参数值，同样在尺寸为 15m 时，张量参数值 F_{yy} 和 F_{zz} 趋于稳定。图 2-21 所示为两组模型在 x、y、z 三个主方向张量参数均值，当岩体尺寸达到 15m，三个方向张量参数均值都趋于稳定，可见，结构面张量参数与岩体尺寸具有一定的关系。

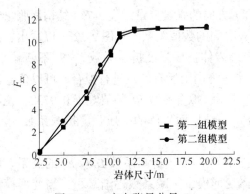

图 2-18　x 方向张量分量 F_{xx}

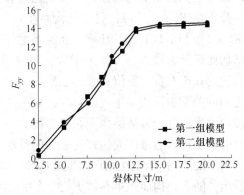

图 2-19　y 方向张量分量 F_{yy}

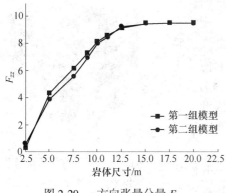
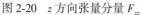

图 2-20 z 方向张量分量 F_{zz}

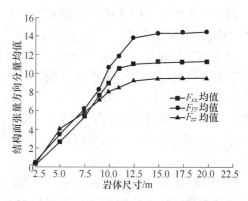

图 2-21 两组模型张量分量均值的变化关系

对 5 号点片麻岩节理模型的产状进行分析，第一组结构面的平均产状为 64.41°∠ 81.02°，该组结构面近似垂直于 xOy 平面，对 F_{yy} 轴贡献最大，对 F_{xx} 贡献次之，对 F_{zz} 贡献最小；第二组结构面的平均产状为 320.09°∠ 37.06°，该组结构面对 F_{zz} 贡献最大，对 F_{xx} 贡献次之，对 F_{yy} 贡献最小；第三组结构面的平均产状为 25.82°∠ 44.31°，该组结构面对 F_{xx}、F_{yy}、F_{zz} 三个方向张量贡献相差不大，其中对 F_{yy} 的贡献略大一点；第四组结构面的平均产状为 134.5°∠ 48.27°，该组结构面对 F_{xx}、F_{yy}、F_{zz} 贡献相近，其中对 F_{zz} 贡献最小。而单一的从产状来分析结构面张量分量，并不能准确得到张量分量在 x、y、z 三个方向的关系。

从图 2-21 的张量数据可以看出，当岩体尺寸为 2.5~7.5m 时，张量分量的大小关系为 $F_{xx} > F_{yy} > F_{zz}$；当尺寸大于 7.5m 时，张量分量差距逐渐变大，大小关系变为 $F_{yy} > F_{xx} > F_{zz}$，这是由于随着岩体的尺寸增加时，岩体中第一组结构面数量的增加，使得对 y 方向上的张量贡献增大，并逐渐在所有结构面组中处于主导地位。说明当岩体尺寸大于 15m 时，岩体中的结构面张量趋于稳定。这与文献［12］通过三维离散元数值试验研究的岩体力学参数随岩体尺寸变化所得到的表征单元体的尺寸一致。因此，可以建立结构面张量与岩体力学参数之间的关系。

2.4.2.3 结构面张量分量与岩体力学参数的关系

通过对结构面张量与岩体尺寸的关系研究和岩体力学参数与岩体尺寸的关系的研究，可以得出结构面张量与岩体力学参数之间有一定的关系。

分别用 F_{ii}、F_{jj} 和 F_{kk} 代表结构面在 i、j 和 k 方向的张量分量。表 2-7 为结构面张量参数 $F_{jj} + F_{kk}$ 与节理岩体抗压强度折减系数 S_i/S_I 之间的数值关系。从图 2-22 可以看出，随着结构面张量参数 $F_{jj} + F_{kk}$ 的增大，对应的节理岩体抗压强度折减系数 S_i/S_I 不断减小，直到达到 0.5 左右，数值衰减趋于平缓，对三个主方向上所有的点进行拟合，可以建立两者之间的关系表达式，生成拟合曲线如图 2-22 所示，拟合参数 R^2 的值等于 0.9732，说明了拟合效果较好，岩体结构面张量参数 $F_{jj} + F_{kk}$ 与结构面岩体的抗压强度折减系数 S_i/S_I 之间的关系可以通过该表达式比较好的反映。

图 2-23 所示为结构面张量参数 F_{ii} 与节理岩体变形模量折减系数 DM_i/E_I 的关系。可以看出，随着结构面张量参数 F_{ii} 的增大，岩体变形模量折减系数逐渐减小，当变形模量折减系数减小到 0.44 左右，折减系数数值基本不变，对三个主方向的散点进行拟合分析，

表 2-7 结构面张量值与 x、y、z 方向抗压强度折减系数 S_i/S_I 关系

尺寸/m	$F_{xx}+F_{yy}$	z 向折减系数	$F_{xx}+F_{zz}$	y 向折减系数	$F_{yy}+F_{zz}$	x 向折减系数
2.5	0.84	0.91	0.69	1	1.01	0.83
5	6.27	0.83	6.81	0.81	7.62	0.73
7.5	11.61	0.62	11.25	0.65	12.11	0.65
9	15.98	0.54	14.8	0.59	15.43	0.55
10	19.63	0.52	17.07	0.51	18.73	0.51
11	22.48	0.49	19.18	0.51	20.39	0.5
12.5	24.82	0.5	20.29	0.52	23.03	0.51
15	25.51	0.49	20.69	0.49	23.8	0.48
17.5	25.57	0.49	20.75	0.51	23.89	0.49
20	25.72	0.49	20.79	0.48	24.0	0.49

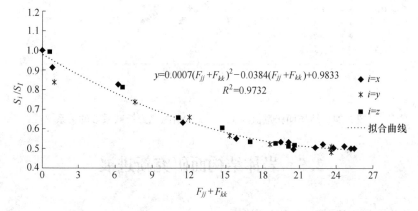

图 2-22 结构面张量值与 x、y、z 方向抗压强度折减系数的关系

得到二次多项式表达式，拟合参数 R^2 的值等于 0.9733，说明此多项式可以表达结构面张量参数 F_{ii} 与节理岩体变形模量折减系数 DM_i/E_I 之间的关系。

图 2-24 所示为结构面张量参数 F_{ii} 与节理岩体内聚力折减系数 C_i/C_I 的数值关系，由图可见，节理岩体内聚力的折减系数 C_i/C_I 随着结构面张量参数 F_{ii} 的增大而减小，图中给出了拟合出的最佳三次多项式，拟合参数 R^2 的值为 0.9334，拟合效果较好。另外，研究发现结构面张量与泊松比的关系并不明显，因此未建立结构面张量与泊松比之间的关系。

由建立的结构面张量分量参数与节理岩体力学参数折减系数之间的关系可见，随着结构面张量参数的逐渐增大，节理岩体力学参数折减系数逐渐减小，也即结构面岩体的力学参数是逐渐减小的，岩体的力学性质产生折减，出现了一定程度的损伤。通过研究发现，节理岩体三个主方向的抗压强度在结构面张量达到一定值之后，其强度折减达到 50% 左右，节理岩体变形模量和内聚力的折减也分别达到 45% 和 50% 左右才趋于稳定。

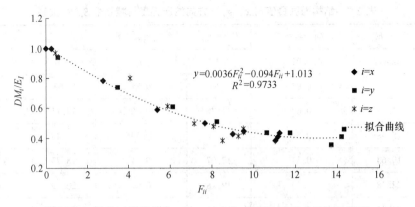

图 2-23　结构面张量值与 x、y、z 方向变形模量折减系数的关系

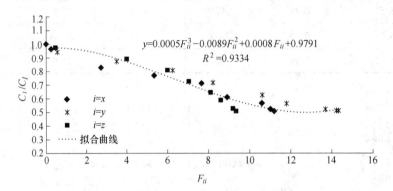

图 2-24　结构面张量值与 x、y、z 方向内聚力折减系数的关系

2.5　岩体结构面研究新进展

2.5.1　粗糙节理网络模型构建方法研究

　　节理的几何及力学特性是准确认知岩体力学性质的前提，也是提高岩体力学数值模拟准确性的根本。岩体中结构面在空间上相互交叉，呈现随机分布的网状特征；另外，结构面本身还具有一定的粗糙几何特征，直接影响结构面的力学特性和岩体的力学特性，因此对结构面的粗糙性进行研究意义重大。

　　国内外学者在节理几何形态及力学特性方面开展了大量的有益工作，试图分析复杂节理几何形态、空间分布的岩体力学问题。目前学者多假设结构面为平面型或直线型（图 2-25（a）），由此建立结构面离散网络（discrete fractures network，简称 DFN）力学模型开展数值计算分析，而结构面本身具有一定的粗糙度特征，目前建立的离散网络模型多未考虑结构面的复杂形貌特征。即使考虑，也往往集中在单条（单组）粗糙节理的力学特性（如抗剪特性、渗流等）研究方面，这将导致在开展节理岩体数值分析表征节理岩体力学参数时，仍会存在一定的误差。因此，开展既考虑节理粗糙度特性，又同时考虑节理随机分布的粗糙离散节理网络（roughness discrete fractures network，简称 RDFN）模型（图 2-25（b））的构建工作，分析考虑粗糙度的离散节理网络模型的力学特性，对节理岩体抗压及

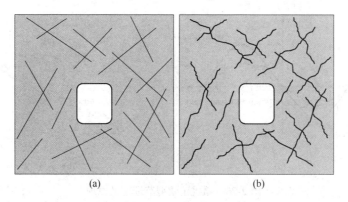

图 2-25 离散裂隙网络模型节理几何形态对比

（a）未考虑节理粗糙性的传统 DFN 模型；（b）考虑节理粗糙性的 RDFN 模型

抗剪等力学特性具有重要意义。

具体实施方法是：从岩体结构面分布调查出发，应用 Matlab 语言编制考虑结构面粗糙度特性的离散网络 RDFN 模型，直观再现岩体节理几何分布和粗糙特征，然后基于数字图像技术编写颗粒流离散元 PFC 模型接口，将 RDFN 模型导入数值模型，开展单轴压缩、直剪条件下岩体样本力学特性研究，研究考虑粗糙节理后，节理岩体力学特性的变化规律，从而为工程岩体力学参数获取、开挖扰动围岩破坏模式等研究提供参考。

2.5.1.1　RDFN 模型建模原理

根据大量现场结构面分布形态调查结果，结构面往往存在一定的起伏形态，而非一些学者室内相似模拟的平面型或直线型、三角形。因此，进行结构面表征时，可以采用一些平滑曲线如正弦、三角形、矩形等曲线，进行几何描述。

A　正弦型 RDFN 模型

基于正弦型曲线进行结构面迹线的几何表征方法原理如下：

（1）节理的粗糙情况根据正弦型曲线 $y = A\sin(\omega x + \varphi)$ 确定。如图 2-26（a）所示。通过改变振幅、周期（频率）及峰值数目等实现，得到与现场测试得到相似的节理模型。

（2）如图 2-26（b）所示，通过旋转、平移得到一定倾角和空间分布的节理迹线。其中，实线代表粗糙节理，虚线为节理两端点 (x_1, y_1)、(x_2, y_2) 连线，也可以视作节理的伪迹线，长度 L 为伪长度，该长度与曲线的正弦周期有关；(x_0, y_0) 为伪长度线的中点，θ 为节理的倾角。其中倾向控制节理的方位。

（3）建模时，首先在一定区域内生成随机分布中心点，中心点数目根据节理密度确定；根据节理迹长、倾角、中心点确定离散粗糙节理，方程由直线的函数转换成正弦型函数，也可以转变为其他几何分布函数，依此，建立 RDFN 模型。

（4）坐标系 xOy 与 $x'O'y'$ 夹角为 θ，进行绘图建模时，需要进行坐标旋转，旋转角度为 θ。由此，建立多条粗糙节理网络模型。

基于 Matlab 平台，初步建立三组节理，节理组的几何信息见表 2-8。需要注意的是，几何形态类型可以根据现场勘测分布结果进行修改，比如振幅、频率、衰减情况等可根据实测起伏情况进行调整。建立的三组正弦型节理 RDFN 模型如图 2-27 所示。一般情况下，二维离散节理网络模型 DFN 往往假设成为直线型，即节理迹线为直线；这与三维 DFN 模

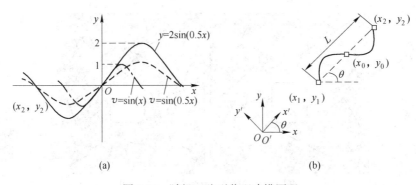

图 2-26 随机正弦型节理建模原理

（a）采用正弦曲线表征不同粗糙节理方法；（b）正弦型节理的旋转及平移

型前提假设有关，因为一般采用圆盘模型或者矩形进行结构面模拟，那么在进行二维剖切得到的离散节理网络为平滑直线。

表 2-8 三组正弦型节理分布模型

组别	线密度 /条·m^{-1}	几何形态类型	倾向/(°)			倾角/(°)			迹长/m		
			分布类型	均值	标准值	分布类型	均值	标准值	分布类型	均值	标准值
1	0.3	正弦型	均匀	0	15	均匀	0	15	均匀	6	1
2	0.3	正弦型	均匀	90	15	均匀	45	15	均匀	3	1
3	0.3	正弦型	均匀	180	15	均匀	135	15	均匀	2	1

B 三角 RDFN 模型

三角形节理迹线在工程岩体中也较为常见，对于该类模型的函数模拟，可以采用分段拼接法，即首先对每条三角形节理进行分段，分段主要根据三角形的正峰值点（波峰）进行确定，波峰点数 N 即为三角形节理的分段数。为了模拟方便，确定分段数之后，认为分段间距服从均匀分布（以后根据实际勘察可以采用其他分布），分段长度 l 由式（2-54）获得：

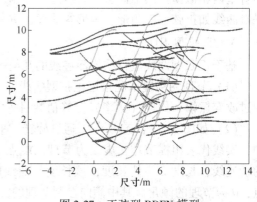

图 2-27 正弦型 RDFN 模型

$$l = L/N \qquad (2-54)$$

式中，L 为节理的迹长；N 为峰值点数目。

分段数的取值根据同一组节理几何参数的统计规律判断。如图 2-28 所示，此节理有 2 个峰值点，对应横坐标 B 和 F 点，在模拟时分为 2 段峰值，分别为 H_1 和 H_3，负峰值点（相对节理迹线走向，也称波谷）的峰值为 H_2。对实际节理的波峰峰值和波谷峰值要通过现场统计分析确定。需要指出的是，图 2-28 所示的三角形节理的模拟方法中，在每一段中均视为只有一个波峰和波谷，而实际节理可能会出现多个波谷或波峰连续出现的情况，本节采用随机峰值来模拟凸起幅度，每条节理上采用均匀分段来模拟峰值，即在每条节理上按照均匀长度分布凸起。由于峰值数值根据随机函数确定，当数值为 0 时即可实现这一现象。

　　将每条节理均匀分段，在每一段中随机取波峰位置和波谷位置，同时随机取峰值和谷值。节理三角函数峰值是与迹长成比例的随机数，比例因子为 0.05。节理分段数与每组节理的平均长度成比例，每组节理的不同节理的分段数相同。其中，（1）第 1 组，迹长在 0~12m 内均匀分布，节理面密度为 0.3 条/m²，走向与水平面平均夹角 0°，标准差取 15°；（2）第 2 组，迹长在 0~6m 内均匀分布，节理面密度为 0.3 条/m²，走向与水平面平均夹角 45°，标准差取 15°；（3）第 3 组，迹长在 0~4m 内均匀分布，节理面密度为 0.3 条/m²，走向与水平面平均夹角为 135°，标准差取 15°。

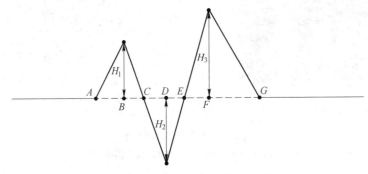

图 2-28　三角形节理抽象模型

　　节理分布按照端点分布的统计结果进行模拟，图 2-29 所示为三角形模型建立的三组节理网络模型，节理分段数也是与每组节理的平均长度成比例的，每组节理的不同节理的分段数是相同的。观察发现，部分节理迹线存在双峰值的现象。

图 2-29　三角形 RDFN 模型
（a）岩体实际节理；（b）三角形节理网络模型

C　矩形 RDFN 模型

　　在岩体受拉伸等地质作用力下，岩体内部还赋存一些矩形分布结构面（图 2-30（a）），为此也基于 Matlab 平台开发了随机矩形裂隙分布模型。对于矩形节理的模拟，仍采取三角形节理的思路，每一段较三角形节理多控制参数，如图 2-31 所示，同样采用分段拼接法，对于矩形节理要考虑两峰值点的距离（CD、FG），即台长（把波峰看做是节理上的凸起）。

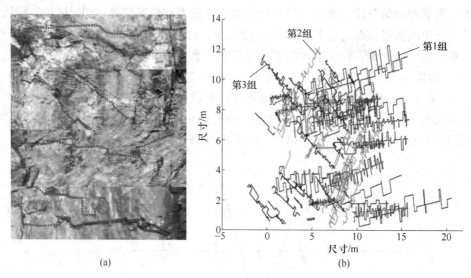

(a)　　　　　　　　　　　　　　(b)

图 2-30　矩形 RDFN 模型

（a）岩体实际节理；（b）矩形节理网络模型

实现思路为：采用随机峰值来模拟矩形凸起的幅度，在每条节理上仍采用均匀分段来模拟峰值，即在每条节理上按照均匀长度分布凸起。将每条节理均匀分段，在每一段中随机取波峰位置和波谷位置，同时随机取峰值和谷值。图 2-30（b）建立了三组矩形节理：

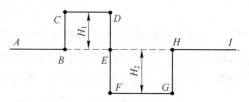

图 2-31　矩形节理模型建模原理

（1）第 1 组，迹长在 0~12m 内均匀分布，节理面密度为 0.3 条/m²，走向与水平面平均夹角 0°，标准差取 15°；

（2）第 2 组，迹长在 0~6m 内均匀分布，节理面密度为 0.3 条/m²，走向与水平面平均夹角 45°，标准差取 15°；

（3）第 3 组，迹长在 0~4m 内均匀分布，节理面密度为 0.3 条/m²，走向与水平面平均夹角为 135°，标准差取 15°。

节理矩形函数峰值是与迹长比例的随机数，比例因子为 0.1。节理分段数也是与每组节理的平均长度成比例的，每组节理的不同节理的分段数是相同的。为简单起见，节理分布按照端点分布的统计结果进行模拟，采用均匀分布方式。

D　分形 RDFN 模型

一般情况下，节理几何分布非常复杂，表现出很强的随机性，根据分形几何原理开展节理表面粗糙度统计与表征的方法目前受到学者关注与认可。分形 RDFN 模型根据 Hurst 指数法生成的随机分形曲线来表征自然节理轮廓线。Hurst 指数法是 Voss 于 1988 年提出的，给出了结构函数 S 和 Hurst 指数 H 之间的关系：

$$S(x) = Ax^{2H} \tag{2-55}$$

式中，结构函数 $S(x)$ 是沿 x 方向，从起点到终点，计算间距 x 前后两点高差平方的平均值；H 为 Hurst 指数；A 为振幅参数，等于测量间距为 1 时的结构函数值。

Odling（1994）介绍了一种使用 Hurst 指数的独立分割方法，步骤为：（1）初始剖面初始假设为直线；（2）随机点 P 分割该直线；（3）在 P 点两测，用等分距 Δx 等分直线；（4）在 Y 方向上，分割点两侧各等分点相对于前一等分点的偏移量为 $P(x)$，则有，

$$\begin{cases} P(x) = WRx^{H-0.5}, & x > 0 \\ P(x) = -WR\,|\,x\,|^{H-0.5}, & x < 0 \end{cases} \tag{2-56}$$

式中，$P(x)$ 为 Y 方向上各等分点相对于前一等分点的偏移量；x 为等分点到分割点 P 的距离；R 为正态分布随机变量（均值为 0，方差为 1）；W 为与振幅有关的参数；H 为 Hurst 指数。

根据 Odling（1999）的成果，取 Hurst 值为 0.6，这一指数对应的 JRC 值大约在 4~6 之间，W 取 0.0393。在这里，先将节理假定为一条直线，即为取迹长，然后用一随机点分割该直线，假定为均匀随机点。在该点两侧用等分距 dx 等分直线，该研究 dx 的取值与迹长有关。在 Y 方向上，采用分割点两侧各等分点相对前一等分点偏移量累加得 Y 值。选取如下三组节理建模：

（1）第 1 组，迹长在 0~12m 内均匀分布，节理面密度为 0.3 条/m²，走向与水平面平均夹角 0°，标准差取 15°；

（2）第 2 组，迹长在 0~6m 内均匀分布，节理面密度为 0.3 条/m²，走向与水平面平均夹角 45°，标准差取 15°；

（3）第 3 组，迹长在 0~4m 内均匀分布，节理面密度为 0.3 条/m²，走向与水平面平均夹角为 135°，标准差取 15°。

节理分布按照中心点分布的统计结果进行模拟，采用中心点均匀分布的普遍现象。模拟结果如图 2-32 所示。四种模型的几何控制参数见表 2-9。

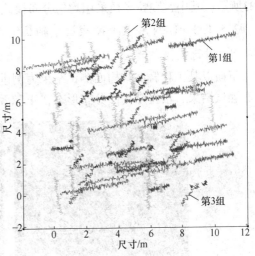

图 2-32　分形 RDFN 模型

表 2-9　不同节理类型几何控制参数

RDFN 类型	组别	密度 /m⁻¹	倾角/(°)			迹长/m			幅值 A/m	ω	φ	幅值长度（台长）/m
			类型	均值	方差	类型	均值	方差				
正弦型	1	0.3	均匀分布	0	15	均匀分布	6	1	0.5rand ()	1	0	0
	2	0.3	均匀分布	45	15	均匀分布	3	1	0.8rand ()	1	0	0
	3	0.3	均匀分布	135	15	均匀分布	2	1	0.8rand ()	1	0	0
三角形	1	0.3	均匀分布	0	15	均匀分布	6	1	—	—	—	0
	2	0.3	均匀分布	45	15	均匀分布	3	1	—	—	—	0
	3	0.3	均匀分布	135	15	均匀分布	2	1	—	—	—	0

续表 2-9

RDFN 类型	组别	密度 /m⁻¹	倾角/(°)			迹长/m			幅值 A/m	ω	φ	幅值长度（台长）/m
			类型	均值	方差	类型	均值	方差				
矩形	1	0.3	均匀分布	0	15	均匀分布	6	1	—	—	—	0.6rand（）
	2	0.3	均匀分布	45	15	均匀分布	3	1	—	—	—	0.3rand（）
	3	0.3	均匀分布	135	15	均匀分布	2	1	—	—	—	0.2rand（）
分形	1	0.3	均匀分布	0	15	均匀分布	6	1	—	—	—	0
	2	0.3	均匀分布	45	15	均匀分布	3	1	—	—	—	0
	3	0.3	均匀分布	135	15	均匀分布	2	1	—	—	—	0

注：函数 rand（）为 [0, 1] 分布的随机种子数生成器。

2.5.1.2 基于数字图像的颗粒流 PFC 模型

采用图像识别及颗粒流建模方法，建立了四种 RDFN 模型的颗粒流计算模型，如图 2-33 所示，其中，颗粒半径采用均匀分布模式。

2.5.1.3 DFN 和 RDFN 模型单轴压缩数值试验

A 对比模型的建立

下面以某工程岩体结构面测试结果为例进行研究。图 2-34（a）所示为某巷道内部结构面测试结果，根据结构面分布形态，正弦型节理分布（$y = A\sin(\omega x + \varphi)$）规律如下：

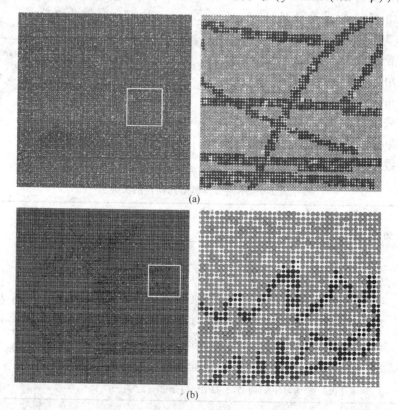

(a)

(b)

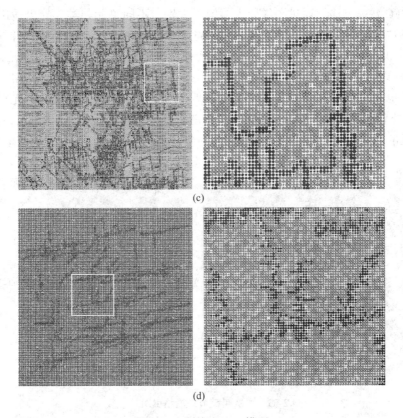

(c)

(d)

图 2-33 颗粒流 PFC 模型

(a) 正弦型 PFC 模型; (b) 三角形 PFC 模型; (c) 矩形 PFC 模型; (d) 分形 PFC 模型

（1）第一组节理 A_1 取值 0.5，倾角 45°，迹长为 3m；

（2）第二组节理 A_2 取值 0.8，倾角 105°，迹长约 2m。

两组节理模型的 ω 取 1，φ 取 0。建立的离散粗糙结构面网络模型如图 2-34（b）所示。

(a)   (b)

图 2-34 现场结构面调查及生成的 RDFN 模型

(a) 现场岩体结构面分布形态; (b) 基于 Matlab 生成 RDFN 模型

前文得到了 RDFN 模型的数字图像，采用 Matlab 方法进一步建立了基于数字图像识别技术的 PFC 建模方法。通过图像导入、像素识别、不同单元归类，导出适用于 PFC 模型建模及参数赋值的文件，最终将图 2-34（b）中 RDFN 图像节理进行识别并导入 PFC 程序。模型如图 2-35 所示。其中单元（1）代表基岩，单元（2）代表节理单元。图像的分辨率对节理厚度存在一定影响，分辨率越高，得到的 RDFN 颗粒流模型越精细，对计算机的计算要求也相应的越高。需要指出的是，尽管颗粒流 PFC 方法提供了光滑节理模型 SJM，但在处理这种粗糙节理时，SJM 模型不能很好地处理曲线节理，因此，可以采用折减节理单元的力学性质来实现模拟节理岩体力学行为的方法。

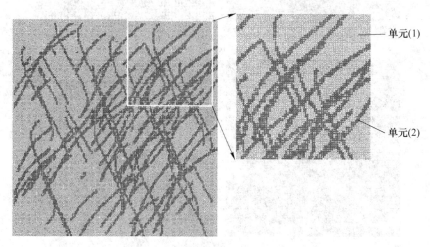

图 2-35　离散粗糙节理网络 RDFN 模型

为了便于对比，根据相同的样本建立了直线型 DFN 模型（图 2-36）。针对两组 RDFN 和 DFN 模型，分别开展单轴压缩数值试验，以分析节理几何形态对其力学特性的影响规律。文献 [14] 采用 PFC 方法中的接触黏结模型 CBM 开展单轴压缩数值模拟，表 2-10 为相关力学参数，节理单元强度为岩石单元的 5%。需要指出的是，节理单元与非节理单元的接触面强度存在一定的界面效应，此处并未考虑这种效应，而是采取了保守的方法，即接触面的细观参数按照弱单元（节理单元）的细观力学参数赋值。

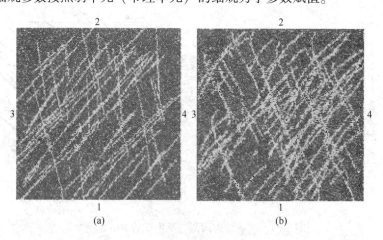

图 2-36　单轴压缩数值试验模型

（a）直线型随机节理模型 DFN；（b）粗糙节理模型 RDFN

表 2-10 岩石单元及节理单元细观力学参数

细观参数	岩石单元	节理单元
最小颗粒半径 R_{min}/m	0.017	0.017
颗粒半径比值 R_{max}/R_{min}	1.66	1.66
直线型 DFN 模型颗粒集合数目	26175	6225
粗糙型 RDFN 模型颗粒集合数目	22966	9434
颗粒接触模量/GPa	75	60
法向/切向刚度比值 k_n/k_s	1.5	1.5
摩擦系数	0.5	0.3
法向接触强度/Pa	50×10^6	2.5×10^6
切向接触强度/Pa	50×10^6	2.5×10^6

B 结果分析与讨论

粗糙型 RDFN 模型与直线型 DFN 模型的单轴压缩应力-应变曲线结果如图 2-37 所示。结果表明，RDFN 模型的峰值强度略高于直线型 DFN 模型，峰值应变相对较高；直线型 DFN 模型的弹性模量高于粗糙性 RDFN 模型，残余强度高于 RDFN 模型。由于加载过程中，材料内部一直伴随着晶格断裂、裂隙闭合、孔隙塌陷等过程，因此，弹性模量是个相对概念，不同加载阶段弹性模量值是个波动值。本次单轴压缩数值试验采用位移控制加载方式，因此，不同时步也同时表征了不同的试件变形（应变）条件。一般地，时步越小，弹性模量更接近当前试件的抵抗变形能力；时步越大，弹性模量更接近模型的平均抵抗变形能力。

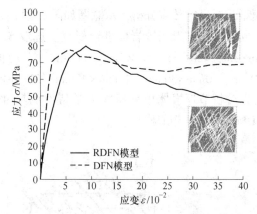

图 2-37 不同类型节理模型应力-应变曲线对比结果

2.5.2 基于 3D 打印的结构面表征及节理岩体力学特性

随着岩土勘察手段的进步和岩石力学问题研究的不断深入，学者们逐渐认识到在地质环境和工程扰动作用下，节理间的扩展、相互贯通是工程岩体的主要破坏方式。因此，精细地表征岩体结构面几何形态、粗糙度、研究裂隙岩体力学特性对工程开挖和稳定性分析具有重要意义。

随着 3D 打印技术的兴起和进步，"任意材质、任意部分、任意数量、任意位置和任意领域"打印的优势，使得复杂结构的实体建模逐渐成为可能。谢和平等（2015）在针对深部岩体力学问题研究时指出，基于 3D 打印技术等可视化研究手段，再现裂隙岩体开挖扰动下应力变化、裂隙演化、失稳等力学行为和过程，可以促进深部岩体力学研究方法的进步。熊祖强等学者（2015）借助 3D 打印技术，制作了一批相同结构面形态的岩石试样并开展了剪切试验，测试结果表明制作的剪切样本结果一致性较好，结果离散性小。研究表明通过采用3D打印技术将离散裂隙网络模型进行实体重构，然后建立一批适用于室内相似模拟实验的模型，可以为复杂裂隙岩体力学行为的室内实验研究提供有效的方法。

本节介绍一种裂隙岩体数字建模、3D打印样本和室内试验的方法。即采用3D打印技术制备裂隙网络物理试验模型，模型包括几种不同样本尺寸的传统直线节理DFN和粗糙节理RDFN模型，依次开展单轴压缩试验，从物理试验角度研究裂隙岩体模型的抗压力学特性的尺寸效应特征；重点分析RDFN模型和DFN模型在单轴压缩条件下的力学差异性，研究节理粗糙特性对单轴压缩力学特性的影响规律。

2.5.2.1 数字化裂隙模型建立

采用3D打印技术开展裂隙网络样本制作，首先需要提取裂隙几何信息，在此基础上开展裂隙网络3D重构和模型3D打印制备。王培涛等建立了考虑节理粗糙性的离散裂隙网络RDFN模型，并与直线型裂隙网络DFN模型开展了单轴压缩力学特性对比研究，数值结果表明节理粗糙性对岩体模型单轴压缩力学特性的影响显著。本节基于已有模型进一步开展3D打印和单轴压缩力学特性室内试验分析。基于粗糙离散裂隙网络RDFN和DFN模型开展尺寸效应分析，示意图如图2-38所示，基于某固定中心点选取等边长不同尺寸、不同方向正方形区域岩体进行研究。选取5个正方形岩样区域，边长分别为$l = 2m \times 2m$、$3m \times 3m$、$4m \times 4m$、$5m \times 5m$、$6m \times 6m$。对应的室内试验相似模型的尺寸分别为20mm×20mm、30mm×30mm、40mm×40mm、50mm×50mm、60mm×60mm。通过增加样本尺寸，可以分析节理岩体单轴压缩力学特性的尺寸效应特征。图2-39所示为不同尺度情况下RDFN和DFN相似模型。

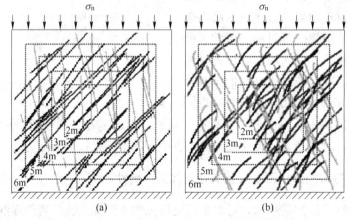

图2-38 剪切力学特性尺寸效应示意图

(a) DFN模型；(b) RDFN模型

3D裂隙模型建立步骤如下：

（1）基于裂隙网络模型图像的AutoCAD二维重建，将直线图像进行线条识别、加宽，重建得到二维平面裂隙平面模型（图2-40）。

（2）采用"Region"命令生成裂隙面域，之后采用"extrude"命令将这些裂隙面域进行拉伸，拉伸高度为20mm，得到三维裂隙网络模型如图2-41所示。

（3）以节理网络模型中心为中心，采用"slide"命令进行截取，获得尺寸分别为20mm×20mm、30mm×30mm、40mm×40mm、50mm×50mm、60mm×60mm共计5个模型，

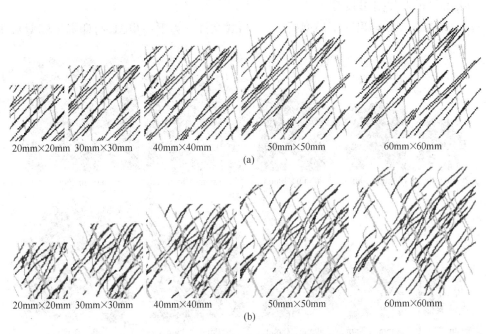

图 2-39 不同尺寸下裂隙网络模型

（a）DFN 模型；（b）RDFN 模型

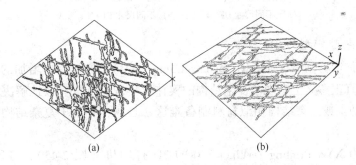

图 2-40 二维下裂隙网络模型

（a）二维 RDFN 模型；（b）二维 DFN 模型

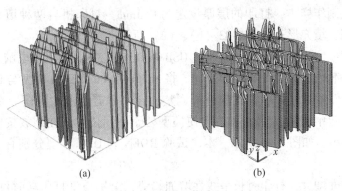

图 2-41 三维 RDFN 模型

（a）DFN 模型；（b）RDFN 模型

DFN 和 RDFN 模型如图 2-42 所示。

（4）由 AutoCAD 输出各个模型的 ∗.stl 格式文件，为下一步 3D 打印提供模型基础。

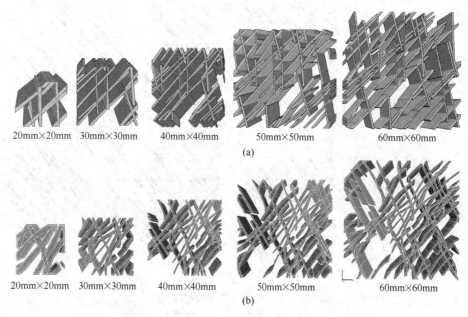

20mm×20mm　30mm×30mm　40mm×40mm　50mm×50mm　60mm×60mm

(a)

20mm×20mm　30mm×30mm　40mm×40mm　50mm×50mm　60mm×60mm

(b)

图 2-42　不同尺寸裂隙网络三维数字模型

（a）不同尺寸 DFN 模型；（b）不同尺寸 RDFN 模型

2.5.2.2　裂隙模型的 3D 打印

3D 打印又称增材制造（additive manufacturing，AM），通过逐层增加的方式打印三维实体。3D 打印真正意义上实现了复杂结构的实体化再现，可以有效地解决室内岩石（岩体）特殊结构加工或复杂结构相似材料制备难这一难题，有利于复杂结构建模手段等的标准化。

采用型号为 XYZ Printing DaVinci 3.0 的 3D 打印机（图 2-43），打印机喷头直径 0.4mm，打印精度 0.1mm，可打印模型的最大尺寸为 200mm×200mm×190mm（长×宽×高）。打印方式为熔融堆积，采用 PLA（聚乳酸）高分子塑料作为打印材料，通过分层、熔融堆叠的方式制作样本，打印的层厚设定为 0.3mm。打印机有两种填充方式，即交织填充和蜂巢填充，填充形态如图 2-43（b）、（c）所示。

节理裂隙模型的打印过程如下：通过 USB 串口连接 3D 打印机与电脑，并在电脑上安装 XYZWare Pro 软件，即可传送打印文件。将 ∗.stl 格式的 RDFN 模型与 DFN 模型导入到 XYZWare Pro 软件中对其大小和比例进行调整，导入后需点击"降落"命令，防止打印悬空，在移动按钮中调整 X、Y、Z 位置使模型处于中间位置，在缩放按钮中调整 X、Y、Z 值改变模型大小，如图 2-44 所示。本次试验 RDFN 和 DFN 模型分别有五种尺寸，如图 2-42 所示。

随着样本尺寸增大，打印时长呈线性增加趋势，个别模型打印耗时可达 3h 左右。根据 Jiang 和 Zhao（2015）和江权等（2016）的研究结果，PLA 材料（50%填充率）的单轴抗压强度约 31MPa 左右，弹性模量约 1.39GPa，泊松比 0.203。此次裂隙模型填充率为 0，

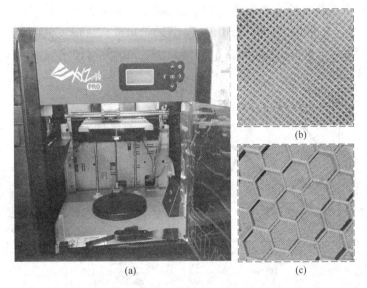

图 2-43　XYZ Printing DaVinci 型号 3D 打印机

（a）XYZ Printing DaVinci 3D 打印机；（b）交织填充；（c）蜂巢填充

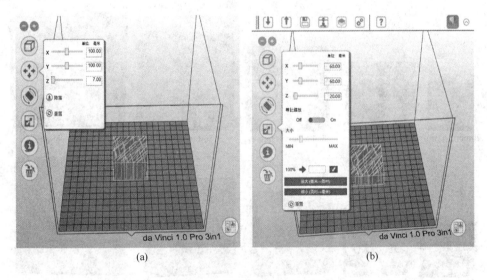

图 2-44　导入节理裂隙 CAD 模型

（a）打印模型位置调整；（b）打印模型大小设置

经初步测试，裂隙模型（30mm×30mm）基本无承压能力（在压力机误差范围内，无法测出实际抗压强度），故裂隙模型自身抗压强度对节理岩体相似模型强度的影响暂不予讨论。

2.5.2.3　裂隙岩体相似模型制备

裂隙模型打印出来后，将进一步制作裂隙岩体相似模型。制备方案如下：

（1）选用硫铝酸盐的快硬水泥浇注模型，水灰比约 55%，养护时间为 72h（依规范此时抗压强度 50~70MPa）；（2）采用 3D 打印技术打印外尺寸模具，为了保证节理充分和水泥接触并且在水泥内部，略微扩充水泥的外部尺寸，即按照节理尺寸的 1/10 扩大，如 20mm×20mm 节理样本的浇筑尺寸为 24mm×24mm，如图 2-45（a）所示；（3）样本尺寸数字建模尺寸，分别为 RDFN 和 DFN 模型的 20mm×20mm、30mm×30mm、40mm×40mm、50mm×50mm、60mm×60mm 尺寸的模型。本次试验每种模型不同尺寸均制备三组模型，共制作 45 个试件。

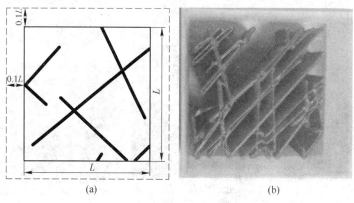

(a)　　　　　　　　　　　　(b)

图 2-45　模具设计方案

模型浇注后，养护时间约 72h，养护拆模后物理模型如图 2-46 所示。观察浇注模型，

(a)

(b)

(c)

图 2-46　不同尺寸试样室内试验模型

（a）RDFN 模型；（b）DFN 模型；（c）实心岩石模型

局部密集裂隙区域切割形成了尺寸较小的孔洞，由于尺寸较小，水泥并未完全充满，可能会对局部模型的抗压力学特性造成影响，在后续试验中应尽可能使水泥充满整个裂隙网络。为对比裂隙网络对岩体单轴压缩力学特性的影响规律，同时浇注了相应尺寸的实心岩石模型，如图 2-46（c）所示。

2.5.2.4 实验与分析

在 GAW-2000 型微机控制电液伺服刚性试验机上，采用轴向荷载控制加载方式，加载速率为 10kN/min，分别针对建立的不同尺寸下的 RDFN、DFN 和实心模型，开展单轴压缩试验，一方面从物理试验角度研究裂隙岩体模型的抗压力学特性的尺寸效应特征；另一方面，对比验证 RDFN 模型和 DFN 模型在单轴压缩条件下的力学差异性，分析物理试验条件下的考虑节理粗糙特性后单轴压缩力学特性的影响规律。

对于 40mm×40mm 实心试件的单轴抗压强度，其平均强度值确实低于 RDFN 模型，而高于 DFN 模型。如图 2-47 所示为三种模型该尺寸下各试件的应力-应变曲线试验结果。每组模型均建立了 3 个试验模型，对于实心试件，编号为试件 2 和试件 3 的强度相对较高，而试件 1 的强度明显较低，仅 4.09MPa，导致最终模型的平均抗压强度值较低。图 2-48 列出了各个试件的破坏模式，观察发现，完整试件的试件 1 从端部发生破坏，最终破坏呈现剪切破坏模式，而其他两组主要呈现劈裂破坏形式，这可能是造成试件 1 强度相对较低的原因之一。

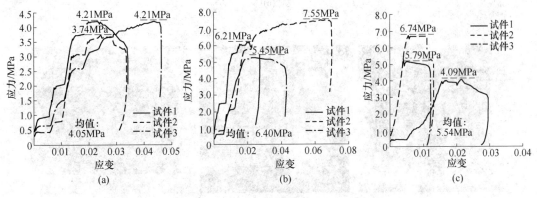

图 2-47 尺寸为 40mm×40mm 各组试件的应力-应变曲线对比分析
（a）DFN 试件；（b）RDFN 试件；（c）实心试件

图 2-49 所示为不同试验模型各尺寸情况下的最终破坏模式。当模型尺寸为 20mm 时，DFN 模型表现为沿节理面的直线型压剪破坏，RDFN 模型主要表现为加载方向上局部沿节理表面的剥落和岩石压剪破坏，而实心试件为劈裂破坏；随着模型尺寸增大，含裂隙模型破坏主要从节理接触界面开裂、扩展，RDFN 模型较 DFN 模型破坏模式较复杂，实心模型主要出现劈裂破坏（如 20mm、30mm 或 40mm）和压剪破坏（如 50mm 或 60mm）两种模式。

由图 2-49 可见，当模型尺寸为 50mm 或 60mm 时，DFN 模型和 RDFN 模型破坏模式主要表现为模型两边的岩石沿节理剥落，而实心试件主要表现为宏观压剪破坏。如图 2-50（a）、（b）所示，取尺寸为 60mm×60mm 破坏模式为讨论对象，直线型 DFN 模型的破坏主要是沿着节理的剥裂，而 RDFN 模型由于节理粗糙起伏，裂缝起裂后并未沿节理继续扩

图 2-48   尺寸 40mm×40mm 各类试件破坏模式

（a）实心试件破坏模式（由左至右试件 1、试件 2、试件 3）；（b）DFN 试件破坏模式（3 组样品）；

（c）RDFN 试件破坏模式（3 组样品）

展，而是呈现更加复杂的破坏模式，即一方面节理开裂但未贯通，另一方面沿节理方向基岩发生剪切啮合，实心模型单轴压缩下主要为压剪破坏，失稳后可以观测到宏观剪切破坏贯通裂纹。与图 2-50（c）、（d）离散元 PFC 数值模拟结果对比发现，直线型 DFN 模型破坏多沿节理方向萌生、扩展，且破坏后大块成块显著；粗糙性节理岩体 RDFN 模型由于节理粗糙，基质岩石单元在荷载过程中仍为主要承载单元，达到峰值强度后基岩发生显著破坏，室内试验得到的破坏模式与数值模拟相近。

将 PLA 裂隙网络置于水泥中，在压缩过程中会对裂隙岩体的抗压特性产生一定影响，下面针对这一影响展开讨论。如图 2-51、图 2-52 所示为两个典型的破坏模式，即前文所

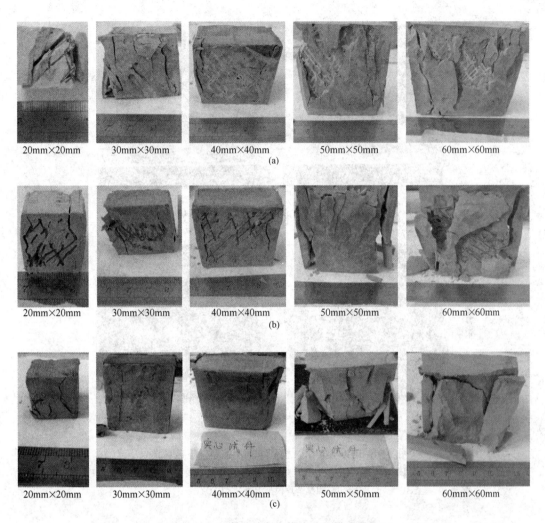

图 2-49　不同尺寸各类模型破坏模式对比
(a) DFN 模型；(b) RDFN 模型；(c) 实心模型

提的沿节理面剪切滑移和节理节点的断裂破坏，由于节理本身具有一定的刚度和强度，因此，本节研究的节理岩体的节理类型不同于常见的张开或构造作用下形成的裂隙类型（图 2-53（a）），而是接近于工程中的充填型节理（图 2-53（b）），该节理网络对岩体的整体抗压强度会存在一定影响。

图 2-54（a）所示为采用 PLA 材质打印得到的裂隙网络，模型主要由内部若干节理交叉点支撑，压缩时会发生节理间的交叉点闭合或张开，而各交叉点强度相对较低，因此，初步判断该节理模型不抗压。严格来讲，在开展浇注节理模型单轴压缩试验前，应对 3D 打印的 PLA 材质裂隙网络的强度进行测定，但由于该网络模型的低承压性，采用 GAW-2000 型试验机无法测到承压荷载（在压力机误差波动范围内）。图 2-54（b）、(c) 所示分别为压缩至失稳和完全破坏后的模型，观察发现，PLA 裂隙网络在压缩中对水泥基质有一定的支撑作用，尤其对内部填充水泥具有一定的约束作用，但随着压缩进行，节理交叉点发生破坏，PLA 网络失去承载能力，节理模型发生失稳；随着加载继续进行，裂隙

(a)   (b)

(c)   (d)

图 2-50　RDFN 与 DFN 模型单轴压缩条件下破坏结果

（a）直线型随机节理模型；（b）粗糙节理模型 RDFN；（c）直线型随机节理模型（PFC）；
（d）粗糙节理模型 RDFN（PFC）

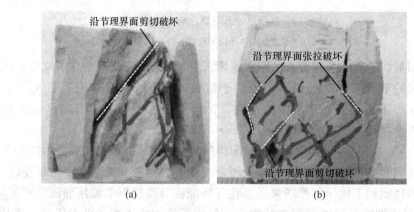

(a)   (b)

图 2-51　沿节理网络界面剪切破坏模式

网络节点陆续破坏，模型完全失稳破碎（图 2-54（c））。这说明在单轴压缩力学特性方面，裂隙网络对裂隙岩体的主要影响在于网络节点间的黏结强度，这些节点的强度相对较低（人工即可压缩至破碎），因此，浇注模型的强度主要取决于水泥强度和裂隙网络的结构分布，裂隙网络抗压强度对裂隙岩体的影响作用可以暂不考虑。

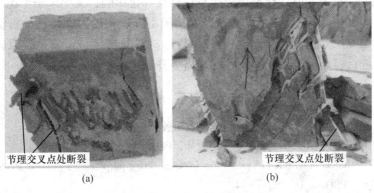

节理交叉点处断裂　　　　　　　　　节理交叉点处断裂

(a)　　　　　　　　　　　(b)

图 2-52　沿节理交叉点的断裂破坏

(a)　　　　　　　　　　　(b)

图 2-53　不同节理类型岩体表面

（a）张开型裂隙；（b）充填型裂隙

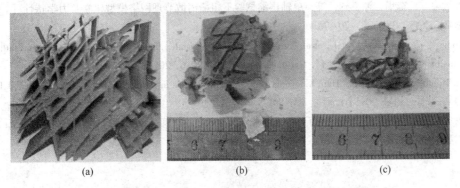

(a)　　　　　　　(b)　　　　　　(c)

图 2-54　基于 3D 打印的 PLA 裂隙网络模型及试验结果

（a）PLA 裂隙网络模型；（b）压缩至失稳模型；（c）压缩至完全破坏模型

本节采用 3D 打印技术开展了裂隙岩体力学特性相似试验的初步探索，存在以下不足：

（1）试验的节理裂隙模型是将生成二维平面后经过空间直接纵向拉伸得到，天然岩体内部裂隙网络在空间上呈现更复杂的分布，由于打印机识别和切片软件精度的限制，并未建立复杂的空间裂隙模型，有待后续研究。

（2）由于打印机精度限制，制备的裂隙网络存在一定厚度，因此打印的裂隙模型本

　　身有一定的强度，对于岩体试样整体受压特性存在一定影响，文中未予考虑。

　　可以预见，采用 3D 打印技术制作裂隙实体模型开展室内力学特性分析将是未来的研究热点，如何建立尺寸适宜的实体模型、3D 打印材料及精度是否满足裂隙岩体建模和室内实验、如何进行打印模型优化等问题，均需要开展进一步的研究。

参 考 文 献

[1] 唐辉明. 工程地质学基础 [M]. 北京：化学工业出版社，2008.

[2] 孙广忠. 岩体结构力学 [M]. 北京：科学出版社，1988.

[3] DEERE D U. Technical description of rock cores for engineering purposes [J]. Rock Mechanics and Engineering Geology, 1964, 1（Ⅰ）：17~22.

[4] 武汉地质大学，等. 构造地质学 [M]. 北京：地质出版社，1979.

[5] 夏才初，孙宗颀. 工程岩体节理力学 [M]. 上海：同济大学出版社，2002.

[6] 谷德振. 岩体工程地质力学基础 [M]. 北京：科学出版社，1979.

[7] 贾洪彪，唐辉明，刘佑荣，等. 岩体结构面三维网络模拟理论与工程应用 [M]. 北京：科学出版社，2008.

[8] 吴琼. 复杂节理岩体力学参数尺寸效应及工程应用研究 [D]. 武汉：中国地质大学，2013.

[9] 奥地利 Startup 公司. ShapeMetriX3D 系统使用手册 [M]. 沈阳：欧美大地仪器设备中国有限公司，2008.

[10] Tan Wenhui, Wu Yangfan, Wang Junfeng, et al. Determination on Mechanical Parameters of Rock Mass using Fracture Tensors [C]. Proceedings of the 2nd International Conference on Civil Engineering and Rock Engineering (ICCERE 2017), Guangzhou, China, 253~260.

[11] Kulatilake P H S W, Ucpirti H, Wang S, et al. Use of the distinct element method to performstress analysis in rock with non-persistent joints and to study the effect of joint geometryparameters on the strength and deformability of rock masses [J]. Rock Mechanics and Rock Engineering, 1992, 25 (4)：253~274.

[12] 李宁. 岩体结构面三维网络模拟及表征单元体 REV 的研究 [D]. 北京：北京科技大学，2013.

[13] 王培涛，任奋华，谭文辉，等. 单轴压缩试验下粗糙离散节理网络模型建立及力学特性 [J]. 岩土力学，2017，38（S1）70~78.

[14] Wang P T, Yang T H, Xu T, et al. Numerical analysis on scale effect of elasticity, strength and failure patterns of jointed rock masses [J]. Geosciences Journal, 2016, 20 (4)：539~549.

[15] Lu Bingheng, Li Dichen, Tian Xiaoyong. Development Trends in Additive Manufacturing and 3D Printing [J]. Engineering, 2015, 1 (1)：85~89.

[16] 王培涛，刘雨，章亮，等. 基于 3D 打印技术的裂隙岩体单轴压缩特性试验初探 [J]. 岩石力学与工程学报，2018，37（2）：364~373.

3 地应力及其研究进展

3.1 研究地应力的意义及人类对地应力的认识过程

3.1.1 地应力在岩土工程中的意义

未受到任何工程扰动影响而处于自然平衡状态的岩体称为原岩，原岩中存在的应力称为原岩应力，又称初始应力或地应力。因此，地应力是存在于地层中的未受工程扰动的天然应力。原岩应力在岩体空间有规律的分布状态称为原岩应力场或初始应力场。岩体的原岩应力是引起采矿、水利水电、土木建筑、铁道、公路、军事和其他各种地下或露天岩石开挖工程变形和破坏的根本作用力，原岩应力状态与工程岩体力学属性、围岩稳定性密切相关，是实现岩石工程开挖设计和决策科学化的必要前提条件。

地应力决定了岩土工程特别是地下工程几乎所有的边界条件和地下工程实施的初始条件；是一切计算、试验分析的前提和基础。不了解地应力状况的地下工程设计，只能是盲目的设计。自然界岩体条件决定了原岩应力状况的复杂性，目前对地应力的大小和分布规律的研究虽然有了一定的进展，但还不够完善。对地应力状况的研究，必须以现场测量为依据，因此，本章在介绍地应力规律和研究进展的同时，将介绍岩体应力测量的最新进展。

3.1.2 人类对地应力的认识过程

1912 年，瑞士地质学家 A. Heim 首次提出地应力的概念，并假定地应力是一种静水压力状态，即地壳中任何一点的应力在各个方向相等，并且等于该点上覆岩层产生的压强

$$\sigma_h = \sigma_v = \gamma H \tag{3-1}$$

式中，σ_h 为水平应力；σ_v 为垂直应力；γ 为上覆岩层容重；H 为深度。

1926 年，苏联学者金尼克修正了 A. Heim 的静水压力的假定，认为垂直应力可以等于上覆岩层的重量，而侧向应力（水平应力）应该是泊松效应的结果，它的值应该等于 γH 乘以一个修正系数 λ，λ 称为侧压系数，根据弹性力学理论，他认为 $\lambda = \nu / (1 - \nu)$，如果 $\sigma_v = \gamma H$，则：

$$\sigma_h = \lambda \sigma_v = \lambda \gamma H = \frac{\nu}{1 - \nu} \gamma H \tag{3-2}$$

式中，ν 为上覆岩层的泊松比。

李四光曾在 20 世纪 20 年代根据许多地质现象提出："在构造应力的作用仅影响地壳上层一定厚度的情况下，水平应力分量的重要性远远超过垂直应力分量。"

20 世纪 50 年代，瑞典的 N. Hast 在 Scandinavia 半岛进行了大量的地应力测量工作，

发现地壳上层最大主应力大部分是水平或接近水平的，最大水平应力的值一般为垂直应力的 1~2 倍，甚至更高。在某些地表处测得的水平地应力达到 7MPa。这个结果从根本上动摇了地应力是静水压力的理论，以及地应力以垂直应力为主的观点。

后来的进一步研究表明，重力作用和构造运动是引起地应力的主要原因，其中尤以水平方向的构造运动对地应力的形成影响最大。当前的应力状态主要由最近一次的构造运动所控制，但也与历史上的构造运动有关。由于亿万年来地球经历了无数次大大小小的构造运动，各次构造运动的应力场也经过多次的叠加、牵引和改造；另外，地应力场还受到其他多种因素的影响，因而造成了地应力状态的复杂性和多变性。即使在同一工程区域，不同点地应力的状态也可能是很不相同的，因此，地应力的大小和方向不可能通过数学计算或模型分析的方法来获得。要了解一个地区的地应力状态，唯一的方法就是进行地应力测量。

3.2　地应力的成因及分布规律

3.2.1　地应力的成因

产生地应力的原因十分复杂，至今尚不十分清楚。多年的实测和理论分析表明，地应力的形成主要与地球的各种动力运动过程有关，其中包括地心引力、板块边界受压、地幔热对流、地球内应力、地球旋转、岩浆侵入和地壳非均匀扩容等。另外，温度不均、水压梯度、地表剥蚀或其他物理化学变化等也可引起相应的应力场。这些因素中，起主导作用、最基本的因素是岩体自重和构造运动，构造应力场和重力应力场为现今地应力场的主要组成部分。

3.2.1.1　地心引力引起的地应力

由地心引力引起的应力场称为自重应力场。自重应力场是各种应力场中唯一能够计算的应力场。地壳中任一点的自重应力等于单位面积的上覆岩层的重量。

岩体自重应力的特点：（1）水平应力 σ_x、σ_y 小于垂直应力 σ_z；（2）σ_x、σ_y、σ_z 均为压应力；（3）σ_z 只与岩体密度和深度有关，而 σ_x、σ_y 还同时与岩体弹性常数 E、ν 有关；（4）结构面影响岩体自重应力分布。

重力应力为垂直方向应力，它是地壳中所有各点垂直应力的主要组成部分。但是垂直应力一般并不完全等于自重应力，因为板块移动、岩浆对流和侵入、岩体非均匀扩容、温度不均和水压梯度均会引起垂直方向应力变化。

设岩体为半无限均质体，地面为水平面，距地表深度 H 处有一单元体，其上作用的应力为 σ_x、σ_y、σ_z，形成岩体单元的自重应力状态（图 3-1），垂直应力 σ_z 为单元体上覆岩体的重量，即：

$$\sigma_z = \gamma H \tag{3-3}$$

侧压力：

$$\sigma_x = \sigma_y = \lambda \sigma_z \tag{3-4}$$

式中，γ 为上覆岩体的重度，kN/m^3；H 为岩体单元的埋置深度，m；λ 为侧压力系数。

λ 的取值有 4 种可能：

（1）假定岩体处于弹性状态，由广义胡克定律：

$$\begin{cases} \varepsilon_x = \dfrac{1}{E}[\sigma_x - \nu(\sigma_y + \sigma_z)] = 0 \\[2mm] \varepsilon_y = \dfrac{1}{E}[\sigma_y - \nu(\sigma_x + \sigma_z)] = 0 \end{cases} \tag{3-5}$$

联立后可得：

$$\sigma_x = \sigma_y = \frac{\nu}{1-\nu}\sigma_z \tag{3-6}$$

所以：

$$\lambda = \frac{\nu}{1-\nu} \tag{3-7}$$

岩体由不同性质岩层组成时（图 3-2），第 j 层底面应力：

$$\sigma_{zj} = \sum_{i=1}^{j} \gamma_i h_i \tag{3-8}$$

$$\sigma_{xj} = \sigma_{yj} = \lambda_j \sigma_{zj} \tag{3-9}$$

$$\lambda_j = \frac{\nu_j}{1-\nu_j} \tag{3-10}$$

第 n 层底面应力：

$$\sigma_z = \sum_{i=1}^{n} \gamma_i h_i, \quad \sigma_x = \sigma_y = \lambda_n \sigma_z \tag{3-11}$$

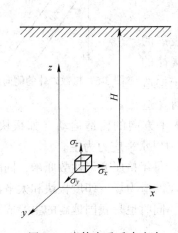
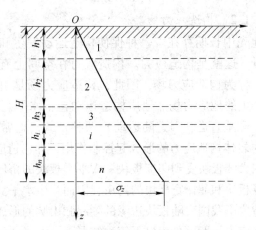

图 3-1 岩体自重垂直应力   图 3-2 多层岩体自重应力计算

（2）Heim 假设（塑性状态）。在地壳浅部，可认为岩体处于弹性状态，$\nu = 0.20 \sim 0.30$，在深部，岩体转入塑性状态，$\nu = 0.50$，$\lambda = 1$，则有：

$$\sigma_x = \sigma_y = \sigma_z = \gamma z \tag{3-12}$$

各向等压的应力状态，又称为静水压力状态（著名的海姆假设）。

（3）岩体为理想松散介质（$c = 0$，风化带、断层带）。由极限平衡定理得（图 3-3）：

$$\sin\varphi = \frac{\sigma_z - \sigma_x}{\sigma_x + \sigma_z} \tag{3-13}$$

即　　　　　　　　　　　　$(1 + \sin\varphi)\sigma_x = \sigma_z(1 - \sin\varphi)$

故：

$$\lambda = \frac{\sigma_x}{\sigma_z} = \frac{1 - \sin\varphi}{1 + \sin\varphi} \tag{3-14}$$

（4）当松散介质有一定黏聚力时（$c>0$）。图3-4所示是一般松散介质的应力-剪力图，其侧压力为：

$$\sigma_x = \gamma H \frac{1 - \sin\varphi}{1 + \sin\varphi} - \frac{2c\cos\varphi}{1 + \sin\varphi} \tag{3-15}$$

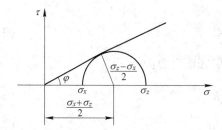
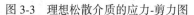

图3-3　理想松散介质的应力-剪力图

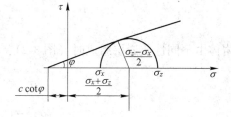

图3-4　一般松散介质的应力-剪力图

当 $\sigma_x < 0$，说明无侧压力；令 $\sigma_x = 0$，则无侧压力深度（图3-5）：

$$H_O = \frac{2c\cos\varphi}{\gamma(1 - \sin\varphi)} \tag{3-16}$$

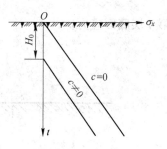

图3-5　松散岩体的侧向应力

3.2.1.2　构造应力场

在地壳中长期存在着一种促使构造运动发生和发展的内在力量，这就是构造应力。构造应力在空间上有规律的分布状态称为构造应力场，因此，构造应力场是由于构造运动而产生的地应力场。地质构造运动包括水平运动（造山运动）和垂直运动（造陆运动）两种形式。通常水平方向的构造运动（如板块移动、碰撞）对岩体构造应力的形成起控制作用，即构造应力以水平应力为主。

中国大陆板块受到印度板块和太平洋板块的挤压，每年挤压变形达数厘米，同时受到西伯利亚板块和菲律宾板块的约束，因而产生水平受压的应力场。印度板块和太平洋板块的挤压造成了我国大陆板块边缘的隆起和山脉的形成，同时也是我国地震的主要成因。

构造应力一般可分为以下三种情况：

（1）原始构造应力。原始构造应力场的方向可以应用地质力学的方法判断，因为每一次构造运动会留下构造形迹，如褶皱、断层等，而构造形迹与形成时期的应力方向有一定的关系，根据各构造的力学性质可以判断原始构造应力的方向。

（2）残余构造应力。经过显著降低的原始构造应力称为残余构造应力。

（3）现代构造应力。现代构造应力是现今正在形成某种构造体系和构造形式的应力，也是导致当今地震和最新地壳变形的应力。地震本身是新构造运动的一种表现，构造应力场与地震活动带密切相关，因此，在地下工程选址时应尽量避开这些地带。

3.2.1.3 地幔热对流引起的地应力

由硅镁质组成的地幔因温度很高而具有可塑性，并可以上下对流和蠕动。当地幔深处的上升流到达地幔顶部时，分为二股方向相反的平流，经一定流程直到与另一对流圈的反向平流相遇，一起转为下降流，回到地球深处，形成一个封闭的循环体系（图3-6）。

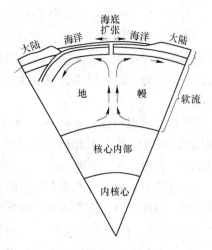

图 3-6 地幔热对流

地幔热对流引起地壳下面的水平切向应力，在亚洲形成由孟加拉湾一直延伸到贝加尔湖的最低重力槽，它是一个有拉伸特点的带状区（图3-7）。我国从西昌、渡口到昆明的裂谷正位于这一地区。该裂谷区有一个以西藏中部为中心的上升流的大对流环，在华北-山西地堑有一个下降流，由于地幔物质的下降，引起很大的水平挤压应力。

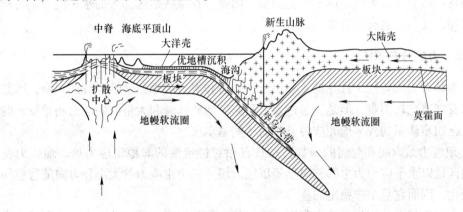

图 3-7 地幔热对流（碰撞、俯冲、海岸）

3.2.1.4 岩浆入侵引起的地应力

岩浆侵入挤压、冷凝收缩和成岩（图3-8），均会在周围地层中产生相应的应力场，其过程相当复杂。熔融状态的岩浆处于静水压力状态，对其周围施加的是各个方向相等的均匀压力；但是炽热的岩浆侵入后即逐渐冷凝收缩，并从接触界面处逐渐向内部发展。不同的热膨胀系数及热力学过程会使侵入岩浆自身及其周围岩体应力产生复杂的变化过程。由岩浆入侵引起的应力场是一种局部应力场。

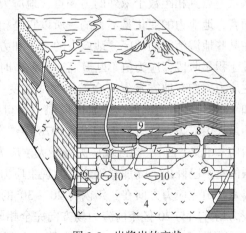

图 3-8 岩浆岩的产状
1—火山锥；2—熔岩流；3—熔岩被；4—岩基；5—岩株；
6—岩壤；7—岩床；8—岩盘；9—岩盆；10—捕房体

3.2.1.5　地温梯度引起的地应力

地层的温度随着深度增加而升高，一般温度梯度为3℃/100m。由于温度梯度引起地层中不同深度不相同的膨胀，从而引起地层中的压应力，其值可达相同深度自重应力的数分之一。另外，岩体局部冷热不均，产生收缩和膨胀，也会导致岩体内部产生局部应力场。

通常，地温梯度：$\alpha = 3℃/100m$，岩体的体膨胀系数：$\beta \approx 10^{-5}$，岩体弹模 $E = 10^4 MPa$；则地温梯度引起的温度应力约为：$\sigma^T = \alpha\beta EH = 0.03 \times 10^{-5} \times 10^4 H = 0.003H$（MPa），式中，$H$ 为深度（m）。

温度应力是同深度的垂直应力的1/9，并呈静水压力状态，三个主轴是互相垂直的任意三轴，因此，温度应力场可以与重力应力场直接叠加。

3.2.1.6　地形、地表风化剥蚀引起的地应力

地壳上升部分岩体因为风化、侵蚀和雨水冲刷搬运而产生剥蚀作用。剥蚀后，由于岩体内的颗粒结构的变化和应力松弛赶不上这种变化，导致岩体内仍然存在着比由地层厚度所引起的自重应力还要大得多的水平应力值。因此，在某些地区，大的水平应力除与构造应力有关外，还和地表剥蚀有关。

3.2.2　地应力的分布规律

地应力具有非均匀性，且受地质、地形、构造和岩石物理力学性质等的影响，因此描述其状态及规律比较困难，但是，通过理论研究、地质调查和大量的地应力测量资料的分析研究，已初步认识到浅部地壳应力分布的一些基本规律：

（1）地应力是时间和空间的函数，是具有相对稳定性的非稳定应力场。地应力在绝大部分地区是以水平应力为主的三向不等压应力场，三个主应力的大小和方向随着空间和时间而变化，因而它是个非稳定的应力场。

地应力在空间上的变化，从小范围来看，其变化是很明显的，从一个矿山到另一个矿山，从某一点到相距数十米外的另一点，地应力的大小和方向也是不同的，但就某个地区整体而言，地应力的变化是不大的。所以它是相对稳定的非稳定应力场。

在某些地震活跃的地区，地应力的大小和方向随时间的变化是很明显的。在地震前，应力处于积累阶段，应力值不断升高，而地震时集中的应力得到释放，应力值突然大幅下降。主应力方向在地震发生时会发生明显改变，在地震后一段时间又会恢复到震前的状态，如1976年唐山地震后，在唐山凤凰山测得的最大主应力方向为北47°西，与区域应力场的最大主应力方向有较大偏差。1978年，在同一地点测量，其最大主应力方向变为近东西向（北89°西），与区域应力场最大主应力方向相一致。邢台地震区也有类似情况。前苏联的喀尔巴阡山、高加索等地，发现主应力方向每隔6~12年就有一次较大变化。我国甘肃六盘山主应力方向在3年内有20°~30°的改变。而瑞典北部的梅尔格特矿区，发现现今应力场方向与20亿年前应力场方向完全相同。

（2）实测垂直地应力（σ_v）基本等于上覆岩层的重量（γH）。对全世界实测垂直应力 σ_v 的统计资料的分析表明，在深度为25~2700m的范围内，σ_v 呈线性增长，大致相当于按平均容重 γ 等于27kN/m³计算出来的重力 γH。但在某些地区的测量结果有一定幅度

的偏差。如我国 $\sigma_v/(\gamma H)=0.8\sim1.2$ 的仅占 5%，$\sigma_v/(\gamma H)<0.8$ 的占 16%，而 $\sigma_v/(\gamma H)>1.2$ 的占 79%。前苏联测量资料表明：$\sigma_v/(\gamma H)<0.8$ 的占 4%，$\sigma_v/(\gamma H)=0.8\sim1.2$ 的占 23%，$\sigma_v/(\gamma H)>1.2$ 的占 73%。

值得注意的是，在世界多数地区并不存在真正的垂直应力，即没有一个主应力的方向完全与地表垂直。但在绝大多数测点都发现确有一个主应力接近于垂直方向，其与垂直方向的偏差不大于 20°。这一事实说明，地应力的垂直分量主要受重力的控制，但也受到其他因素的影响。

（3）水平地应力（σ_h）普遍大于垂直地应力（σ_v）。实测资料表明，在几乎所有地区均有两个主应力位于水平或接近水平的平面内，其与水平面的夹角一般不大于 30°，最大水平主应力 $\sigma_{h,max}$ 普遍大于垂直应力 σ_v，$\sigma_{h,max}$ 与 σ_v 之比值一般为 $0.5\sim5.5$，在很多情况下比值大于 2，参见表 3-1。如果将最大水平主应力与最小主应力的平均值：

$$\sigma_{h,av}=\frac{\sigma_{h,max}+\sigma_{h,min}}{2}$$

与 σ_v 相比，总结目前全世界地应力实测的结果，得出 $\sigma_{h,av}/\sigma_v$ 之值一般为 $0.5\sim5.0$，大多数为 $0.8\sim1.5$（表3-1），这说明在浅层地壳中平均水平应力也普遍大于垂直应力。垂直应力在多数情况下为最小主应力，在少数情况下为中间主应力，只在个别情况下为最大主应力。这再次说明，水平方向的构造运动如板块移动、碰撞对地壳浅层地应力的形成起控制作用。

表 3-1　世界各国水平主应力与垂直主应力的关系

国家名称	百分率/%			$\sigma_{h,max}/\sigma_v$
	$\sigma_{h,av}/\sigma_v<0.8$	$\sigma_{h,av}/\sigma_v=0.8\sim1.2$	$\sigma_{h,av}/\sigma_v>1.2$	
中国	32	40	28	2.09
澳大利亚	0	22	78	2.95
加拿大	0	0	100	2.56
美国	18	41	41	3.29
挪威	17	17	66	3.56
瑞典	0	0	100	4.99
南非	41	24	35	2.50
前苏联	51	29	20	4.30
其他地区	37.5	37.5	25	1.96

（4）平均水平地应力 $\sigma_{h,av}$ 与垂直地应力 σ_v 的比值随深度增加而减小。这是一个普遍规律，但是减小的速度在各个地区有所不同。根据世界几个国家的实测资料（图3-9），Hoek 和 Brown 回归出以下公式：

$$\frac{100}{H}+0.3\leq\frac{\sigma_{h,av}}{\sigma_v}\leq\frac{1500}{H}+0.5 \tag{3-17}$$

式中，H 为深度，m。

图 3-9 表明，在深度不大的情况下，$\sigma_{h,av}/\sigma_v$ 的值相当分散，随着深度增加，该值的

变化范围逐步缩小，并向 1 附近集中，这说明在地壳深部有可能出现静水压力状态。

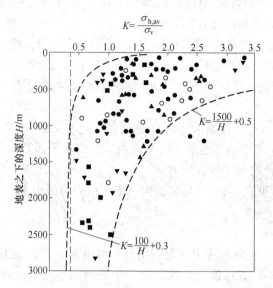

图 3-9   世界各国平均水平应力与垂直应力的比值随深度变化的规律

（5）水平主应力随深度呈线性增加趋势。斯蒂芬森（O. Stephansson）等人根据实测结果给出了瑞典芬诺斯堪的亚古陆地最大水平主应力 $\sigma_{h, max}$ 和最小水平主应力 $\sigma_{h, min}$ 随深度变化的线性方程：

$$\sigma_{h, max} = 6.7 + 0.044H \, (MPa) \tag{3-18}$$

$$\sigma_{h, min} = 0.8 + 0.0329H \, (MPa) \tag{3-19}$$

式中，H 为深度，m。

可以看出公式中的常数项值比较大，当 H 等于 0 时，水平地应力仍有较大的数值，说明构造运动对地应力的影响是显著的。

（6）最大水平主应力和最小水平主应力之值有较大差异，显示出很强的方向性，二者之比可达 1.25~5，一般为 1.25~2.5。

（7）地应力的上述分布规律还会受到地形、地表剥蚀、风化、岩体结构特征，岩体力学性质、温度，地下水等因素的影响，特别是地形和断层的扰动影响最大。

地形对原始地应力的影响是十分复杂的。在具有负地形的峡谷或山区，地形的影响在侵蚀基准面以上及其以下一定范围内表现特别明显。一般来说，谷底是应力集中的部位，越靠近谷底应力集中越明显。最大主应力在谷底或河床中心近于水平，而在两岸岸坡则向谷底或河床倾斜，并大致与坡面平行。近地表或接近谷坡的岩体，其地应力状态和深部及周围岩体显著不同，并且没有明显的规律性。随着深度不断增加或远离谷坡地应力分布状态逐渐趋于规律化，并且显示出和区域应力场的一致性（图 3-10）。

在断层和结构面附近，地应力分布状态将会受到明显的扰动（图 3-11）。断层端部、拐角处及交汇处将出现应力集中的现象。端部的应力集中与断层长度有关，长度越大，应力集中越强烈，拐角处的应力集中程度与拐角大小及其与地应力的相互关系有关。当最大主应力的方向和拐角的对称轴一致时，其外侧应力大于内侧应力。由于断层带中的岩体一般都比较软弱和破碎，不能承受高的应力和不利于能量积累，所以成为应力降低带，其最大主应力和最小主应力与周围岩体相比均显著减小。同时，断层的性质不同对周围岩体应力状态的影响也不同。压性断层中的应力状态与周围岩体比较接近，仅是主应力的大小比周围岩体有所下降，而张性断层中的地应力大小和方向与周围岩体相比均发生显著变化。

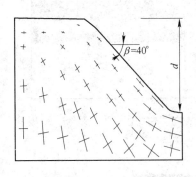

图 3-10　边坡处地应力方向与大小

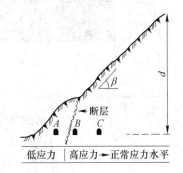

图 3-11　断层对坡体应力状态的改变

3.2.3　岩体结构特点对地应力场的影响

3.2.3.1　倾斜岩体对地应力场的影响

为了研究倾斜岩体对地应力场的影响，采用 3DEC 软件，以某铁矿岩体为例（图3-12），对比分析了无倾斜铁矿体与有倾斜铁矿体两种情况下应力场的变化特征。无倾斜铁矿体时施加边界应力和地应力，有倾斜铁矿体时只施加边界应力，图 3-13 和图 3-14 所示是有倾斜铁矿体时应力的分布特点。

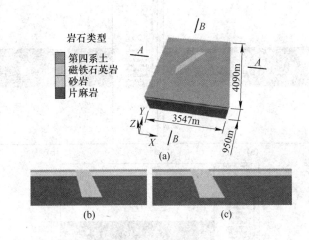

图 3-12　计算模型

(a) 三维模型；(b) A—A 截面（XZ 平面）；

(c) B—B 截面（YZ 平面）

为了研究倾斜岩体对地应力场的影响，在倾斜矿体的六个面布设了一些观测点进行分析（图 3-15），定义了一个变量：归一化应力差（NSD）（式（3-20））来评价各测点应力的变化，图 3-16 所示为图 3-15 右侧平面上各测点的应力。

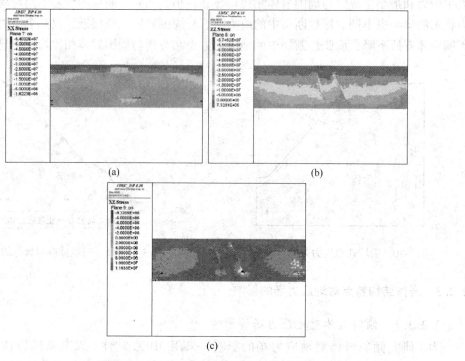

(a)

(b)

(c)

图 3-13　*XZ* 平面应力分布（有倾斜矿体）

（a）*SXX*；（b）*SZZ*；（c）*SXZ*

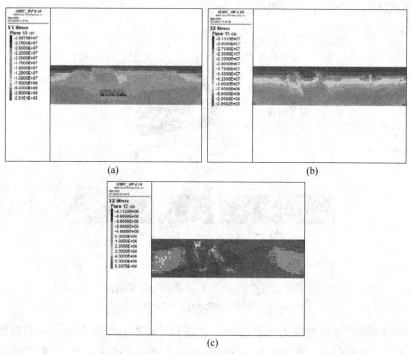

(a)

(b)

(c)

图 3-14　*YZ* 平面应力分布（有倾斜矿体）

（a）*SYY*；（b）*SZZ*；（c）*SYZ*

$$\begin{cases} \mathrm{NSD}_{SXX} = \dfrac{SXX_{\mathrm{Fe}} - SXX_{\mathrm{No\ Fe}}}{SXX_{\mathrm{No\ Fe}}} \times 100\% \\[3mm] \mathrm{NSD}_{SYY} = \dfrac{SYY_{\mathrm{Fe}} - SYY_{\mathrm{No\ Fe}}}{SYY_{\mathrm{No\ Fe}}} \times 100\% \quad (3\text{-}20) \\[3mm] \mathrm{NSD}_{SZZ} = \dfrac{SZZ_{\mathrm{Fe}} - SZZ_{\mathrm{No\ Fe}}}{SZZ_{\mathrm{No\ Fe}}} \times 100\% \end{cases}$$

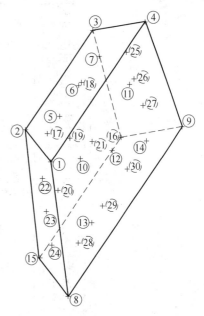

通过分析得出，倾斜矿体的存在使应力不同程度提高了，出现了-15.0~15.0MPa的剪应力，因此在进行计算分析的时候不应该将施加在层状岩体上的地应力施加在有倾斜岩体的岩体上，对于这种复杂的地质情况，应基于测量的现场地应力施加合适的边界应力来进行分析。

3.2.3.2 断层对地应力场的影响

文献［6］研究发现，断层对地应力的影响为：（1）正应力变化最大可达到25%；（2）最大主应力比（最大主应力/中间主应力）的变化值最大可达到25%；（3）最小主应力比（最小主应力/中间主应力）值的变化最大达到40%。

图 3-15　倾斜岩体上的观测点设置
（虚线为不可见面上的点）

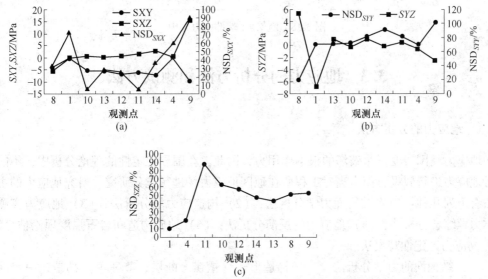

图 3-16　右侧平面①-④-⑧-⑨上各点应力的变化

图 3-17 所示是某矿埋深 200m 处地应力矢量接近 F1 断层方向的转变情况，图 3-18 揭示了埋深 200m 处 F1 断层端部附近主应力矢量的旋转和应力集中。

可见，地应力的大小和方向受断层的影响很大，影响大小取决于断层的几何特征、断层和其周边岩体的力学特性及地应力测量点与考虑断层位置的计算点的接近程度。这意味着在断层附近测量的地应力不能提供准确的远场地应力情况。为了合理确定能施加到数值模型上的远场边界地应力，应该挑选离断层足够远和远离复杂岩性的位置进行地应力测量。

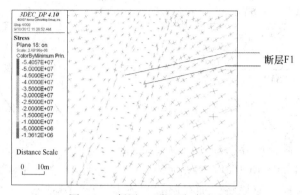

图 3-17　断层 F1 附近主应力方向

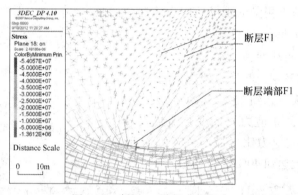

图 3-18　断层 F1 端部应力集中

3.3　地应力的分析方法和测试方法

3.3.1　地应力的分析方法

地应力是围岩变形、破坏的根本作用力，因此，在围岩稳定性的理论分析中，不能随便对地应力进行假设，而应当对工程所在地区地应力场进行充分研究。研究地应力的主要方法有下列几种：（1）结构面力学分析法；（2）构造应力场分析法；（3）地应力实测与地质力学综合分析法；（4）地应力的反演分析法；（5）地质构造和岩石强度理论估算法；（6）高应力区定性观察法。

（1）结构面的力学分析法。一切构造形迹（褶皱、断层、节理等）都是在一定地应力作用下发生的，它们各有其力学特征。因此，如果能够根据它们的某些特征确切鉴别各自形成时所受应力的性质，就可以通过它们来了解该处岩体中应力的活动方式和方向。

地质力学着重鉴别各项构造形迹的力学性质。把结构面按其形成的力学机理划分为压性、张性、扭（剪）性、压性兼扭性，以及张性兼扭性五种。通过对结构面力学特征及其组合形式的分析，就可确定岩体受力状态。国外有通过测量节理面的方向来查明构造应力场的主轴方向的例子，并认为这是一种良好的方法。

（2）构造应力场分析法。构造体系是在同一地区、同一动力作用方式下形成的许多不同形态、不同性质、不同序次、不同级别，但具有成生联系的构造要素组成的构造带，以及它们之间所夹的岩块或地块组合而成的总体。一个构造体系，可以当做一幅应变图像来看待，它反映一定形式的应力场，是一定方式的区域性构造运动的产物。

分析工程地段的应力状态，首先应进行区域性的调查研究，从分析构造体系入手，查明区域构造应力场的方向。构造体系的研究，除了野外工作外，还需通过数学、力学工具对其力学本构关系进行研究。在进行区域构造应力场分析时，还要针对地下工程所处的构造部位进行具体分析，查明局部应力场的性态，判断其对岩体稳定性的影响。在局部应力场分析时，决不可脱离区域构造应力的特征，否则可能得出错误的结论。对构造体系进行鉴定之后，就可通过力学分析图对应力场进行力学分析，确定构造应力场。

（3）地应力实测与地质力学综合分析法。应用地质力学方法分析构造应力场只是定性的方法，而且只能确定地应力的方向。要同时取得地壳中现在的地应力的大小和方向的定量资料，最可靠的办法是进行地应力实测。目前世界上已有几十个国家开展了地应力测量工作，测量方法有十余类，测量仪器达数百种。依据基本原理的不同，地应力测试方法主要有应力恢复法、应力解除法、水压致裂法、地球物理法（包括光弹性应力法、X 射线法、超声波测量法、放射性同位素法、原子磁性共振法等）等。

（4）地应力的反演分析法。现场实测地应力是获得地应力场准确资料的最直接途径，但是由于场地、经费及时间等方面的限制，不可能对工程区域进行全面系统的测试；同时，工程岩体结构复杂，测量结果很大程度上仅反映局部应力场，且所测结果受到各种因素影响，测量误差较大、离散度较高。因此，人们必须根据有限的地应力资料，借助数学方法计算出复杂的地应力场分布形式，其中最为常用的方法就是反演分析法。许多学者提出了不同的方法进行初始应力场的计算和分析，其中以数值计算为手段的数学回归的方法最为普遍。主要有以下两种方法：

1）边界荷载法或边界位移法。该方法假定构造应力服从某种分布，并给定相应参数，通过某些测点的应力测量值，采用灰色建模理论，利用多元线性回归原理等使试算所求应力值在相应测点与实际测量值较好地吻合，从而得到计算区域的初始地应力场。当计算域内已有初始地应力实测资料时，使用这种方法较为直接、简单。其缺点是边界调整对解的唯一性没有理论依据，解的收敛性难以判断。

2）位移反分析法。利用开挖扰动实测位移值反演小范围的岩体初始地应力，适用于计算域内缺乏地应力实测资料或实测地应力值是扰动地应力的情况。该方法是一种较为可行的方法。然而，在位移反分析法中，如何检验反分析的质量是人们不得不面对的一个问题。总的说来，该方法是一种间接的方法，只能起到对原有设计的校核和修正作用，在设计阶段无法采用。

此外，由于计算技术的飞速发展，当前，已经有不少学者应用 BP、RBF 网络，结合有限元或边界元等算法，进行初始应力场的反演分析。

（5）地质构造和岩石强度理论估算法。这种方法是由安德森提出的。他认为垂直应力是自重应力（γH）并且是主应力之一，然后根据断层判断最大主应力方向。对于正断层，垂直应力为最大主应力 σ_1（图 3-19（a））；对于逆断层，垂直应力为最小主应力 σ_3（图 3-19（b））；对于平移断层，垂直应力是中间应力 σ_2，而最大主应力和最小主应力都是水平的，σ_1 与断层面交角小于 45°（图 3-19（c））。进而用岩石破坏理论的莫尔包络线估算水平应力大小。地应力实测结果表明，垂直应力与按自重应力场计算结果接近。安德森方法的关键在于对水平应力值的估算。

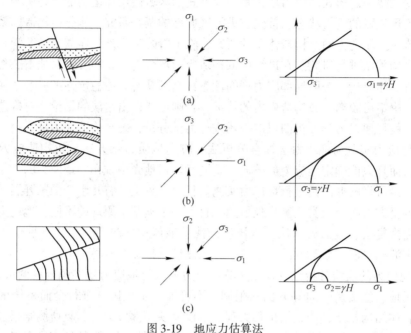

图 3-19　地应力估算法
（a）正断层 σ_1 垂直；（b）逆断层 σ_3 垂直；（c）平移断层 σ_2 垂直

（6）高应力区的定性观察法。通过岩芯取样发现，在受高应力的坚硬岩体中，岩芯往往破碎成薄的圆片状，即岩饼；在地表和地下工程开挖过程中，出现基坑底部隆起、岩体板裂、爆裂。这些都定性地说明岩体处于高应力带位置。

3.3.2　地应力的测试方法

岩体应力测量的目的是了解岩体中存在的应力大小和方向，从而为工程的受力状态分析以及岩体支护加固决策提供依据，同时也可为岩体失稳破坏和岩爆的预报工作提供依据。岩体应力测量可以分为岩体初始地应力量测和地下工程应力分布量测，前者是为了测定岩体初始地应力场，后者则是为了测定岩体开挖后引起的应力重分布状况。从岩体应力现场量测技术来讲，这两者并无原则区别。

近年来，随着地应力测量工作的不断开展，各种测量方法和测量仪器也不断发展起来。目前主要测量方法有数十种之多，而测量仪器则有数百种之多。根据测量手段的不同有构造法、变形法、电磁法、地震法、放射性法等。根据测量原理的不同可将其分为直接测量法和间接测量法。

直接测量法是由测量仪器直接测量和记录各种应力量，如补偿应力、恢复应力、平衡应力，并由这些应力量和原岩应力的相互关系，通过计算获得原岩应力值。在计算过程中并不涉及不同物理量的换算，不需要知道岩石的物理力学性质和应力应变关系。扁千斤顶法、水压致裂法、刚性包体应力计法和声发射法均属直接测量法。其中，水压致裂法在目前的应用最为广泛，声发射法次之。

在间接测量法中，不是直接测量应力量，而是借助某些传感元件或某些介质，测量和记录岩体中某些与应力有关的间接物理量的变化，如岩体中的变形或应变，岩体的密度、渗透性、吸水性、电阻、电容的变化，弹性波传播速度的变化等，然后由测得的间接物理量的变化，通过已知的公式计算岩体中的应力值。因此，在间接测量法中，为了计算应力值，首先必须确定岩体的某些物理力学性质以及所测物理量和应力的相互关系。套孔应力解除法和其他的应力或应变解除方法以及地球物理探测方法等是间接法中较常用的，其中套孔应力解除法是目前国内外最普遍采用的发展较为成熟的一种地应力测量方法。

下面重点介绍水压致裂法、应力解除法（包括孔底应力解除法、孔壁应变法、孔径变形法、空心包体应变法和实心包体变形法）。

3.3.2.1　水压致裂法

水压致裂法是通过液压泵向钻孔内拟定测量深度处加液压将孔壁压裂，测定压裂过程中各特征点的压力及开裂方位，以此计算测点附近岩体中初始应力大小和方向的方法。图3-20所示为水压致裂法测量系统示意图。

如图3-20所示，从弹性力学理论可知，当一个位于无限体中的钻孔受到无穷远处二维应力场（σ_1，σ_2）的作用时，离开钻孔端部一定距离的部位处于平面应变状态。在这些部位，钻孔周边的应力为：

$$\sigma_\theta = \sigma_1 + \sigma_2 - 2(\sigma_1 - \sigma_2)\cos 2\theta \tag{3-21}$$
$$\sigma_\gamma = 0 \tag{3-22}$$

式中，σ_θ、σ_γ为钻孔周边的切向应力和径向应力；θ为周边一点与σ_1轴的夹角。

由式（3-21）可知，当$\theta = 0°$时，σ_θ取得极小值，即：

$$\sigma_\theta = 3\sigma_2 - \sigma_1 \tag{3-23}$$

如图3-21所示，当水压超过$3\sigma_2 - \sigma_1$与岩石抗拉强度σ_t之和后，在$\theta = 0°$处，也即σ_1所在方位将发生孔壁开裂。钻孔壁发生初始开裂时的水压为p_i，有：

$$p_i = 3\sigma_2 - \sigma_1 + \sigma_t \tag{3-24}$$

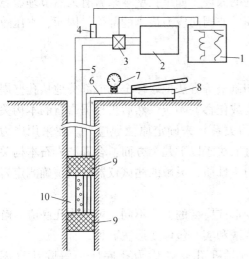

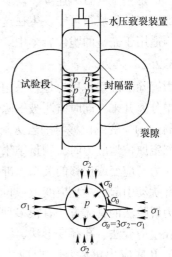

图3-20　水压致裂法测量系统示意图

1—记录仪；2—高压泵；3—流量计；4—压力计；
5—高压钢管；6—高压胶管；7—压力表；8—泵；
9—封隔器；10—压裂段

图3-21　水压致裂应力测量原理

继续向封隔段注入高压水使裂隙进一步扩展，当裂隙深度达到 3 倍钻孔直径时，此处已接近原岩初始应力状态，停止加压，保持压力恒定，该恒定压力即为 p_s，则由图 3-21 可见，p_s 应与初始应力 σ_2 相平衡，即

$$p_s = \sigma_2 \qquad (3\text{-}25)$$

由式（3-24）和式（3-25），只要测出封隔段岩石抗拉强度 σ_t，即可由 p_i 和 p_s，求出 σ_1 和 σ_2。

但是，知道 σ_t 往往是很困难的。为了克服这一困难，在水压致裂试验中增加一个环节，即在初始裂隙产生后，将水压卸除，使裂隙闭合，然后再重新向封隔段加压，使裂隙重新打开，裂隙重开的压力即为 p_r。封隔段处岩体静止裂隙水压力为 p_0，则有：

$$p_r = 3\sigma_2 - \sigma_1 + p_0 \qquad (3\text{-}26)$$

由式（3-25）和式（3-26）求 σ_1 和 σ_2 就无须知道岩石的抗拉强度。因此，由水压致裂法测量岩体初始应力可不涉及岩体的物理力学性质，而可由测量和记录的压力值来决定。

水压致裂法是测量岩体深部应力的方法，目前量测深度已超 5000m。这种方法不需要套取岩芯，也不需要精密的电子仪器；测试方法简单；孔壁受力范围广，避免了地质条件不均匀的影响；但测试精度不高，仅可用于区域内应力场的估算。经在相同条件下与使用应力解除法对比，水压致裂法的结果是可靠的、可信的。

水压致裂测量结果只能确定垂直于钻孔平面内的最大主应力和最小主应力的大小和方向，所以它是一种二维应力测量方法。若要确定测点的三维应力状态，必须打设互不平行的交汇于一点的 3 个钻孔，这相当困难。一般情况下，假定钻孔方向为一个主应力方向，例如将钻孔打在垂直方向，并认为垂直应力是一个主应力，其大小等于单位面积上覆岩层的重量，则由单孔水压致裂结果就可以确定三维应力场。

水压致裂法认为初始开裂发生在钻孔壁周向应力最小的部位，亦即平行于最大主应力的方向，这是基于岩石为连续、均质和各向同性的假设。如果孔壁本来就有天然节理裂隙存在，那么初始裂痕很可能发生在这些部位，而并非周向应力最小的部位，因而，水压致裂法较为适用于完整的脆性岩体中。

3.3.2.2　应力解除法

应力解除法的基本思想是：采用套钻孔或切割槽等方法把岩样全部或部分地从孔壁周围岩体中分离开来，同时监测被解除部位的应变或位移的响应，然后再根据岩石的本构关系（被解除的应变或位移与围岩远场应力之间的关系）来确定原位地应力。在采用应力解除法测定原位地应力时，测量结果的好坏关键取决于以下几个方面：合理的岩石本构关系，即应力与应变或位移的关系；准确的岩样力学性质；灵敏的测试仪器，以精确测定岩样因局部扰动引起的微小应变值或位移值。

应力解除法的具体方法有很多种，按测试变形或应变的方法不同，可分为孔底应力解除法、孔壁应变法、孔径变形法、空心包体应变法和实心包体变形法五种。

（1）孔底应力解除法。把应力解除法用到钻孔孔底就称为孔底应力解除法（图3-22）。这种方法首先在围岩中钻孔，在孔底平面上粘贴应变传感器，然后用套钻使孔底岩芯与母岩分开，进行卸载，观测卸载前后的应变，间接求出岩体中的应力。

单一钻孔孔底应力解除法，只有在钻孔轴线与岩体的一个主应力方向平行的情况下，

才能测得另外两个主应力的大小和方向。若要测量三维状态下岩体中任意一点的应力状态，至少要用空间方位不同并交汇于一点的 3 个钻孔，分别进行孔底应力解除测量，3 个钻孔可以相互斜交，也可以相互正交。

孔底应力解除法是一种比较可靠的应力测量方法。由于采取岩芯较短，因此适应性强，可用于完整岩体及较破碎岩体中，但在用 3 个钻孔测一点的应力状态时，孔底很难处在一个共面上，故会影响测量结果。

（2）孔壁应变法。孔壁应变法（图 3-23）是在钻孔壁上粘贴三向应变计，通过测量应力解除前后的应变，来推算岩体应力，利用单一钻孔可获得一点的空间应力分量。南非 CSIR 三轴孔壁应变计就是根据这个原理研制出来的。

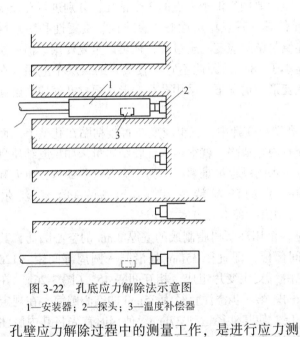

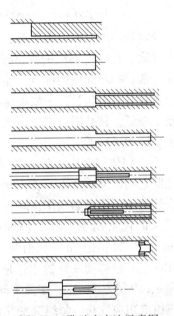

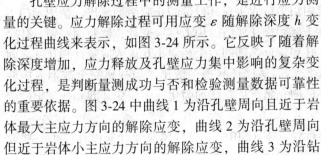

图 3-22　孔底应力解除法示意图
1—安装器；2—探头；3—温度补偿器

图 3-23　孔壁应变法示意图

孔壁应力解除过程中的测量工作，是进行应力测量的关键。应力解除过程可用应变 ε 随解除深度 h 变化过程曲线来表示，如图 3-24 所示。它反映了随着解除深度增加，应力释放及孔壁应力集中影响的复杂变化过程，是判断量测成功与否和检验测量数据可靠性的重要依据。图 3-24 中曲线 1 为沿孔壁周向且近于岩体最大主应力方向的解除应变，曲线 2 为沿孔壁周向但近于岩体小主应力方向的解除应变，曲线 3 为沿钻孔轴向的解除应变。

采用孔壁应变法时，只需打一个钻孔就可以测出一点的应力状态，测试工作量小、精度高。研究得

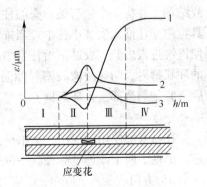

图 3-24　应力解除过程曲线

知，为避免应力集中的影响，解除深度不应小于 45cm。因此，这种方法适用于整体性好的岩体中，但应变计的防潮要求严格，目前尚不适用于有地下水的场合。

（3）孔径变形法。孔径变形法（图 3-25），是在岩体小钻孔中埋入变形计，测量应力解除前后的孔径变化量，来确定岩体应力的方法。

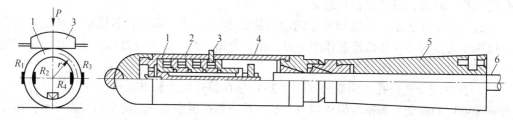

图 3-25　钢环式孔径变形计
1—弹性钢环；2—钢环架；3—触头；4—外壳；5—定位器；6—电缆

为了确定岩体的空间应力状态，至少要用交汇于一点的 3 个钻孔，分别进行孔径变形法的应力解除。孔径变形法的测试元件具有零点稳定性好，直线性、重复性和防水性也好，适应性强，操作简便的优点，能测量解除应变的全过程，还可以重复使用。但此法采取的应力解除岩芯仍较长，一般不能小于 28cm，因此不宜在较破碎的岩层中应用。在岩石弹性模量较低、钻孔围岩出现塑性变形的情况下，采用孔径变形法要比孔底应力解除法和孔壁应变法效果好。

（4）空心包体应变法。在 CSIR 孔壁应变计中，三组应变花直接粘贴在孔壁上，而应变花和孔壁之间接触面很小，若孔壁有裂隙缺陷，就很难保证胶结质量。如果胶结质量不好，应变计将不可能可靠工作，同时防水问题也很难解决。为了克服这些缺点，澳大利亚联邦科学和工业研究组织（CSIRO）的沃罗特尼基（G. Worotnicki）和沃尔顿（R. Walton）于 20 世纪 70 年代初期研制出一种空心包体应变计。

CSIRO 空心包体应变计的主体是一个用环氧树脂制成的壁厚 3mm 的空心圆筒，其外径为 37mm，内径为 31mm。在其中间部位，即直径 35mm 处沿同一圆周等间距（120°）嵌埋着三组电阻应变花。每组应变花由三支应变片组成，相互间隔 45°（图 3-26）。在制作时，该空心圆筒是分两步浇注出来的。第一步浇注直径为 35mm 的空心圆筒，在规定位置贴好电阻应变花后，再浇注外面一层，使其外径达到 37mm。使用时首先将其内腔注满胶结剂，并将一个带有锥形头的柱塞用铝销钉固定在其口部防止胶结剂流出。使用专门工具将应变计推入安装小孔中，当锥形头碰到小孔底后，用力推应变计，剪断固定销，柱塞便慢慢进入内腔。胶结剂沿柱塞中心孔和靠近端部的六个径向小孔流入应变计和孔壁之间的环状槽内。两端的橡胶密封圈阻止胶结剂从该环状槽中流出。当柱塞完全被推入内腔后，胶结剂全部流入环形槽，并将环形槽充满。待胶结剂固化后，应变计即和孔壁牢固胶结在一起。

在后来的使用过程中，又根据实际情况对 CSIRO 空心包体应变计原设计作了一些改进，出现了两个改进型品种。一种是将应变片由 9 支增加到 12 支，在 A 应变花附近增加一个 45°方向应变片，在 B、C 应变花附近各增加一个轴向应变片。该改进型能获得较多数据，可用于各向异性岩体中的应力测量。另一改进型是将空心环氧树脂圆筒的厚度由 3mm 减为 1mm，增加了应变计的灵敏度，可用于软岩中的应力测量。

空心包体应变计的突出优点是应变计和孔壁在相当大的一个面积上胶结在一起，因此胶结质量较好，而且胶结剂还可注入应变计周围岩体中的裂隙、缺陷，使岩石整体化，因

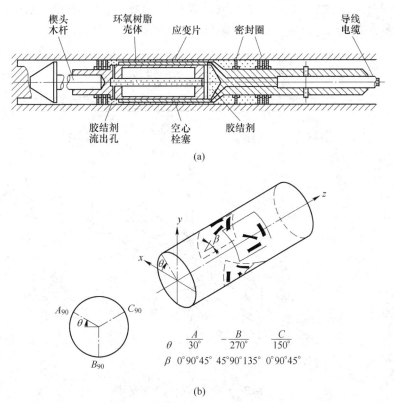

图 3-26 CSIRO 空心包体应变计

（a）结构图；（b）电阻应变片排列图

而较易得到完整的套孔岩芯。所以这种应变计可用于中等破碎和松软的岩体中，且有较好的防水性能。目前空心包体应变计已成为世界上最广泛采用的一种地应力解除测量仪器。

（5）实心包体应变法。一个位于无限体中的弹性包体（圆柱体），如包体和无限体是焊接在一起的，那么在无穷远处应力场的作用下，包体中将出现均匀的受力状态。耶格（J. C. Jaeger）和库克（N. G. W. Cook）给出了这种受力状态的表达式，这为实心包体应变计的产生奠定了理论基础。

罗恰和西尔瓦热奥（A. Silverio）于 1969 年首次研制出实心包体应变计。该应变计的主体部分是一个长 440mm、直径 35mm 的实心环氧树脂圆筒，在其中间一段沿 9 个不同方位埋贴了 10 支 20mm 长的电阻应变片。该应变计只适用于直径为 38mm 的垂直钻孔。使用时将胶结剂装入一个附着于应变计端部的非常薄的容器中，当应变计到达孔底后，容器被挤破，胶结剂流入孔底。由于应变计在孔底和岩石胶结在一起，应变计周围的应力集中状态将是非常复杂的，应变片部位的平面应变状态很难得到保证。同时，由于包体材料的弹性模量过高，在应力解除过程中经常出现胶结层的张性破裂，因而不能可靠工作，所以这种应变计不久就被淘汰了。

澳大利亚新南威尔士大学（UNSW）的布莱克伍得（R. L. Blackwood）于 1973 年研制出另一种实心包体应变计，大幅度降低了包体材料的弹性模量值，使该应变计能成功地应用于软岩（包括煤）的应力测量。该应变计的结构如图 3-27（a）所示。在实心包体的中间 40mm 长的一段中，沿 *XOY*、*YOZ* 和 *ZOX* 三个平面嵌埋着 10 支 10mm 长的电阻应变片，如图 3-27（b）所示。在安装设备和胶结剂注入方法上，该应变计也比罗恰等人的应变计作了许多重大改进，克服了前面所提到的一些问题。

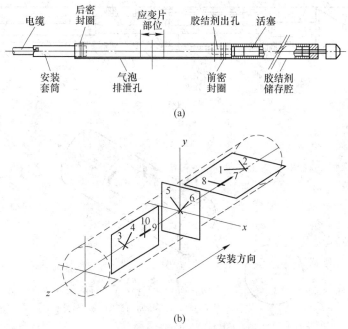

(a)

(b)

图 3-27　UNSW 实心包体应变计

（a）结构图；（b）应变片排列示意图

必须注意，实心包体应变计和刚性包体应力计有根本区别。在刚性包体应力计中，包体材料是由钢或其他硬金属材料制成的，其弹性模量值比岩石要高好几倍，它不允许钻孔有显著变形，以便围岩中的应力能有效传递到其内部的传感器上。而在实心包体应变计中，包体是由环氧树脂等软弹性材料制成的，其弹性模量值比岩石要低好几倍。它不允许对钻孔变形有显著影响，以便套孔岩芯中的应力能得到充分解除。

除了上述地应力测量方法以外，还有断层滑移资料分析、地震震源机制解，以及声波观测法、超声波法、原子磁性共振法、放射性同位素法等地球物理探测方法。这些方法的重要意义在于探测大范围内的地壳应力状态。

需要指出的是，传统的地应力测量和计算理论是建立在岩石为线弹性、连续、均质和各向同性的理论假设基础之上的，而一般岩体都具有程度不同的非线性、不连续性、不均质和各向异性。在由应力解除过程中获得的钻孔变形或应变值求地应力时，如忽视岩石的这些性质，必将导致计算出来的地应力与实际应力值有不同程度的差异。为提高地应力测量结果的可靠性和准确性，在进行结果计算、分析时必须考虑岩石的这些性质。考虑和修正岩体非线性、不连续性、不均质性和各向异性的影响的主要方法有如下几种：

（1）岩石非线性的影响及其正确的岩石弹性模量和泊松比确定方法。

（2）建立岩体不连续性、不均质性和各向异性模型并用相应程序计算地应力。

（3）根据岩石力学试验确定的现场岩体不连续性、不均质性和各向异性修正测量应变值。

（4）用数值分析方法修正岩体不连续性、不均质性、各向异性和非线性弹性的影响。

3.4 地应力场对工程的影响

3.4.1 地下硐室长轴与地应力的关系

一般情况下，地下硐室结构的长轴方向应该与最大主应力的水平投影方向呈小角度相交。在较均匀的岩体中，对高跨比接近 1.0 的硐室结构，洞轴线方位的布置应该使作用在硐室断面上的垂直应力与水平应力尽量接近相等。根据三个主应力分量关系的不同，又可分为三种情况，见表 3-2。

表 3-2 洞轴线方位的布置与地应力的关系

$\sigma_{h1} > \sigma_{h2} > \sigma_v$	$\sigma_v > \sigma_{h1} > \sigma_{h2}$	$\sigma_{h1} > \sigma_v > \sigma_{h2}$
硐室长轴平行 σ_{h1}	硐室长轴垂直 σ_{h1}	设硐室长轴与 σ_{h1} 夹角为 α $$\alpha = \frac{1}{2}\arccos\frac{\sigma_{h1} + \sigma_{h2} - 2\sigma_v}{\sigma_{h1} - \sigma_{h2}}$$

3.4.2 地下结构断面形状与地应力关系

地下结构的断面形状与地应力也有关系，令 $\lambda = \sigma_H/\sigma_v$，则当 $\lambda < 1/3$ 时，硐室底部出现拉应力；当 $1/3 < \lambda < 3$，硐室周围为拉应力；当 $\lambda > 3$ 时，硐室两侧出现拉应力。地下结构的断面与地应力的关系见表 3-3。

表 3-3 地下结构断面形状与地应力关系

应力水平及设计原则	大主应力方向		
	垂直	水平	倾斜
中等应力水平 应力均匀分布， 壁面局部不稳定	可用直的高边墙	高边墙做成曲线形， 以免失稳	当应力很不等向时， 用不对称断面
高应力水平 将不稳定部分分几种， 以减少支护面积	避免高边墙	顶拱加固集中在 一小范围内	不对称断面，曲墙

3.4.3 地下结构群布置与地应力关系

随着社会经济和科学技术的发展，地下结构工程也由小规模、简单断面、单一结构向大规模、复杂断面、群体结构发展，例如矿山工程、城市地下交通系统、地下水电站和抽水蓄能电站等。矿山工程中相邻巷道和工作面之间的间距问题，地下交通系统相邻隧洞间距的选择，地下水电站三大硐室的间距及主要和次要硐室之间的关系的确定等都与地应力有关。

　　一般情况来说，地应力适中、围岩质量较好（Ⅱ级左右或更高），地下（硐室）结构之间可采用较小的间距，例如间距等于硐室跨度的 1.0~1.3 倍；反之应该增加硐室间距。水平地应力越大，垂直地应力越小，则开挖后硐室间岩柱的拉应力区越深、屈服区越大。应该考虑的原则是，在实际地应力条件下，硐室间岩柱的屈服区不致贯穿，保留 1/3 完好岩石较为理想。

　　但是地下结构群的优化布置是很复杂的，除地应力、洞跨之外，洞高和主要次要硐室之间的关系也要考虑，实际设计时应进行数值分析比较各种方案，最后作出选择。

3.5　地应力研究新进展——地应力的无线实时监测技术与应用

　　空心包体应变计法属于间接测量法的一种，是国际岩石力学学会推荐的三维地应力测量方法，也是目前唯一的可以一次性获取地下三向主应力大小、方向的地应力测量方法。自 20 世纪 70 年代澳大利亚联邦科学和工业研究组织（CSIRO）发明了 CSIRO 型三轴空心包体应变计以来，该方法在世界地应力测量领域得到了广泛应用。目前国内常用的测量产品有长江科学院研制的新型空心包体式钻孔三向应变计、地质力学研究所研制的 KX 系列空心包体式钻孔三向应变计和北京科技大学蔡美峰院士发明的采用完全温度补偿技术的改进型空心包体应变计。

　　常规空心包体应变计法地应力测量采用长导线（约 20m）引出测量信号，测量中电路受温度变化影响产生的误差不可忽略，且因占用钻机冷却水通道，受钻杆钻进中摩擦扭矩影响，测量导线易被绞断或数据稳定性变差。蔡美峰等针对常规探头存在的问题，提出了地应力精确测量理念，在测量电路、温度补偿等方面进行技术改进，发明了改进型完全温度补偿空心包体应变计，降低了温度变化对测量精度的影响，在多节理、裂隙和孔隙岩体中测量精度提高了 20% 以上；澳大利亚环境系统与服务公司出品的原位数字化空心包体应变计，采用原位 AD 转换方式消除了信号传输中衰减的影响，但数据线需逐根穿过钻杆水孔，测量时与钻进工作相互干扰；白金朋等研发了深孔空心包体法地应力测量仪，实现了非引出式微型采集，但常规温度补偿方法无法降低深部地层温度变化较大引起的误差和满足复杂环境下长期监测的需求。因此，随着岩土工程向深部地层发展和地应力测量要求的提高，空心包体应变计地应力测量技术需要从探头结构、板路规格、电路布线、元器件指标等方面进行设计，改进测量精度和稳定性、长期性性能，实现前端数字化采集和对岩体应力的实时、准确测量和长期监测。

3.5.1　空心包体地应力测量的瞬接续采前端数字化技术研究

3.5.1.1　瞬接续采前端数字化采集系统研发

　　常规空心包体应变计采用电桥电路进行应变采集，工作期间不能断电。而地下工程环境复杂，难以保证长期稳定供电条件；同时模拟电路采集仪器体积较大，工作时需悬挂于洞壁，容易遭受施工车辆碰撞、摩擦而破坏，破坏后数据无法接续。常规探头采集设备和传感器距离较远，模拟信号经长导线传输会产生信号衰减和温度漂移增加的不良效应；元器件长时间工作条件下的发热和零漂累积影响也会使测量结果产生较大误差。

北京科技大学蔡美峰研究团队自 2013 年开始进行空心包体应变计前端数字化技术研究，在保证采集精度和稳定性前提下开发具有瞬时采集、断电续采、漂移自补偿等功能的采集板路，并根据蔡美峰院士提出的完全温度补偿理念，设计研发了双温度补偿电路。经过不断的研发和改进，目前前端数字化型应变计采用的是第 5 代电路产品，如图 3-28 所示。电路采用 ADuC847 微处理器芯片，5V 蓄电池供电，以稳压芯片代替传统的稳压模块，采用多路模拟开关分别控制各通道开合；瞬时采集技术的引入，避免了采集系统发热和电流变化引起采集误差。采集电路留有 16 个输入通道，其中 1~12 通道为应变信号通道，13、14 通道为双温度补偿通道，15、16 通道为电路内漂移补偿通道。采用恒温试验箱进行电路板温度稳定性试验，试验结果显示采集仪 48h 温漂最大为 2。采用标准应变发生器进行采集电路精度测试，结果显示采集精度为 0.01。采用标准应变发生器进行断电续采功能测试，断电 2min 后续采（温度无变化），采集数据断电前后误差小于 1‰。

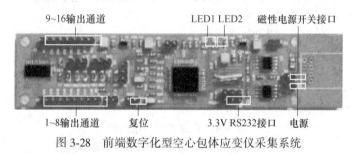

图 3-28 前端数字化型空心包体应变仪采集系统

3.5.1.2 完全温度补偿技术的前端数字化实现

温度是空心包体应变计地应力测量和监测中最重要的精度影响因素。常规 120 电阻应变片，温度系数为 $100 \times 10^{-6}/℃$，由温度变化引起的应变可达 $50/℃$。传统补偿方法的补偿片位于探头尾部，其感受温度与应变片并不一致。蔡美峰发明了完全温度补偿技术，极大地提高了常规空心包体应变计的测量精度。但随着前端数字化技术的采用，采集系统与测量系统同时位于测量孔内，受测量过程中孔内温度剧烈变化的影响（深部地层中，冷却水与地温相差较大，如玲珑金矿 1000m 埋深处地应力测量中地温与冷却水温度相差约 30℃，平煤八矿地应力测量中温度相差约 15℃），采集电路电子器件温度漂移影响不可忽略（军工级电子器件温度系数仍有 $5 \times 10^{-6}/℃$）。因此为提高测量精度需在原温度补偿设计基础上，研发采集电路的温度影响修正技术，采用双温度补偿以实现前端数字化探头的完全温度补偿测量。

首先为降低应变片的温度敏感性，前端数字化型空心包体应变计采用高精度温度自补偿式应变片，其温度标定曲线如图 3-29 所示。由试验结果可知，在 20℃~25℃内其温度影响可忽略不计，0~20℃时为 1.33(m/m)/℃，20~40℃时为 0.28(m/m)/℃，40~60℃时为 1.20(m/m)/℃，60~80℃时为 1.60(m/m)/℃，其变化数值可由标定曲线准确计算得出。

其次，为降低温度对采集电路影响，在蔡美峰院士发明的空心包体应变计专用电桥基础上进行改进（改进后电路结构如图 3-30 所示，图中，V_{in} 为输入电压）。前端数字化型

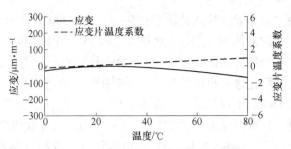

图 3-29　自补偿型应变片温度标定曲线

空心包体应变计测试电路中加入了针对测量系统的温度标定用热敏电阻。测量前，针对测试环境温度变化情况，进行测量板路的温度标定。测量中，采用标定后的测量值，配合测量电路温度传感器显示特性对测量值进行二次温度标定，实现双温度补偿。

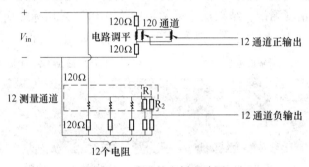

图 3-30　改进的电桥电路图

R_1—热敏测温传感器；R_2—电路温度标定电阻

3.5.1.3　前端数字化型空心包体应变计

采用一体式铝合金骨架将高精度自补偿应变片和采集板用改进电路连接，与供电部分、封隔胶筒连接成整个装置，如图 3-31 所示。

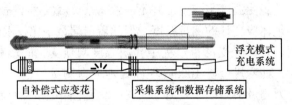

图 3-31　前端数字化型空心包体应变计结构示意图

仪器的主要特点是：

（1）注胶式包体应变计骨架采用高强度无磁性铝合金材料，装置后部仪器腔内用导热硅胶封装，具有良好的防水、散热和减震性能。

（2）采集仪具有连续工作、定时工作、微待机定时工作和待机工作 4 种工作方式，使用时可以针对地应力采集或者应力监测时的不同需求自定义工作方式。

（3）采集间隔 1~240min 可调，定时启动采集间隔 1~7200min 可调。

（4）根据记录号随时提取存储数据，随时查看当前运行参数指令。

（5）数据传输有二进制格式传输和 ASSIC 码格式 2 种，无线传输。

（6）分辨度 1με，量程±19999με，适用电阻应变片阻值 60~1000Ω。

（7）蓄电池 6800mA·h（长期监测系统中蓄电池容量不受限制），采集仪工作电流 0.02mA，连续工作时间大于 30d，待机时间大于 3 个月。

3.5.2 前端数字化型空心包体应变计室内标定试验研究

前端数字化型空心包体应变计作为整体封装设备，融入了电路板瞬采技术、断电续采技术、双温度补偿电路、自补偿应变片、改进型尺寸结构等设计。所有器件均通过相关试验标定和测试，但作为现场测试设备，需要对设备整体性、各部件协同性进行标定和测试，为其现场性能参数解译和地应力测量计算方法及误差分析提供可靠的数据支持。因此采用围压率定和真三维应力环境物理模拟的方法进行室内试验研究，对设备稳定性、可靠性、软硬件兼容性进行标定和评测。

3.5.2.1 基于围压率定仪试验原理的测量精度标定

围压率定试验在地应力测量分析中用于获取解除岩芯的弹性模量和泊松比。试验中岩芯处于平面应力状态，采用弹性力学分析，可推导小孔孔壁内应变片应变与围压关系：

$$E = \frac{p_0}{\varepsilon_\theta} \frac{2R^2}{R^2 - r^2} \tag{3-27}$$

式中，E 为弹性模量；p_0 为围压值；R，r 分别为套孔岩芯的外、内半径；ε_θ 为围压引起的平均环向应变。

考虑胶体变形参数影响和黏结间隙，蔡美峰等修正了围压率定计算公式：

$$E = K_1 \frac{p_0}{\varepsilon_\theta} \frac{2R^2}{R^2 - r^2} \tag{3-28}$$

式中，K_1 为修正系数。

针对浇筑及探头黏结采用的环氧树脂胶进行了同养护条件下的单轴压缩试验（图3-32）。试件直径 50mm，高度 100mm，恒温箱中温度 25℃养护 24h，试验后得到固化后胶体弹性模量和泊松比参数为 $E = 3$GPa，$\mu = 0.29$。

(a)   (b)

图 3-32　围压率定标定试验
（a）围压率定试验装置；（b）环氧树脂试样

标定试验中采用混凝土试件模拟解除后岩芯，试件采用强度等级为 C30 的混凝土，浇注外径 112mm、内径 38mm、高 350mm 的空心混凝土圆柱，标准养护 28d。混凝土试块弹性模量值为 12~22GPa，介于砂岩和大理岩之间，能较好地模拟岩石条件，且其配合比可控，便于试验调整和控制。

采用同等养护条件下直径 50mm、高 100mm 的试样进行弹性模量和泊松比参数测试，得到岩芯弹性模量为 18.6GPa，泊松比为 0.29。将前端数字化型空心包体应变计安装在空心混凝土圆柱小孔内，经过 24h 胶体充分固化后，进行循环加压试验。设置电路板为手动采集模式，以油泵加载方式逐步施加围压，压力每增加 2MPa 记录一次压力数据和 9 个应变通道的应变变化值（试验中室温无变化，故无需记录温度标定通道数据），受加压设备限制，最大压力为 10MPa，达到最大压力后进入卸压阶段，与加载阶段相同，每降低 2MPa 记录数据一次，直至压力为 0。应变片布置方案及试验结果如图 3-33 所示。

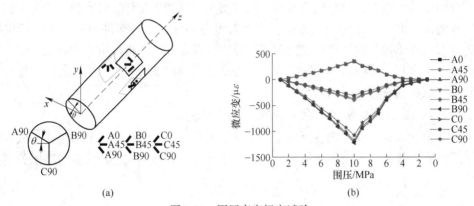

图 3-33 围压率定标定试验

(a) 应变片布置方案；(b) 围压率定标定试验曲线

测试结果显示，试验中 9 个应变片数据变化可分为 3 组：受压片组、受拉片组、过渡片组。其中 3 个环向应变片（A90、B90、C90 通道）处于受压状态，由于采用轴对称加载，其应变数值基本相同，与理论分析结果一致。受环向压力影响，且轴向压力基本为 0（胶皮套与岩芯表层摩擦对测量有少量影响），3 个轴向应变片（A0、B0、C0 通道）处于受拉状态，拉伸与环向应变组的压缩量化关系反映岩芯泊松比影响。过渡片组（A45、B45、C45 通道）应变处于受拉、受压应变值中间，满足弹性相应关系。围压率定标定结果显示，采用围压率定标定应变计，一次测量可以满足进行 3 组平行试验的要求；应变计真实、灵敏地反映了实际应力的变化情况。

在循环中保持了数据的稳定性，无漂移产生，测试阶段可不考虑胶体黏性影响。试验相关参数取值见表 3-4。围压应变理论计算值和试验值对比结果见表 3-5，结果显示，试验值误差 5%，满足实际测量要求。

表 3-4 试验中相关参数取值

R/mm	r/mm	a/mm	ρ/mm	E_2/GPa	ν_2	E_1/GPa	ν_1	K_1
66	19	15.5	17.5	18.6	0.29	3	0.36	1.05

注：a 为空心包体内半径；ρ 为电阻应变片在空心包体中的径向距离；E_1、E_2 分别为环氧树脂和混凝土试件的剪切模量；ν_1、ν_2 分别为环氧树脂和混凝土试件的泊松比。

表 3-5 围压应变理论值和试验值对比

围岩 /MPa	应变理论值 /$\mu\varepsilon$	应变试验值/$\mu\varepsilon$					
		A0	B0	C0	A90	B90	C90
1	−124.1	28.9	30.1	30.1	−116.1	−120.1	−119.2

围岩 /MPa	应变理论值 /με	应变试验值/με					
		A0	B0	C0	A90	B90	C90
2	−248.2	60.9	62.2	62.0	−232.6	−239.3	−238.4
3	−372.3	94.5	95.9	94.8	−349.6	−359.9	−378.0
4	−496.4	130.2	132.6	131.4	−475.3	−490.2	−482.9
5	−620.5	172.2	175.2	173.8	−617.5	−636.2	−646.0
6	−744.6	208.2	211.4	210.2	−736.0	−758.3	−779.3
7	−868.7	254.7	260.0	258.8	−886.2	−896.8	−900.4
8	−992.8	295.0	302.9	301.2	−1016.1	−1030.7	−1047.4
9	−1116.9	349.8	360.1	356.8	−1181.3	−1162.3	−1178.5
10	−1241.0	375.8	385.2	382.5	−1285.5	−1300.6	−1296.9

3.5.2.2 三维加载模拟试验

蔡美峰设计的应力解除试验台，可进行室内应力解除的模拟试验。对原应力解除试验台进行升级，增加了竖向加载功能，可实现三维加载的模拟。试验使用 YAW-800 微机控制加载系统，3 台液压油缸（100kN）给试块施加 2 个水平方向、1 个垂直方向的均匀压力，模拟应力场的真三维情况。

试块截面为 350mm×350mm，中心为直径 38mm 的钻孔，试块高 400mm。将前端数字化型空心包体应变计安装在钻孔内，用环氧树脂胶黏接填充，胶体充分凝固后进行三向加压，微机控制加压速率和加载大小。加载示意图及现场试验图如图 3-34 所示。

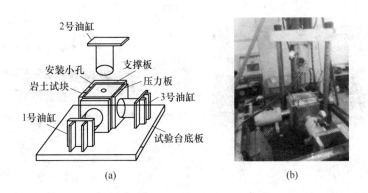

图 3-34 三维加载示意图

（a）加载示意图；（b）现场试验图

由于混凝土试块体积较大，加载系统压力水平低，应变片轴向变形大，试验时在轴向对称布置了 3 组 6 片应变片，试验结果取平均值。

根据沃罗特尼基和沃尔顿公式得到应变片计算值，与试验结果的对比见表 3-6。

表 3-6　轴向应变片计算值与试验值对比

油压读数/MPa			试块边界应力/MPa			理论应变值/με	实际应变值/με
σ_x	σ_y	σ_z	σ'_x	σ'_y	σ'_z		
3	3	3	0.50	0.50	0.58	15.3	14.1
4	4	4	0.66	0.66	0.76	20.1	18.9
5	5	5	0.84	0.84	0.96	25.3	27.2
7	7	7	1.23	1.23	1.41	37.2	40.4

试验结果表明，实际值和理论之值间最大误差为 8%。由于加载压力水平低，随机误差大，当压力较大时，误差应小于 8%。

3.5.3　现场应用测试及不同空心包体地应力测量技术的对比分析

在弓长岭铁矿 -220m 水平和山东某金矿（地点涉密）-795m、-825m 水平进行了 3 次现场地应力测试。安装包体探头后，调整数据采集模式为定时采集，记录开始时间设定为安装后 24h。

3.5.3.1　弓长岭铁矿地应力测试

测试区域赋存于太古界鞍山群茨沟组变质岩系中，二矿区位于弓长岭背斜北翼，矿区西北至寒岭断裂，东南到 30 勘探线。区内断裂构造发育，主要有走向逆断层和横向正断层 2 组，其中前者形成较早，产状基本与地层一致，而后者与地层走向近于正交。测点位于井下 -220m 水平处，钻孔标高 -216.25m，地表高程 188.40m，埋深 404.65m。

采用套孔解除法进行地应力测量，前端数字化型空心包体应变计记录了整个解除过程，解除岩芯和解除曲线如图 3-35 所示。

(a)

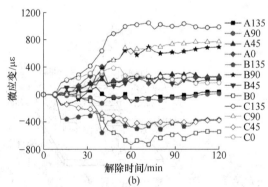

(b)

图 3-35　弓长岭矿区 -220m 水平解除曲线和岩芯
(a) 岩芯；(b) 解除曲线

由数据可知，前端数字化型空心包体应变计完整记录了钻孔解除的全过程，解除曲线体现了钻孔解除地应力测量法的特征。解除初期，应变传感器对岩芯的端部解除作用并不敏感，曲线基本没有变化；但随着解除深度的加大，钻头逐渐通过应变片所在区域，各通道应变数据随解除进行显示出先压缩后拉伸的规律（B0 等 3 个通道应变除外），并在解除区域通过应变片位置后，保持稳定。

初始解除进尺速度较慢，解除曲线基本无变化。此外3个通道应变数据显示异常，从数据上看，应变片一直处于收缩状态，这与应力状态变化并不一致，从解除岩芯上搜索发现岩芯存在一斜向裂隙贯通此3组应变片所在位置。因此判断应变片是因为裂隙切割后应力变化不很明显，而由于裂隙的导水作用，解除时直接感受冷却水温度变化，又因为裂隙部位温度梯度过大，因此应变计中热敏电阻不能直接补偿裂隙处温度而产生负向应变数值。此3组数据在分析计算中应该剔除，由于空心包体法有12个应变通道测试数据，而实际需要求解6个应力分量，因此解除数据仍然能够保证计算有效。正常解除收尾阶段，数据变化显示极佳的稳定性特征，通过双温度补偿的处理，解除数据在钻头通过应变片位置一定距离后，应变数据保持稳定（10min记录一次数据，前后3次数据变化在5$\mu\varepsilon$以内）。

3.5.3.2 山东某金矿地应力测量

试验所在矿区西濒渤海，地形低平。区内构造以断裂为主，极为发育，以北东向的为主。次级的分枝断裂发育，构成断裂带，是本区金矿的主要控矿断裂构造。矿石的主要岩性为黄铁绢英岩。

两处测点分别位于井下-795m和-825m水平，试验结果如图3-36、图3-37所示。

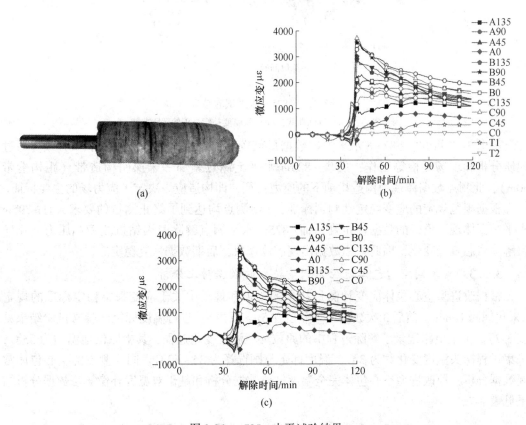

图 3-36　-795m 水平试验结果

（a）岩芯；（b）解除曲线；（c）双温度补偿修正的解除曲线

由图3-36可知，-795m水平测点应变数据特征符合应力解除规律。由于应力解除过程中温度变化较大，现将双温度补偿数据标记在应变通道上，其中T1通道是与应变片同位的热敏通道，T2通道为采集系统感温通道。

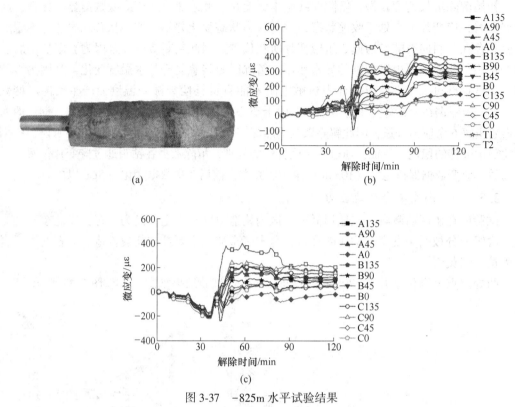

图 3-37   -825m 水平试验结果

（a）岩芯；（b）解除曲线；（c）双温度补偿修正的解除曲线

由图 3-37 可知，-825m 水平测试数据量值较小，这与深部地应力水平不一致。通过地质分析和现场复检等工作，发现-825m 水平上测点紧邻一未探明构造带（距构造带30m），此测点数据体现为构造扰动下的应力特征，即构造应力决定了应力场的主要特征。

根据规范规定的应变稳定性判别标准，2 组测点均达到了终止测量的要求，且-795m水平数据体现了更好的数据稳定性。而-825m 水平测点解除时因钻机故障和压力变化导致解除岩芯直径变化，因此采集数据出现震荡现象，后期数据恢复稳定。

3.5.3.3   不同空心包体地应力测量技术的数据对比分析

根据改进型空心包体应变计测量技术的要求和规范中关于应变采集稳定标准的规定（采集间隔 10min，前后 3 次数据最大差值在 5με 以内），进行温度标定试验（试验结果见表 3-7）。采集电路记录了解除过程中的原位环境温度变化过程，其中原位地温约为 55℃，采集过程探头温度变化约为 3℃。温度标定范围选择为 35~60℃。同一测点的空心包体常规数据分析、原改进型空心包体完全温度补偿数据分析和基于双温度补偿算法数据分析结果见表 3-7。

表 3-7   3 种空心包体应变计地应力测量方法数据取值比较

测量通道	解除应变值 /με	温度应变率 /με·℃⁻¹	未考虑采集系统温度影响的单温度修正应变值/με	基于双温度补偿算法的完全补偿修正应变值/με
A135	1195	49	1004	1018

续表 3-7

测量通道	解除应变值 /με	温度应变率 /με·℃⁻¹	未考虑采集系统温度影响的单温度修正应变值/με	基于双温度补偿算法的完全补偿修正应变值/με
A90	1395	63	1150	1160
A45	1558	56	1340	1353
A0	788	50	594	607
B135	1693	28	1584	1603
B90	1642	17	1576	1597
B45	1784	34	1652	1669
B0	1923	60	1690	1701
C135	2245	36	2105	2122
C90	2012	12	1965	1988
C45	1591	28	1482	1501
C0	1365	61	1128	1139
T1	—	109	424	359
T2	—	22	—	65

对比分析可以看出，空心包体地应力测量的常规应变取值方法所得数据（解除应变值），未充分考虑温度的影响，在纯温度影响下会有误差。而蔡美峰提出的完全温度补偿技术的取值方法，基于常规地应力测量采集模式提出，不计入温度变化对采集电路精度的影响。在前端数字化测量系统中，采集系统与测试系统同处于温度变化较大的环境，需要引入双温度补偿算法以满足前端数字化空心包体测量中完全温度补偿的精度要求。采用双温度补偿算法计算的热敏通道（T_1）数据从 424με 修正为 359με，修正量为 15%；采用双温度补偿算法后，各测量通道完全温度补偿修正值相差 10~23με。

3.5.3.4 结论

精确测量和长期监测是地应力测量和监测的发展方向。空心包体应变计地应力测量技术通过集成前端数字化技术和温度修正算法能够实现测量中高精度和长期稳定的要求。针对常规空心包体应变计地应力测量技术的不足，提出了基于双温度补偿的瞬接续采型空心包体地应力测试方法，研发了前端数字化型空心包体应变计。通过室内试验和现场测试得到如下结论：

（1）基于双温度补偿算法的瞬接续采型空心包体应变计，采用前端数字化设计，克服了采用常规探头测量中长导线引起的传输信号衰减，干扰钻进等问题。

（2）瞬时采集技术的数字化集成，消除了长时间采集过程中线路发热影响采集精度的问题；同时断电续采功能的实现保证了采集的连续性、有效性，提高了工程环境适应性，可作为地应力长期监测技术研发基础。

（3）原改进型空心包体应变计温度补偿算法基于长导线引出式地应力测量技术提出，不考虑环境温度对采集系统的影响。前端一体化集成系统中，测量、采集系统同时感受环境温度变化时，应变数据在不同电路中的温度误差产生叠加。基于完全温度补偿思想的指导，双温度补偿算法结合温度标定试验，实现了测量、采集电路的双补偿。在现场测试中对原温度补偿算法数据的修正量达到15%。

（4）基于双温度补偿算法的前端数字化型空心包体应变计室内试验研究表明，围压率定标定试验和三维加载模拟试验中测量值和理论计算值间误差最大8%，可满足测量精度要求。

（5）现场地应力测量中，解除曲线真实反映了岩芯缺陷、构造扰动、温度变化影响及解除应力演化过程，基于双温度补偿算法修正值分别为64με，86με。

参 考 文 献

［1］郑颖人，朱合华，方正昌，等．地下工程围岩稳定分析与设计理论［M］.北京：人民交通出版社，2012.

［2］蔡美峰．地应力测量原理和技术［M］.北京：科学出版社，2000.

［3］徐干成，白洪才，郑颖人，等．地下工程支护结构［M］.北京：中国水利水电出版社，2008.

［4］蔡美峰．岩石力学与工程［M］.2版．北京：科学出版社，2017.

［5］Tan Wenhui, Kulatilake P H S W, Sun Hongbao. Influence of an inclined rock stratum on in-situ stress state in an open-pit mine［J］. Geotechnical and Geological Engineering, 2014, 32 (1): 31-42.

［6］Tan Wenhui, Kulatilake P H S W, Sun Hongbao, et al. Effect of faults on in-situ stress state in an open-pit mine［J］. Electronic Journal of Geotechnical Engineering, 2014, 19 (n Z1): 9597~9629.

［7］刘允芳，朱杰兵，刘元坤．空心包体式钻孔三向应变计地应力测量的研究［J］.岩石力学与工程学报，2001，20 (4): 448~453.

［8］SJÖBERG J, KLASSON H. Stress measurements in deep boreholesusing the Borre (SSPB) probe［J］. International Journal of Rock Mechanics and Mining Sciences and Geomechanics Abstracts, 2003, 40 (7): 1205~1223.

［9］刘允芳，尹健民，刘元坤．空心包体式钻孔三向应变计测试技术探讨［J］.岩土工程学报，2011，33 (2): 291~296.

［10］蔡美峰，刘卫东，李远．玲珑金矿深部地应力测量及矿区地应力场分布规律［J］.岩石力学与工程学报，2010，29 (2): 227~233.

［11］蔡美峰．地应力测量中温度补偿方法的研究［J］.岩石力学与工程学报，1991，10 (3): 227~235.

［12］蔡美峰，乔兰，于劲波．空心包体应变计测量精度问题［J］.岩土工程学报，1994，16 (6): 15~20.

［13］乔兰，蔡美峰．应力解除法在某金矿地应力测量中的新进展［J］.岩石力学与工程学报，1995，24 (1): 25~32.

［14］QUINN G M. Rock stress measurement apparatus and method［P］. Australia: AU2012100177, 2012-04-05.

［15］白金朋，彭华，马秀敏，等．深孔空心包体法地应力测量仪及其应用实例［J］.岩石力学与工程学报，2013，32 (5): 902~908.

［16］李远，王卓，乔兰，等．基于双温度补偿的瞬接续采型空心包体地应力测试技术研究［J］.岩石力学与工程学报，2017，36 (6): 1479~1488.

［17］闫晓坤．基于空心包体应变计的地应力测量系统研究［D］.北京：北京科技大学，2013.

［18］李振．改进型空心包体本地数字化技术研发及数据误差分析［D］.北京：北京科技大学，2015.

［19］李远，乔兰，孙歆硕．关于影响空心包体应变计地应力测量精度若干因素的讨论［J］.岩石力学

与工程学报，2006，25（10）：2140~2144.

[20] 刘允芳，刘元坤．围压试验在空心包体式应变计地应力测量中的作用 [J].岩石力学与工程学报，2004，23（23）：3932~3937.

[21] 冀东，任奋华，彭超，等．地应力弹性参数计算的应力区间分级方法研究 [J].岩石力学与工程学报，2014，33（1）：2728~2734.

[22] MIAO S J, LI Y, TAN W H, et al. Relation between the in-situ stress field and geological tectonics of a gold mine area in Jiaodong Peninsula China [J]. International Journal of Rock Mechanics and Mining Sciences, 2012, 51（2）：76~80.

[23] 中华人民共和国国家标准编写组．GB 50021—2001 岩土工程勘察规范 [S].北京：中国建筑工业出版社，2009.

4 岩体渗流与突水

4.1 岩体渗流与突水基本概念

渗流是指流体在孔隙介质（由颗粒状或碎块材料组成，并含有许多孔隙或裂隙的物质称为孔隙介质）中的流动。通常，在地表面以下的土壤或岩层中的渗流称为地下水运动，是自然界最常见的渗流现象。渗流在水利、地质、采矿、石油、环境保护、化工、生物、医疗等领域都有广泛的应用。

流体在孔隙介质中流动时，由于液体粘滞性的作用必然伴随着能量损失。1852~1855年，法国工程师达西（H. P. G. Darcy）利用渗流实验装置对砂质土壤进行了大量的实验，通过实验研究总结出渗流的能量损失与渗流速度之间的基本关系，一般称之为达西定律。

与一般液流一样，渗流也有层流和紊流之分。达西定律与水头损失和流速的一次方成比例，故达西定律仅适用于层流渗流，大多数细颗粒土壤中的渗流都属于层流，故达西定律是适用的。但在卵石、砾石等大颗粒土壤中的渗流可能出现紊流，这时达西定律不适用。

渗流与液流运动一样可分为恒定渗流和非恒定渗流、均匀渗流和非均匀渗流、渐变渗流和非渐变渗流、无压渗流和有压渗流，按空间分为一元渗流、二元渗流和三元渗流。

地下水运动中危害最大的是突水。突水是指大量地下水突然集中涌入井巷的现象。地下工程掘进或采矿过程中当巷道揭穿导水断裂、富水溶洞（尤其是遇到地下暗河系统）、老窑积水时，地下水会突然大量涌入井巷，常会在短时间内淹没坑道，给地下工程建设、矿山生产带来危害，造成人员伤亡、设备损失。在富水的岩溶水充水的地区、顶底板有较厚高压含水层分布的开采区及在构造破碎的地段，常易发生突水现象。此外，还有涌水、透水等现象。涌水只是井巷充水的一种形式，强调的是流出，不强调水压；突水强调的是承压水，压力大，突然涌入，煤矿通常指奥灰突水；透水主要指老窑水、地表水灌入井巷。

突水水源按其来源可以分为大气降水、地表水体、地下水体和老空水。

4.2 裂隙岩体的渗流力学基本理论

4.2.1 裂隙岩体的渗透介质

天然岩体是多相不连续介质，由于各种地质作用而被各种裂隙所切割，除此之外，岩体中还有孔隙和溶隙，这些构成地下水赋存场所和运移通道。

岩石中没有被固体颗粒占据的那一部分叫做空隙空间（或孔隙空间，包含孔隙、溶隙、裂隙)。空隙空间含有水或空气,在地层中只有连通的空隙才能起导水通道的作用。图 4-1 所示为岩石空隙的几种类型 (Meinzer, 1942),空隙的大小可以从巨大的石灰岩洞穴到微小的亚毛细孔洞。岩石的空隙分为两种 (Bear, 1983):(1) 原生空隙,主要在沉积岩与火成岩中,是岩石形成时的地质作用产生的;(2) 次生空隙,主要是节理、裂隙和岩溶通道,是岩石形成以后逐渐发展而成的。精确表征岩石中的空隙空间,是准确分析岩体渗流力学特征的前提。

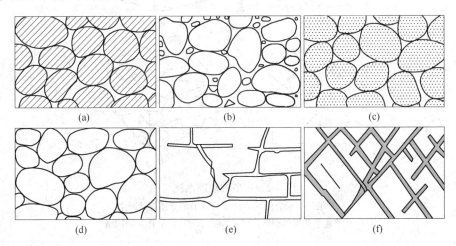

图 4-1 岩石空隙的几种类型 (Meinzer 1942)

(a) 分选好、孔隙率高的沉积物;(b) 分选差、孔隙率低的沉积物;(c) 砾石组成的沉积物,砾石本身也是多孔的,故整个沉积物的孔隙率很高;(d) 沉积物分选好,但颗粒间有胶结物沉积,所以孔隙率低;(e) 由熔蚀作用形成的多孔岩石;(f) 由断裂形成的多孔岩石 (Meinzer, 1942)

岩体空隙的分布形状、大小,连通性以及空隙的类型影响岩体的力学性质和渗流特性。目前,岩体渗流介质主要有多孔连续介质、裂隙离散介质和双重介质三种类型。

(1) 多孔连续介质。把包含在多孔介质的表征体单元 (简称 REV) 内的所有流体质点与固体颗粒的总和称为多孔介质质点,由连续分布的多孔介质质点组成的介质称为多孔连续介质。

(2) 裂隙离散介质。由裂隙 (如节理、断层等) 个体在空间上相互交叉形成网络状空隙结构,这种含水介质称为裂隙网络介质。由相互贯通且裂隙中的水流为连续分布的裂隙构成的网络,称为连通裂隙网络 (图 4-2 (a)、(b));由互不连通或存在阻水裂隙且裂隙中的水流为断续分布的裂隙构成的网络,称为非连通裂隙网络 (图 4-2 (c)、(d))。

(3) 双重介质。由裂隙 (如节理、断层等) 和其间的孔隙岩块构成的空隙结构,裂隙导水 (渗流具有定向性),孔隙岩块储水 (渗流具有均质各向同性),这种含水介质称为双重介质 (Barenblatt 于 1960 年提出)。典型的双重介质模型如图 4-3 所示。将裂隙系统中控制渗流总体分布且起着主导渗透作用的大裂隙定义为裂隙岩体中的主干裂隙网络,将主干裂隙网络间的岩块定义为裂隙岩块。由主干裂隙网络和其间的裂隙岩块构成的具有相对导水和储水作用的水文地质体就是双重裂隙系统。

除了以上 3 种主要的渗流介质模型,还有岩溶管道网络介质和溶隙-管道介质。由岩溶溶蚀管道个体在空间上相互交叉形成的网络状空隙结构称为岩溶管道网络介质;由稀疏

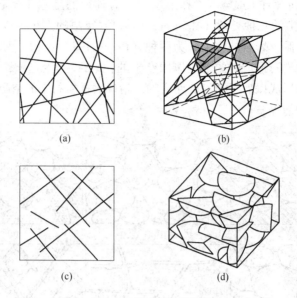

图 4-2　典型的裂隙系统

（a）连通的平面裂隙网络；（b）连通的立体裂缝网络；
（c）非连通的平面裂缝网络；（d）非连通的立体裂隙网络

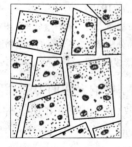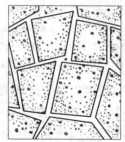

图 4-3　双重介质模型示意图

大岩溶管道（或暗河）和溶隙网络构成的空隙结构，岩溶管道（或暗河）中水流为紊流（具有定向性，控制区域流），溶隙网络中水流符合层流条件（渗流具有非均质各向异性，控制局部渗流），这种含水介质称为溶隙-管道介质。

4.2.2　地下水对岩体力学性质的影响

地下水作为一种重要的地质营力，它与岩体之间的相互作用，一方面改变着岩体的物理、化学及力学性质，另一方面也改变着地下水自身的物理、力学性质及化学组分。运动着的地下水对岩体产生三种作用，即物理的、化学的和力学的作用。

（1）地下水对岩体的物理作用。地下水对岩体的物理作用包括润滑作用、软化和泥化作用、毛细水的强化作用。润滑作用是指处于岩体中的地下水，在岩体的不连续面边界（如坚硬岩石中的裂隙面、节理面和断层面等结构面）上产生润滑作用，使不连续面上的摩阻力减小和作用在不连续面上的剪应力效应增强，容易诱发岩体沿不连续面的剪切运动。地下水对岩体产生的润滑作用反映在力学上，就是使岩体的摩擦角减小。

地下水对岩体的软化和泥化作用主要表现在对岩体结构面中充填物的物理性状的改变上，岩体结构面中充填物随含水量的变化，发生由固态向塑态直至液态的弱化效应。一般在断层带易发生泥化现象。软化和泥化作用使岩体的力学性能降低，内聚力和摩擦角减小。

处于非饱和带的岩体，其中的地下水处于负压状态，此时的地下水不是重力水，而是毛细水，按照有效应力原理，非饱和岩体中的有效应力大于岩体的总应力，水的作用是强化岩体的力学性能，即增加岩体的强度。

（2）地下水对岩体的化学作用。地下水对岩体的化学作用主要是通过地下水与岩体之间的离子交换、溶解作用（黄土湿陷及岩溶）、水化作用（膨胀岩的膨胀）、水解作用、溶蚀作用、氧化还原作用等。

地下水与岩土体之间的离子交换使得岩土体的结构改变，从而影响岩土体的力学性质。

溶解和溶蚀作用在地下水水化学的演化中起着重要作用，地下水中的各种离子大多是由溶解和溶蚀作用产生的。溶蚀作用的结果使岩体产生溶蚀裂隙、溶蚀空隙及溶洞等，增大了岩体的空隙率及渗透性。

水化作用是水渗透到岩土体的矿物结晶格架中或水分子附着到可溶性岩石的离子上，使岩石的结构发生微观、细观及宏观的改变，减小岩土体的内聚力。自然中的岩石风化作用就是由地下水与岩土体之间的水化作用引起的，还有膨胀土与水作用发生水化作用，使其发生大的体应变。

水解作用是地下水与岩土体（实质上是岩土物质中的离子）之间发生的一种反应，若岩土物质中的阳离子与地下水发生水解作用，则使地下水中的氢离子（H^+）浓度增加，增大了水的酸度，即：$M^+ + H_2O \longrightarrow MOH + H^+$。若岩土物质中的阴离子与地下水发生水解作用，则使地下水中的氢氧根离子（OH^-）浓度增加，增大了水的碱度，即：$X^- + H_2O \longrightarrow HX + OH^-$。水解作用一方面改变地下水的 pH 值，另一方面也使岩土体物质发生改变，从而影响岩土体的力学性质。

氧化还原作用是一种电子从一个原子转移到另一个原子的化学反应。氧化过程是被氧化的物质丢失自由电子的过程，而还原过程则是被还原的物质获得电子的过程。氧化和还原过程必须一起出现，并相互弥补。地下水与岩土体之间常发生的氧化过程有：硫化物的氧化过程产生 Fe_2O_3 和 H_2SO_4，碳酸盐岩的溶蚀产生 CO_2。地下水与岩土体之间发生的氧化还原作用，既改变岩土体中的矿物组成，又改变着地下水的化学组分及侵蚀性，从而影响岩土体的力学特性。

以上地下水对岩土体产生的各种化学作用大多是同时进行的，一般地说化学作用进行的速度很慢。地下水对岩土体产生的化学作用主要是改变岩土体的矿物组成和结构性，从而影响岩土体的力学性能。

（3）地下水对岩土体产生的力学作用。地下水对岩土体产生的力学作用主要指通过水压力和渗流力对岩土体产生力学作用。前者减小岩土体的有效应力而降低岩土体的强度，在裂隙岩体中的空隙水压力可使裂隙产生扩容变形；后者对岩土体产生拖曳力，地下水在松散土体、松散破碎岩体及软弱夹层中运动时对土颗粒施加一体积力，在空隙动水压力的作用下可使岩土体中的细颗粒物质产生移动，甚至被携出岩土体之外，产生潜蚀而使岩土体破坏。

在岩体裂隙或断层中的地下水对裂隙壁施加两种力：一是垂直于裂隙壁的水压力（面力），该力使裂隙产生垂向变形；二是平行于裂隙壁的切向面力，该力使裂隙产生切向变形。

当多孔连续介质岩土体中存在空隙地下水时，未充满空隙的地下水对多孔连续介质骨架施加一负的空隙水压力，使岩土体的有效应力增加，即：

$$\sigma' = \sigma + p \tag{4-1}$$

式中，σ' 为岩土体的有效应力；σ 为岩土体的总应力；p 为岩土体中的空隙静水压力（负压）。

当地下水充满多孔连续介质岩土体时，地下水对多孔连续介质骨架施加一正的空隙静水压力，使岩土体的有效应力减小，即：

$$\sigma' = \sigma - p \tag{4-2}$$

当多孔连续介质岩土体中充满流动的地下水时，地下水对多孔连续介质骨架还施加一渗流力，渗流力为体积力，即：

$$\tau_d = \gamma_w J \tag{4-3}$$

式中，τ_d 为岩土体中的渗流力；γ_w 为地下水的容重；J 为地下水的水力坡度。

当裂隙岩体中充满流动的地下水时，地下水对岩体裂隙壁施加一垂直于裂隙壁面的水压力和平行于裂隙壁面的切向面力，即：

$$\tau_d^q = \frac{b\gamma_w}{2}J \tag{4-4}$$

式中，τ_d^q 为地下水流动引起的切向面力；b 为裂隙的隙宽。

总体而言，地下水在岩体介质中的渗流具有如下特点：（1）岩体渗透性大小取决于岩体中结构面的性质及岩块的岩性；（2）岩体渗流以裂隙导水、微裂隙和岩石孔隙储水为其特色；（3）岩体裂隙网络渗流具有定向性；（4）岩体一般看作非连续介质（对密集裂隙可看作等效连续介质）；（5）岩体的渗流具有高度的非均质性和各向异性；（6）一般岩体中的渗流符合达西层流定律（岩溶管道流一般属紊流，不符合达西定律）；（7）岩体渗流受应力场影响明显；（8）复杂裂隙系统中的渗流，在裂隙交叉处，具有"偏流效应"，即裂隙水流经大小不等裂隙交叉处时，水流偏向宽大裂隙一侧流动。

4.2.3　岩体渗流数学模型

根据岩体渗流介质的特点，岩体渗流的数学模型主要分为三类：等效连续介质模型、裂隙网络模型及非连续介质（包括双重介质和岩溶管道网络介质）模型。

（1）等效连续介质渗流数学模型。等效连续介质模型是以 Pomm（1958，1966）和 Snow（1965）创立的渗流张量理论为基础，用连续介质方法描述岩体的渗流问题。渗流张量是按裂隙格局统计平均参数建立的，可以表征裂隙介质及其水流的各向异性。

根据统计原理，若表征单元体元 REV 内有充分多的孔隙（或裂隙）和流体质点，而这个表征体元 RVE 相对所研究的工程区域而言充分小（小于研究域的 1/20～1/50），此时可按连续介质（或等效连续介质）方法研究工程岩体的力学及水力学问题；否则，用非连续介质方法研究。

等效连续介质模型可采用经典的孔隙介质渗流分析方法，使用上较为方便。

（2）裂隙网络渗流数学模型。裂隙网络模型是把裂隙介质看成由不同规模、不同方向的裂隙个体在空间相互交叉构成的网络状系统，地下水沿裂隙网络运动。线素模型（Wittke 1966，1968）是裂隙网络渗流模型的基础，它将裂隙岩石的渗透空间视为由构成裂隙网络的隙缝个体组成，运用线单元法建立裂隙系统中水流量、流速及压力特征之间的关系。这是一种真实的水文地质模型，相当于对天然裂隙系统的映射，但它却是稳定流模型，不能反映裂隙水流的瞬间变化特征。由于查清每一条裂隙难以办到，因而只有在小范围且裂隙数量不大的范围，才能应用。该模型将裂隙及其交叉点上的水动力关系逐个列出，揭示了裂隙水流运移的内在联系，为裂隙网络流模型的研究奠定了理论基础。

裂隙网络模型在确定每条裂隙的空间方位、隙宽等几何参数的前提下，以单个裂隙水流基本公式为基础，利用流入和流出各裂隙交叉点的流量相等来求其水头值。这种模型接近实际，但处理起来难度较大，数量分析工作量极大。

（3）双重介质渗流数学模型。双重介质模型是前苏联学者巴伦布拉特（Barrenblatt，1960）提出的，假定岩体是孔隙介质和裂隙介质相重叠的连续介质（即"孔隙-裂隙二重性"）：孔隙介质储水，裂隙介质导水。很多学者（Warran，Root 1963；Duguill 1977；Strelfsova，1977，Huyakom 1983）提出了各自的双重介质理论模型，不同之处在于对裂隙系统和孔隙系统以及两系统之间的水交替进行了不同的概化。

双重介质模型又分为狭义双重介质模型和广义双重介质模型。

1）狭义双重介质。由裂隙（如节理）和其间的孔隙岩块构成的空隙结构，裂隙导水（渗流具有定向性），孔隙岩块储水（渗流具有均质各向同性），这种含水介质称为狭义双重介质，即 Barenblatt（1960）提出的双重介质。

2）广义双重介质。由稀疏大裂隙（如断层）和其间的密集裂隙岩块构成的空隙结构，裂隙导水（渗流具有定向性，控制区域渗流），密集裂隙岩块储水及导水（渗流具有非均质各向异性，控制局部渗流），这种含水介质称为广义双重介质。

双重介质模型除裂隙网络外，还将岩块视为渗透系数较小的渗透连续介质，研究岩块孔隙与岩体裂隙之间的水交换，这种模型更接近实际，但数值分析工作量也更大。

4.2.4 裂隙岩体的水力学参数

裂隙岩体的水力学性质常用岩体的渗透性来表示，岩体的渗透性是指岩体允许透过流体（气体和液体）的能力，其定量指标可用渗透率、渗透系数、渗透率张量和渗透系数张量描述。

岩体的渗透率是表征岩体介质特征的函数，它描述了岩体介质的一种平均性质，表示岩体介质传导流体的能力。对于均质各向同性多孔介质而言，其渗透率为：

$$k = CD^2 \tag{4-5}$$

式中，k 为岩体的渗透率（量纲 L^2）；C 为孔隙形状影响系数；D 表示孔隙的大小（量纲 L）。

若将孔隙假想为圆管状，则 D 为孔隙的直径；$C = \dfrac{n}{32}$；n 为孔隙率。

单裂隙介质的渗透率为：

$$k = \lambda b^2 \tag{4-6}$$

式中，λ 是与岩体裂隙粗糙度有关的参数，当裂隙平直光滑无充填物时，$\lambda = 1/12$，否则，$\lambda < 1/12$；b 为裂隙隙宽（量纲 L）。

对裂隙系统而言，岩体的等效渗透率为：

$$k = b^3 \lambda S^{-1} \tag{4-7}$$

式中，S 为岩体中裂隙的平均间距（量纲 L）。

在岩体系统内，由于岩体介质具有非均质各向异性，反映岩体各向异性的渗透性能，不能用一个标量来表示，而要用张量来描述岩体介质各个方向上的不同渗透性能，这个量就称为岩体介质的渗透率张量。岩体空间内不同点上渗透率张量构成了岩体系统内介质的渗透率张量场。

当岩体由多组裂隙组成，且其间岩块为不透水，裂隙组在裂隙网络中互相连通，一个方向上裂隙组的裂隙水流丝毫不受另一个方向裂隙组的裂隙水流的干扰，则岩体裂隙的等效渗透率张量为：

$$k = \begin{bmatrix} \sum\limits_{i=1}^{M} b_i^3 \lambda S_i^{-1}(1 - a_{xi}^2) & -\sum\limits_{i=1}^{M} b_i^3 \lambda S_i^{-1} a_{xi} a_{yi} & -\sum\limits_{i=1}^{M} b_i^3 \lambda S_i^{-1} a_{xi} a_{zi} \\ -\sum\limits_{i=1}^{M} b_i^3 S_i^{-1} a_{yi} a_{xi} & \sum\limits_{i=1}^{M} b_i^3 \lambda S_i^{-1}(1 - a_{yi}^2) & -\sum\limits_{i=1}^{M} b_i^3 \lambda S_i^{-1} a_{yi} a_{zi} \\ -\sum\limits_{i=1}^{M} b_i^3 \lambda S_i^{-1} a_{zi} a_{xi} & -\sum\limits_{i=1}^{M} b_i^3 \lambda S_i^{-1} a_{zi} a_{yi} & \sum\limits_{i=1}^{M} b_i^3 \lambda S_i^{-1}(1 - a_{zi}^2) \end{bmatrix} \tag{4-8}$$

式中，$a_{xi} = \cos\beta_i \sin\alpha_i$，$a_{yi} = \sin\alpha_i \sin\beta_i$，$a_{zi} = \cos\alpha_i$；$\alpha_i$ 为第 i 组裂隙的倾角（$0 \leqslant \alpha_i \leqslant 90°$）；$\beta_i$ 为第 i 组裂隙的倾向（$0 \leqslant \beta_i \leqslant 360°$）；$M$ 为岩体中裂隙的组数。

当裂隙为陡倾角，即 $\alpha_i \approx 90°$ 时，$a_{xi} = \cos\beta_i$，$a_{yi} = \sin\beta_i$，$a_{zi} = 0$，则：

$$k = \begin{bmatrix} \sum\limits_{i=1}^{M} b_i^3 \lambda S_i^{-1} \sin^2\beta_i & -\sum\limits_{i=1}^{M} b_i^3 \lambda S_i^{-1} \cos\beta_i \sin\beta_i & 0 \\ -\sum\limits_{i=1}^{M} b_i^3 \lambda S_i^{-1} \cos\beta_i \sin\beta_i & \sum\limits_{i=1}^{M} b_i^3 \lambda S_i^{-1} \cos^2\beta_i & 0 \\ 0 & 0 & \sum\limits_{i=1}^{M} b_i^3 \lambda S_i^{-1} \end{bmatrix} \tag{4-9}$$

当裂隙的隙宽和密度十分整齐和规则，但方位杂乱无章，没有一个较其他方向突出的主渗透方向时，则岩体的渗透率张量可表述为：

$$k = b^3 \lambda S^{-1} \begin{bmatrix} k_{11} & 0 & 0 \\ 0 & k_{22} & 0 \\ 0 & 0 & k_{33} \end{bmatrix} = \text{diag}(k_{11}, k_{22}, k_{33}) \tag{4-10}$$

当岩体中只发育唯一的一个方向裂隙组，且裂隙宽度 b 为常数，隙间距 S 为常数，而 Z 轴与隙面法向一致，X、Y 轴在隙面上，则岩体的渗透率张量可表述为：

$$\boldsymbol{k} = b^3 \lambda S^{-1} \begin{bmatrix} 1 & 0 & 0 \\ 0 & 1 & 0 \\ 0 & 0 & 0 \end{bmatrix} \tag{4-11}$$

当岩体中发育有两个正交的方向的裂隙组，其裂隙隙宽 b 为常数，隙间距 S 为常数，且 Z 轴与不同方位隙面的交线一致，X、Y 轴在隙面上，则岩体的渗透率张量可表述为：

$$\boldsymbol{k} = b^3 \lambda S^{-1} \begin{bmatrix} 1 & 0 & 0 \\ 0 & 1 & 0 \\ 0 & 0 & 2 \end{bmatrix} \tag{4-12}$$

岩体的渗透系数也称为水力传导系数，是岩体介质特征和流体特性的函数。它描述了岩体介质和流体的一种平均性质。在岩体水流系统中，渗透系数可表征地下水流经空间内任一点上的介质的渗透性；也可表征某一区域内介质的平均渗透性或某一裂隙段上介质的渗透性。

渗透系数张量是描述岩体介质和介质内流动的流体在空间同一点上不同方向上的渗透性能的量，其值可表示为：

$$\boldsymbol{K} = \boldsymbol{k} \frac{\rho g}{\mu} \tag{4-13}$$

式中，$\boldsymbol{K}$ 为岩体渗透系数张量（L/T）；g 为重力加速度（LT^{-2}）；ρ 为流体的密度（ML^{-3}）；μ 为流体的动力黏滞系数（$ML^{-1}T^{-1}$）。ρ，μ 与温度 T 有关。

岩体的渗透系数张量场是指岩体空间上不同点或不同小区域上平均渗透系数张量的集合。渗透率张量和渗透系数张量都是对称、二秩张量。前者仅与裂隙几何形状（包括裂隙隙宽、间距或密度、粗糙度等）有关；后者不仅与裂隙几何形状有关，而且与流体的性质（容重和黏滞性等）有关。

岩体的渗透性质还与应力有关，若不考虑高应力下的残余渗透性，渗透率与应力的关系可描述为

$$k(\sigma) = k_0 \exp(-a\sigma) \tag{4-14}$$

式中，k_0 为前述不考虑应力作用时的渗透率；σ 为应力；a 为参数。

对任意方向的主应力作用下的几组裂隙构成的岩体，计算表征单元体的渗透系数张量与应力的关系，可写成如下形式：

$$\boldsymbol{K} = \begin{bmatrix} K_{xx}(\sigma) & K_{xy}(\sigma) & K_{xz}(\sigma) \\ K_{yx}(\sigma) & K_{yy}(\sigma) & K_{yz}(\sigma) \\ K_{zx}(\sigma) & K_{zy}(\sigma) & K_{zz}(\sigma) \end{bmatrix} \tag{4-15}$$

4.2.5　固液耦合分析原理

流体在岩体介质渗流过程中，由于孔隙、裂隙等缺陷结构的复杂性，固体与流体之间的相互作用即使在弹性状态下也十分复杂，固体和流体两相介质耦合分析，即建立岩体力学参数和水力学参数之间的关系式是一项艰巨工作，有待于深入研究。

岩体介质作为一个整体，其变形除了受到外部载荷的作用外，还受到内部孔隙流体压力的影响。应力作用下岩体变形对流体运动的影响可通过以下两个方面体现出来：（1）孔隙、裂隙空间的改变，使得储集在其中的流体质量发生变化；（2）孔隙、裂隙空

间的变化，使得流体通过孔隙、裂隙通道运动的阻力发生变化，在宏观上表现为，在渗流过程中介质渗透系数是变数而不是常量。所以，应力场导致渗流场中渗流量的非线性分布和渗透性质的非均匀性及各向异性变化。

流体对介质变形的影响通过两个方面的影响体现出来：（1）流体压力（包括静水压力和动水压力）是施加在固体骨架上的载荷，其压力的变化自然引起孔隙、裂隙变化和岩体整体的变形。（2）内部孔隙压力的存在，改变了裂隙岩体的本构特征，进而影响其中变形。所以，孔隙水压力的大小变化和梯度分布直接影响着岩体应力应变关系。

在复杂的外界应力和动态的渗流应力作用下，岩体介质破坏模式为孔隙萌生、扩展，非连续节理贯通，这一损伤演化过程（孔隙结构和裂隙系统十分复杂的空间变化）对渗流分布和应力分布的影响主要包括以下几方面：（1）局部的裂隙空间压缩闭合，渗透性减小，水力梯度增加；一旦裂隙完全闭合，其中的孔隙压力消失。（2）另一些位置的裂隙空间张开扩展，渗透性提高，水力梯度减缓。（3）小尺度微裂纹萌生、发展和相互作用，最终贯通形成新的大尺度的裂纹和节理，不但水的渗流路径优先选择其中，出现偏流效应，而且水压力要传递到裂隙尖端和侧壁。（4）粗糙的裂隙面摩擦形成的碎屑物被水冲刷、侵蚀等物理化学作用。

在宏观尺度上，除了大型结构面和断裂带，由于岩体裂隙系统密集性和复杂性，流体和固体分别占有各自的区域，固体区域与流体区域互相包含，难以明显划分开，必须将流体相和固体相视为互相重叠在一起的连续介质，在不同相的连续介质之间可发生相互作用。所以固体的运动（或平衡）控制方程中有体现流体载荷影响的项，流体运动的控制方程中有体现固体力学的响应项。

对渗流中流固耦合问题，Biot 将孔隙流体压力 p 和水容量 Δn 的变化也增列为状态变量，本构方程是 7 对状态变量（σ_{ij}，ε_{ij}）和（p，Δn）之间的物理关系，是考虑渗流中流固耦合效应的第一个力学理论。其基本方程三维表达式如下。

平衡方程：

$$\frac{\partial \sigma_{ij}}{\partial x_{ij}} + \rho X_j = 0 \quad (i, j = 1, 2, 3) \tag{4-16}$$

几何方程：

$$\varepsilon_{ij} = (u_{i,j} + u_{j,i})/2 \tag{4-17}$$

本构方程（有效应力原理）：

$$\sigma'_{ij} = \sigma_{ij} - \alpha p \delta_{ij} = \lambda \delta_{ij} \varepsilon_v + 2G \varepsilon_{ij} \tag{4-18}$$

$$\Delta n = p/Q - \alpha \varepsilon_v = p/R - \sigma_{ii}/3H \tag{4-19}$$

渗流方程：

$$K_{ij} \nabla^2 p = \frac{1}{Q} \frac{\partial p}{\partial t} - \alpha \frac{\partial \varepsilon_v}{\partial t} \tag{4-20}$$

式中，p、Δn 为孔隙水压力和孔隙变化量；ρ 为体力密度；δ 为 Kronecker 常数；K_{ij} 为渗透系数；σ_{ij}、σ'_{ij}、ε_{ij} 为总应力、有效应力和总应变；ε_v 为体积应变，$\varepsilon_v = \varepsilon_{11} + \varepsilon_{22} + \varepsilon_{33}$；$\alpha$ 称为孔隙水压系数，描述岩体中不均匀分布在空隙（裂隙）中的孔隙水压作用效果；G、λ 为剪切模量和拉梅系数；H、R（Q，α）为 Biot 常数，物理意义为：$1/R$ 度量了由于水压力变化引起的水容量变化，$1/H$ 度量了由于水压力变化引起的介质整体体积的变化，α 是

水分充分排出时，排出的水量与介质体积应变之比，而 $1/Q$ 是多孔介质体积不变的情况下，在水压力作用下挤进多孔介质中水量。Q、R、H、α 之间的关系为：

$$1/R = 1/Q + \alpha/H \tag{4-21}$$

$$\alpha = \frac{3\lambda + 2G}{3H} = \frac{2(1-\mu)G}{3(1-2\mu)H} = \frac{E}{3(1-2\mu)H} = \frac{K'}{H} \tag{4-22}$$

式中，E、K' 分别为弹性模量和体积模量。

对于饱和土，Biot 假设渗流过程中瞬时压缩应变与最后压缩应变相比，是可以忽略的，这意味着稳定流过程中，随着孔隙水消散，流动趋于稳定，Q 非常大，取 $Q=\infty$。

则式（4-21）简化为：

$$1/R = \alpha/H \tag{4-23}$$

Biot 建立的三维固结理论只考虑了应力对流体质量（孔隙变化量 Δn）的影响，没有考虑其对流体动量（孔隙变化量 Δn 引起渗透率的变化）的影响，因此只能反映流固之间的线性耦合作用，当孔隙变化量 Δn 引起的流量变化时，渗透系数 K 是孔隙变化量 Δn 的函数，这样又要增加一个耦合方程，由式（4-23）可得该方程为：

$$K_{ij}(\sigma,\ p) = K_0 e^{a\Delta n} = K_0 e^{a\left(\frac{p}{R} - \frac{1}{3H}\sigma_{ii}\right)} = K_0 e^{-a\left(\frac{\sigma_{ii}/3 - \alpha p}{H}\right)} \tag{4-24}$$

式中，$\sigma_{ii} = \sigma_1 + \sigma_2 + \sigma_3$，$\sigma_{ii}/3$ 表示平均总应力；a 为耦合参数，表征应力应变对渗透系数的影响程度，它和 α 由试验确定。

该方程即为渗流与应力应变耦合方程，可以假设为负指数关系、幂指数、双曲线或其他的函数关系方程。

目前，有大量的渗流-应力（应变）耦合分析理论、数值模型及其计算程序，离散介质模型、等效连续介质和双重介质模型以及有限元、离散元、边界元、DDA，FLAC 等方法用于研究岩体的渗流-应力耦合分析。

近 30 年来，考虑岩体损伤破坏对渗流的影响越来越引起水力学专家的重视。DECO-VALEX 的国际合作项目代表了渗流-应力耦合研究领域的最高水平，初步建立了研究 THM 耦合作用机制的理论框架。但是，也提出了关键性的难题：（1）流体运移和热对流变化对局部裂纹扩展过程较敏感，缺乏合理、详细的解释；（2）受缺陷和裂纹扩展影响，THM 耦合模型存在不确定性。

4.2.6 裂隙岩体渗流特性空间变异性分析

应用岩体不接触测量系统（ShapeMetriX3D），对某巷道围岩的节理裂隙进行现场测量，得出的三维重构岩体表面模型及节理分布如图 4-4 所示。结构面分布的赤平投影结果如图 4-5（a）所示，迹线分布情况如图 4-5（b）所示。

每组节理裂隙的线密度、迹长、间距、倾向和倾角等几何参数的统计分布规律见表 4-1。其中，类型 I 表示负指数分布，类型 II 为正态分布，类型 III 为对数正态分布，类型 IV 为均匀分布。基于该模型，结合 Monte Carlo 方法重构的裂隙网络如图 4-6（a）所示，垂直巷道走向的二维裂隙网络图（10m×10m）如图 4-6（b）所示。

图 4-4　三维重构岩体表面模型及节理分布

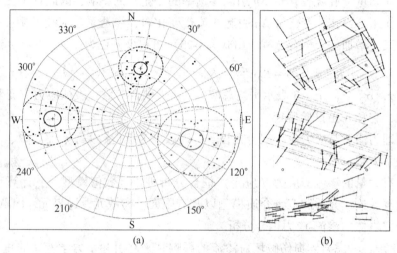

(a)   (b)

图 4-5　结构面赤平投影图及节理迹线分布

表 4-1　三组节理的几何产状信息及统计模型

组别	线密度 /m⁻¹	节理几何信息											
		倾向/(°)			倾角/(°)			迹长/m			间距/m		
		类型	均值	方差	类型	均值	方差	类型	均值	方差	类型	均值	方差
1	1.2	Ⅱ	90.73	13.88	Ⅲ	71.24	15.05	Ⅱ	0.86	0.23	Ⅳ	0.83	0.75
2	1.3	Ⅱ	289.96	22.89	Ⅳ	59.85	8.4	Ⅱ	0.89	0.28	Ⅳ	0.76	0.73
3	3.3	Ⅲ	189.05	14.55	Ⅲ	55.29	13.35	Ⅱ	0.85	0.25	Ⅳ	0.3	0.31

　　当不考虑裂隙储水问题时，岩体的渗流主要涉及裂隙的导水问题。岩体内部赋存的节理形态、大小、贯通率等直接影响着岩体的渗流特性。一般地，岩体裂隙网络渗流具有一定的定向作用，节理组越发育，节理方向性越强，渗流主方向越明显。若定义渗流定向性系数 r 为渗透系数最大值与最小值之比，用于表征渗透特性的方向性，则 r 越大，表明渗透方向性越强，裂隙岩体的渗流定向性越明显。对于层状分布岩体，渗流具有定向、各向异性的特点。对于多组节理分布的块状岩体，其渗流主要为裂隙网络渗流，具有一定的定

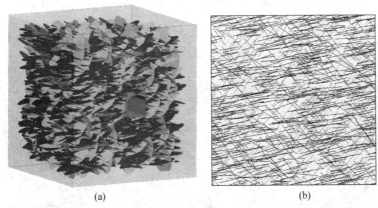

(a)   (b)

图 4-6   基于 Monte Carlo 方法得到的离散裂隙网络模型

(a) 三维裂隙网络；（b）垂直巷道走向剖面

向流动性和非连续性。研究表明，层状节理岩体渗流具有明显的各向异性特征，渗流定向性随着节理角度变化显著；随着节理贯通性增加，节理渗透率呈现对数增加趋势。节理正交分布情况下，岩体仍存在各向异性，但渗流定向性系数较低，渗流定向性较差。

    本节针对离散裂隙网络模型开展渗透特性研究。选定研究区域，边长一定情况下，固定区域的中心点，0°~90°逆时针每隔 15°，基于离散介质渗流理论，计算裂隙网络的等效渗透系数，最终可得到当前尺寸的裂隙样本的渗透张量。即垂直方向的渗透系数 $K_{[90]}$，倾角 75°的渗透系数 $K_{[75]}$，60°的渗透系数 $K_{[60]}$，45°的渗透系数 $K_{[45]}$，30°的渗透系数 $K_{[30]}$，15°的渗透系数 $K_{[15]}$ 及水平方向的渗透系数 $K_{[0]}$ 可分别确定，如图 4-7 所示。之后，增大裂隙样本尺寸，可以对渗透特性尺寸效应进行评价。图 4-8 所示为当边长为 7m 时不同研究角度的渗透连通网络结果。

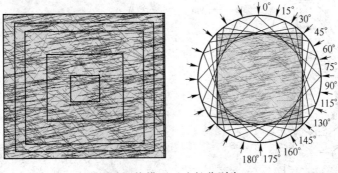

图 4-7   不同尺寸下离散裂隙网络模型（边长分别为 1m、4m、7m、8m、9m）

    不同尺寸、不同角度裂隙样本的渗透系数变化如图 4-9 所示。从图可看出，渗透系数存在明显的各向异性，渗透主方向角度约为 15°。样本尺寸增大，其各角度渗透系数值均逐渐降低，当裂隙样本尺寸趋近于 7m 时，渗透系数趋近。初步猜测渗透特性存在尺寸效应，而表征单元体的尺寸在 7m 左右。为了进行验证，分别对不同尺寸（1m、3m、4m、5m、6m、8m、9m）的样本的 0°、15°和 30°得到的渗透系数与 7m 的结果进行了对比，此时，定义其他尺寸渗透系数与 7m 样本渗透系数之差对 7m 渗透系数比值百分比为渗透系数偏差，分析结果如图 4-10 所示。结果显示，随着裂隙样本尺寸的增大，偏差逐渐减小，并在增大到 7m 后逐渐趋于稳定。

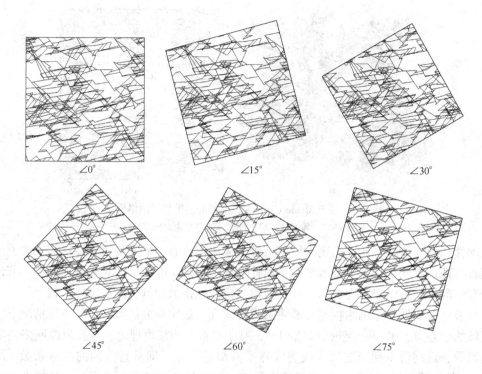

图4-8　不同倾角下边长为7m裂隙网络模型

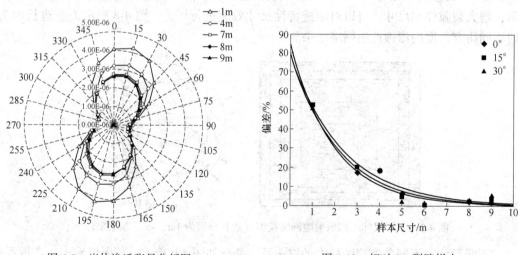

图4-9　岩体渗透张量分析图

图4-10　相对7m裂隙样本
的渗透系数偏差分析

　　不同尺寸裂隙样本在渗透主方向（15°）的渗透系数最大值及最小值见表4-2。当裂隙样本从1m增大到9m时，渗透系数从$4.23×10^{-6}$m/s降到$2.66×10^{-6}$m/s。根据以上分析结果可知，岩体的表征单元体尺寸可暂定为7m×7m。表征单元体的渗透系数最大为$2.77×10^{-6}$m/s，最小值为$0.87×10^{-6}$m/s，比值为3.18。

表 4-2　方向角为 15°不同尺寸下裂隙样本渗透系数 K[15]

样本尺寸/m		1	4	7	8	9
渗透系数主值/×10⁻⁶m·s⁻¹	最大值	4.23	3.28	2.77	2.69	2.66
	最小值	0.80	0.97	0.87	0.88	0.85
	比值	5.29	3.38	3.18	3.06	3.13

4.3　突水特性与力学模型

4.3.1　突水特性

自从 19 世纪 50 年代法国工程师亨利·达西提出描述多孔介质层流状态的达西定律之后，学者们在大量试验和工程实践中逐步认识到颗粒较粗、孔隙较大的非均匀孔隙介质或裂隙介质中存在高速非达西流现象，即流体流速与压力梯度呈非线性关系，这种介质中流体流速较大、雷诺数较大。裂隙岩体的突水是典型的非达西流现象。

在地下工程施工中，不可避免地会破坏隐伏的含水构造，导致导水通道与开挖临空面相连通或处于准联通状态，进一步的扰动会诱发地下水或导水通道有水力联系的其他水体（地表水、地下暗河以及溶潭等）突然涌入开挖区，发生突水灾害。

采动导致的裂隙岩体渗流突水有三个特征：含水层水源的非 Darcy 流、突水通道的非 Darcy 流和开采扰动作用。

（1）突水通道的非 Darcy 渗流特性。根据 Skjetne 的研究，水在复杂多孔介质中的流动机制可分为六种：1）Darcy 层流；2）小惯性流；3）小惯性流到大惯性流；4）大惯性流；5）大惯性流到紊流；6）紊流。通常，地下水在含水层中的流动符合多孔介质 Darcy 层流规律，在采空区巷道中则为非恒定紊流，但是在导水通道（采动岩体破碎带）中具有孔隙度大、渗透性强等特点，因此其流动状态既不是线性 Darcy 层流，也不是自由的紊流，而是惯性力占主导的高速非线性流，从渗流服从 Forchheimer 关系，既包含 Darcy 渗流黏滞项，又包含惯性项，渗流系统的非线性特征反映的是含水层到巷道突水的中间状态。所以，用线性渗流理论预测不同采动围岩突水水量大小，分析潜在的突水灾害程度，不符合实际。

（2）三种流场动力学系统的统一性。采动岩体破坏突水过程中，水流经历了含水层中的 Darcy 层流、破碎岩体中的非 Darcy 高速流以及在巷道中的 Navier-Stokes 紊流三个物理过程，各个流场之间的流体压力和流速是一个相互调和、时变的物理过程，流体流动是一个统一的有机整体，不可分割。所以采动岩体破碎带作为联系含水层（Darcy 渗流）和巷道（流体紊流）之间的过渡区域，其中经历了地下水从含水层线性层流过渡并急剧增大进入采空区形成紊流的动态变化过程，可见，割裂突水来源的入口和涌水通道的出口的渗流区域，单独研究中间破碎岩体的渗流特征，渗流状态和边界条件难以确定，计算结果不易收敛。

（3）突水三要素中的应力扰动特性。工程实例表明，深部岩体在地质构造作用下多处于三向围压的应力状态，破碎岩体（断层、破碎带、陷落柱等）在天然条件下并未发生突水，而是发生在开采扰动作用下。所以，应研究采动应力动态变化对导水通道的作用机理（应力扰动位置、波及范围、渗流参数的变化），根据岩体不同位置应力、位移变化和涌水量变化分析预测突水的前兆规律（如滞后突水现象等）。

（4）导水通道介质的复杂性。导水通道包括断层带、陷落柱或采动破碎带，块体组成分布和孔隙、裂隙结构复杂，其孔隙结构一方面随着采动应力作用引起的二次或多次破碎而不断调整；另一方面在高速水流的不断冲刷作用下，含泥沙等细小颗粒逐渐流失而改变，属于变质量破碎岩体非线性渗流，非线性渗流参数（孔隙率、迂曲度、渗透率、非Darcy 因子等）时空演化复杂，室内实验难以全面测试到渗透特性。更为复杂的是这种孔隙介质的渗流-应力耦合作用符合经典的 Biot 渗流固结理论，在围压和孔隙水压作用下存在体应变变化引起的超静孔隙水压消散固结作用。

4.3.2 突水力学模型

由于突水问题非常复杂，故其研究深度远不及线性达西渗流，至今仍没有统一的公式来更好地描述这种流动规律。地下开采过程中，采动破碎带（断层、陷落柱或冒落裂隙带）易发生突水和淹井事故，是典型的非 Darcy 渗流现象。对于非 Darcy 渗流，现有的方程大多是 2 种基本类型的经验公式：Izbash 型幂函数方程和 Forchheimer 型多项式方程（表 4-3）。对于 Izbash 方程，幂的取值取决于流体流动形态：当流体表现为线性渗流时，幂取值为 1，方程转化为 Darcy 方程；表现为高速纯紊流流动时，幂取值为 2。

表 4-3   几种常见的非线性流经验公式

方程形式	公式	参数	作者
Izbash	$v = C\sqrt{RJ}$	C R	Chézy（1769）
	$J = -av^m$	a，m	Izbash（1931）
	$J = Bv^2$	B	Escande（1953）
Forchheimer	$J = -(av + bv^2)$	a，b	Forchheimer（1901）
	$J = av + bv^{1.5} + cv^2$	a，b，c	Rose（1951）
	$J = av + bv^m$	a，b	Harr（1962）

Moutsopoulos 和 Tsihrintzis 指出在一般情况下对于定流量抽水条件下（第二类边界），Izbash 方程能更好地描述非 Darcy 流现象；而在定水头边界（第一类边界），Forchheimer 方程比 Izbash 方程更适合描述非 Darcy 流现象。Forchheimer 方程中的一次项与黏滞力有关，二次项与惯性力有关，当水流速度较慢时，流体主要受黏滞力影响，水流为线性 Darcy 流；当流速较快时，流体主要受惯性力影响，水流为非线性 Darcy 流。Forchheimer 方程具有明确的理论依据和物理意义，能够较好地描述大孔隙碎石介质的高速非线性流问题，该方程的提出并非针对某一特定渗透介质，因此具有一定的通用性。

4.4   渗流与突水研究新进展

4.4.1   渗流与突水研究新进展

4.4.1.1   实验研究

破碎岩体非 Darcy 渗流实验始于 20 世纪 30 年代水利工程和石油工程领域，最初是进行非 Darcy 渗流实验，主要确定 Forchheimer 型方程和 Izbash 方程的相关系数。Forchheimer 通过大量渗流试验提出了微观惯性力对流态的影响，将惯性项添加到达西方程中，从而建立了多项式型的 Forchheimer 方程；Izbash 于 1931 年提出了幂函数型非线性流经验公式，形成了 Izbash 方程形式。两种形式的方程在不同工况条件下各具优势，此后 Giorgi（1997）、Sorek 等（2005）分别对两种形式的方程进行了验证与改进。

随着对非 Darcy 流认识的深入，一些学者提出了采用雷诺数 Re 来判定是否符合达西流的观点。最早的非 Darcy 流特征的判定是由 Chilton 与 Colburn 在 1931 年提出的；Fancher 与 Lewis（1933）通过松散条件下多孔介质渗流试验得到雷诺数的范围，之后 Green（1951）、Bear（1972）、Hassanizadeh 等（1980）均针对各种不同条件对 Re 数进行了重新定义，Ma 和 Ruth（1993）提出了 Forchheimer 数描述非 Darcy 渗流特征的方法，成为了判定非 Darcy 渗流的新方法。

采动岩体中的流体运动规律属于破碎岩体非线性渗流，对其运动机理的研究不仅要考虑非线性渗流场，还要考虑到应力场与渗流场相互耦合等复杂问题。一些学者针对应力作用下多孔固体变形对渗流特征参数的影响进行了大量研究，Paterson 等（2005）总结了最早通过三轴压缩试验研究应力应变全过程渗透率变化规律的工作。Zhu 和 Wong（1997）基于低孔隙率（<5%）和高孔隙率（>10% 破碎带）的砂岩、韩宝平等（2000）基于碳酸盐岩、Schulze 等（2001）基于岩盐、Oda 等（2002）基于花岗岩、Wang 和 Park（2002）基于沉积岩，初步建立了损伤、体积膨胀、孔隙率等参数和渗透性的关系，尤其认识到岩石峰后渗透率急剧增大（甚至提高 2~3 数量级），属于非 Darcy 渗透过程，且非 Darcy 渗流特性对围压和轴压变化比较敏感，不能用峰前应力-渗透率方程拟合。Neild（2006）通过总结 Du-puit 与 Forchheimer 二者的研究结果发现孔隙结构变化对非 Darcy 参数的变化有很大影响。

矿山突水灾害的发生表现为突水通道孔（裂）隙结构变化对渗透性的显著影响，因而注重研究采动条件下应力场与非线性渗流特性的关系。李顺才等（2008，2011）认为在实际工程中遇到的多是高轴压、高围压条件下的渗流问题，涉及孔隙结构的进一步变化，并且通过试验得出了随着轴向应力水平的增加，岩样的渗透率量级降低，而非 Darcy 因子量级增加的结论。刘玉庆等（2002）通过试验证实了散体岩石的渗透特性与加载时间有关；孙明贵等（2003）利用载荷控制法得到载荷作用下渗透特性与破碎岩石颗粒直径成线性关系；马占国等（2009）得出渗透系数与轴压的对数函数关系；黄先伍等（2005）得出破碎砂岩的渗透率、非 Darcy 因子与孔隙率之间的幂函数关系；陈占清等（2014）通过变质量破碎岩石非 Darcy 渗流试验，揭示了泥沙质量流失量对渗透率的影响规律。李顺才（2008）在采用轴向位移控制法及稳态渗透法对承压破碎岩石的渗透性试验基础上，提出了非 Darcy 流因子的量级为 $10^{12} \sim 10^{15}\,\mathrm{kg/m}$ 且存在正负 2 种可能性的观点。

总体而言，实验方面主要进行了三类研究：其一是通过对不同粒径颗粒堆积体、破碎岩体、粗糙裂隙等介质的渗流试验，验证渗流的 Forchheimer 行为；其二是通过渗流试验研究雷诺数、Forchheimer 数等，建立非达西流产生的临界条件，以及 Forchheimer 方程中物理参数（如孔隙率，渗透率，非达西因子等）的取值问题；其三是基于非 Darcy 流方程，考虑介质及流体性质的影响，提出适用于特定领域的非达西渗流方程，如堆石体、双重介质的非线性渗流。

4.4.1.2 非 Darcy 渗流模型及数值方法研究现状

数值模拟方法由于可以综合考虑多方面因素，而且其计算结果直观，可以根据需要获取物理变量，弥补物理试验的不足，目前成为研究的主要手段。在砂砾石河床、堆石坝、土石坝等水利工程中，以及抽水井渗流、隧道突涌水、矿山排土场散堆积体渗流研究中都得到了应用。

针对岩体介质渗流作用机制，一般基于弹塑性力学、渗流力学和损伤力学理论，常在数值模型中引入描述介质渗透性-应力演化方程，研究介质渗流-应力耦合行为。

近十几年来，随着计算机技术的不断发展，国内外很多学者应用离散裂隙网络模型开展了大量岩体渗流领域的研究。应用离散裂隙网络方法研究调查区域节理岩体的渗流问题对岩体渗流的各向异性进行分析，能够较深刻地认识裂隙渗流的本质。Baghbanan 等（2007）基于 UDEC 计算平台，结合离散节理网络方法，研究了节理开度及迹长对渗透张量的影响，并对渗透各向异性进行了分析，表明裂隙网络方法可以用于研究复杂节理的渗流特性。应用该方法，Min 等（2004）、Baghbanan 等（2007，2008）、Zhao（2011）等对岩体的渗透特性进行了细致深入的研究，如讨论了表征单元体 REV、裂隙长度及开度对渗流影响规律、应力对渗流影响及溶质运移问题等。Liu 等（2009）基于多点统计法建立了节理网络模型，并推广到尤卡山（Yucca Mountain）渗流问题研究中，该方法将渗流问题与力学问题相结合，具有很好的工程参考价值。杨天鸿等（2009）借助 3GSM 三维岩体不接触测量技术，建立了三维岩体结构面空间分布模型，并进一步得到研究区域的裂隙网络切面，分析了范各庄煤矿渗透张量参数，对于指导岩体渗流研究具有重要的科学意义。Yang 等（2014）等研究了岩体力学参数各向异性和尺寸效应，建立了巷道围岩各向异性渗流力学模型，讨论了考虑各向异性的围岩应力场、渗流场的分布规律。研究结果为节理岩体水力学参数表征提供了研究方法。

目前针对岩体线性 Darcy 渗流的模型较多，非 Darcy 渗流模型较少。

石油开发工程中普遍存在的是低速非 Darcy 渗流问题，研究者们据此建立了反映油藏非线渗流的三参数模型、两参数模型、非线性油水两相渗流模型、双重介质的非线性渗流模型……对于石油工程中的低速非线性模型，广泛采用有限差分法（FDM）进行数值求解，具有构造简单、同等条件下计算量少的优点，但是应用于边界复杂的问题求解精度相对较低，利用显示差分对于步长的选取有很大的局限性。

水利工程中多为高速非 Darcy 渗流，研究主要集中在土石坝、堆石体中的渗流以及抽水井附近的渗流等。Li B. J. 等（1998）从多孔介质出发，利用管流理论建立了堆石体的非 Darcy 运动方程。对于抽水井渗流问题，Basak（1977）和 Wang 等（2014）在 Forchheimer 方程的基础上建立了含水层中完整井和非完整井附近的非线性流两区模型，将整个含水层分成非线性流区域和线性流区域进行研究，得到了稳定流情况下非线性流区和线性流域水位降深变化规律。基于 Forchheimer 方程针对具体的水利工程实际，学者们建立了相应的非 Darcy 模型并应用于砂砾石河床、堆石坝、土石坝等水利领域的高速非线性渗流场分析。

对于隧道突涌水问题，王媛等（2010，2012）建立了基于 Forchheimer 方程的达西-非 Darcy 模型，采用有限元方法对涌水量进行了预测。水利工程中目前也常用有限元方法

（FEM）分析非 Darcy 渗流问题，主要包括伽辽金有限元法以及混合有限元法等。理论上，非 Darcy 渗流问题本质是流体出现了紊流特征，这也是试验观测非 Darcy 现象的主要依据，而采用现有的有限元方法数值求解均未能反映出这一物理现象，原因是有限元方法在求解对流扩散方程时计算对流项时的数值解不稳定性问题还没有得到很好地解决。

采矿工程中的非 Darcy 渗流主要存在于峰后或者破碎岩体中，尤其常见于采动岩体破坏突水过程。采矿突水过程中，水流从含水层 Darcy 层流状态到巷道 Navier-Stokes 紊流状态需要经历破碎岩体导水通道，师文豪和杨天鸿等（2016）针对采动破碎岩体突水通道的非 Darcy 渗流特性和 3 种流场动力学系统的统一性，初步建立了不考虑应力作用的破碎岩体突水非 Darcy 渗流力学模型。

但是，目前采用有限元方法（FEM）进行非线性渗流问题的数值求解难度较大，即使对于一维模型，参数变化也会引起方程求解很不稳定，出现分岔和震荡现象，因此很难对突水渗流场进行数值求解。

4.4.1.3　非 Darcy 渗流实验和力学模型存在的问题

采矿过程中的突水事故是人工采动应力和高水压力共同作用下地下水由含水层突入巷道的物理过程，整个过程中，水流经历了小空隙结构含水层、大空隙结构破碎岩体导水通道最终汇集巷道（采空区），流体形态由层流到紊流发生了质的变化。

经典渗流力学理论一般采用渗流过程中的 Fanning 摩擦因数对雷诺数的关系曲线，进行 Darcy 层流区、非 Darcy 流过渡区和紊流区的简单判别，即在双对数坐标中斜率为−1 的直线段为 Darcy 层流区；随着 Re 增大（$5 < Re < 100$），Fanning 摩擦因数对雷诺数关系曲线出现一个过渡区，在该区前段，从黏性力起主要作用逐步到惯性力起支配作用，符合 Forchheimer 方程，在该区后段，流体逐渐转化为紊流状态；$Re > 100$ 时，流动变成紊流。

受实验条件的限制，非 Darcy 实验系统的试样颗粒粒径尺度小（$1 \sim 10$ cm），流速低（$0.1 \sim 1$ mm/s），碎石样采用钢制圆筒填装，通过实验前装样时进行不同程度的捣实来近似分析围压对孔隙度及渗流特性的影响，而实际的突水情况是采动应力释放条件下断层等破碎带渗流突水失稳，所以在实验过程中需要研究不断加卸围压等复杂应力路径条件下非 Darcy 渗流规律。

关于非 Darcy 渗流数值模型研究表明，当前的计算模型一直没有很好解决计算 Forchheimer 模型结果不易收敛问题，原因是有限元法计算采用泛函变分法加权余量法，特征变量不守恒，对流项、惯性项计算过程累积误差，结果分叉和震荡，求解不稳定。现有突水研究多割裂了 3 种介质及其流体运动状态的关联作用，单独研究破碎岩体导水通道的非线性渗流模型及其求解方程，是导致模型不易收敛的主要原因。而且，当前的计算软件和模型没有考虑应力对渗流参数的影响，不能解释非 Darcy 渗流参数的时空变化特征，而非 Darcy 模型流场对参数和边界条件设置比较敏感，一些学者已认识到非 Darcy 模型边界值具有时变性。因此，建立将含水层、破碎岩体导水通道和巷道 3 个流动区域融为一体的突水数值模型，更能获得符合实际突水的非线性渗流力学规律。

4.4.2　裂隙岩体渗流空间变异性研究

由于岩体裂隙发育极不规则，岩体中结构面具有不连续性、岩体介质具有非均质性和各向异性，岩体渗流具有不连续性、渗透具有各向异性等特点。近十几年来，随着计算机技术的不断发展，国内外很多学者应用离散裂隙网络 DFN（discrete fracture network）模型开展了大量岩体渗流领域的研究。

应用离散裂隙网络方法研究调查区域节理岩体的渗流问题对岩体渗流的各向异性进行分析，是深刻认识裂隙渗流本质的有效方法。本节基于 VC++6.0 平台，建立平面裂隙网络渗流分析方法，分别分析单组节理和两组节理情况下，不同几何分布节理岩体的渗流规律，并分析不同节理几何分布情况下的各向异性和渗流定向性特征。

4.4.2.1　离散介质网络模型

对于二维裂隙网络模型，节理主要为直线状，相互交叉。通过现场实测可以得到节理倾角、迹长、间距或者密度以及节理的隙宽，进一步获得每组变量的统计分布规律，最后，应用 Monte Carlo 方法生成类似图 4-11 所示节理网络。对应该裂隙网络，主要结构因素包括裂隙交点及交点间线元。在裂隙样本渗流区域内，有 N 个裂隙交叉点（节点）、M 个线元，每个节点对应一个坐标值，而每条线元对应有定向长度为 l_j 的裂隙段，裂隙隙宽为 b_j。在裂隙网络系统中取一由节点 i 和 N' 个交于节点 i 的线元组成的均衡域，按水流均衡原理（质量守恒），得节点 i 处的水流方程为：

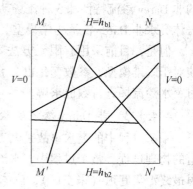

图 4-11　二维裂隙网络示意图

$$\left(\sum_{j=1}^{N'} q_j \right)_i + Q_i = 0 \quad (i=1, 2, \cdots, N) \tag{4-25}$$

式中，q_j 为 j 线元流进或流出节点 i 的流量；N' 为节点 i 的度数，即交于 i 节点裂隙线元的总数；Q_i 为节点 i 处的源（汇）项。

二维渗流区域 MN 和 $M'N'$ 为定水头边界，MM' 和 NN' 为零流量边界，其裂隙网络渗流数学模型为：

$$\begin{cases} Aq + Q = 0 \ \text{域内} \\ H \mid_{MN} = H_{b1} \\ H \mid_{M'N'} = H_{b2} \\ \partial H / \partial n \mid_{MM', NN'} = 0 \end{cases} \tag{4-26}$$

式中，内节点和零流量边界节点的水头 H 为未知量；q 包含有 H 项，其中第 j 线元的流量由单一裂隙渗流公式求得：

$$q_j = \frac{\gamma b_j^3}{12\mu} \frac{\Delta h_j}{l_j} \tag{4-27}$$

式中，Δh_j 为水头差；μ 为水的黏度系数；γ 为水的重度；b_j 为节理水力开度。

上述模型可建立 N 个方程组，用数值方法求得每个线元的流量 q 和节点的水头 H。在渗透系数计算中，基质不透水，边界 MN、NN'、$M'N'$ 和 MM' 当作裂隙处理，沿边界可发生渗流。

利用离散介质渗流方法，可以计算出裂隙网络各节点的水头，从而计算出水流流入（或流出）研究区域内的流量，利用达西定理可得到网络整体的渗透系数。如图 4-11 所示，MN、$M'N'$ 为定水头边界，MM' 和 NN' 为隔水边界，MN、$M'N'$ 之间的等效渗透系数为：

$$K = \frac{\Delta q \cdot M'M}{\Delta H \cdot MN} \tag{4-28}$$

式中，Δq 为流入（或流出）研究区域的总流量，m^2/s；ΔH 为流入边界与流出边界的水头差，m；K 为 MM' 方向的等效渗透系数，m/s；MN 和 $M'M$ 分别为模型的边长，m。

根据 Biot 计算方法，稳流条件下，孔（裂）隙水压力 p 和渗透系数张量 K_{ij} 之间的关系为：

$$K_{ij} \nabla^2 p = 0 \tag{4-29}$$

对于二维问题，渗透系数张量的 4 个分量 K_{ij} 决定着水力传导系数张量，可写成矩阵形式：

$$\boldsymbol{K}_{ij} = \begin{bmatrix} K_{11} & K_{12} \\ K_{21} & K_{22} \end{bmatrix} \tag{4-30}$$

4.4.2.2 基于裂隙网络渗流分析

当不考虑裂隙储水问题时，岩体的渗流主要涉及裂隙的导水问题。岩体内部赋存的节理形态、大小、贯通率等直接影响着岩体的渗流特性。一般地，岩体裂隙网络渗流具有一定的定向作用，节理组越发育，节理方向性越强，渗流主方向越明显。尤其对于层状分布岩体，渗流具有定向、各向异性的特点。对于多组节理分布的块状岩体，其渗流主要为裂隙网络渗流，具有一定的定向流动性和非连续性。下面分别针对单组节理网络模型和两组节理网络模型进行系统分析，研究不同几何分布形态下节理样本的渗流规律。

A 单组节理网络模型渗透张量

a 节理倾角与张量主方向倾角相关性

为研究层状围岩的渗透张量，建立 5m×5m 尺寸的裂隙样本，节理倾角、迹长、间距等几何参数及分布率模型见表4-4。当样本尺寸大于节理间距4~8倍时，可以避免尺寸效应带来的影响。

表 4-4 结构面概率模型统计

倾角			迹长			间距			断距		
分布	均值/(°)	标准差/(°)	分布	均值/m	标准差/m	分布	均值/m	标准差/m	分布	均值/m	标准差/m
正态	0, 15, 30, 45, 60, 75, 90	5	负指数	2	0.5	均匀	0.2	0.5	均匀	0.5	0.05

注：水力开度值取0.5mm。

为了研究不同节理倾角对渗透率张量的影响，选取 0°~90° 每隔15°节理倾角 θ 共7个研究方案作为对比。其中生成的水平分布（$\theta=0°$）裂隙样本如图4-12所示。

（1）渗透张量。根据文献［33］的分析方法，模拟生成裂隙网络的区域为 5m×5m，固定区域的中心点，每隔 $\alpha=15°$ 方向逆时针旋转矩形，根据单元网络施加图4-11所示的水头边界条件，并用流量等效原则计算出水流流入（或流出）研究区域内的流量，由式

（4-28）可得网络整体的渗透系数。根据裂隙网络几何对称性，一般选取 6 个方向网络即可得不同方向的渗透系数，进而求出节理网络渗透张量。

图 4-13 所示为不同节理倾角下得到的渗透张量。该结果可以直观地反映网络渗透特性受控于节理几何分布规律。分析图 4-13（a）~（g），节理面从 0°~90° 变化时，节理样本的渗透系数主方向由 0° 上升到 90°。由图 4-13（a）可知，节理层状分布（0°）时，渗透系数在研究方向为水平方向时（$\alpha=0°$）达到最大值 $8.06\times10^{-7}\,\mathrm{m/s}$，同时，垂直于节理层面方向节理渗透系数最小，仅 $2.94\times10^{-7}\,\mathrm{m/s}$，此时水主要沿节理方向渗流，与预期结果一致。

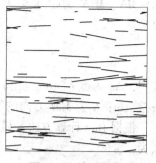

图 4-12 单组节理
$\theta=0°$ 裂隙样本

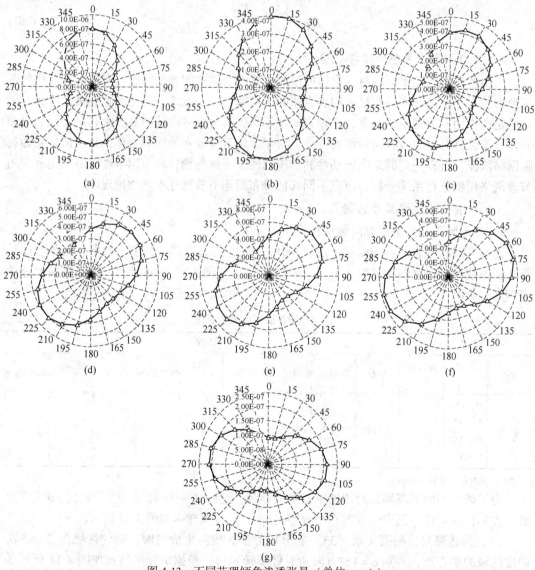

图 4-13 不同节理倾角渗透张量（单位：m/s）

（a）$\theta=0°$；（b）$\theta=15°$；（c）$\theta=30°$；（d）$\theta=45°$；（e）$\theta=60°$；（f）$\theta=75°$；（g）$\theta=90°$

（2）渗流定向性系数。节理岩体渗流存在定向性，但尚未见变量给予渗流定向性特征的定量评价。本节定义渗流定向性系数 $r = K_\theta / K_{min}$（θ 表示节理渗透张量研究中不同旋转角度；K_{min} 表示渗透张量最小值），用于表征渗透特性的方向性。一般的，r 越大，表明渗透方向性越强，裂隙岩体的渗流定向性越明显。

图 4-14 分析了不同节理倾角样本定向性系数 r 与旋转角度 α 的关系。根据分析结果，当节理水平分布时，$r(\alpha = 0°)$ 达到最大值，此时渗透定向性特征最强，主渗透方向水平分布；随着节理倾角 θ 增加，定向性系数 r 峰值对应旋转角度 α 逐渐增加，当倾角 θ 达到 90°时，旋转角度 α 对应的渗流定向性系数 r 基本达到峰值 1.98，说明此时渗流定向性特性较高。

另外，对比水平分布节理与 45°分布节理的定向性系数，当水平分布时，定向性系数 r 达到 2.74；节理以 45°倾角分布时，r 值仅达到 1.83，说明后者定向性较前者差。对比图 4-13（a）与图 4-13（d），前者渗透系数椭圆更细长，进一步表明该裂隙样本水平方向渗透能力强。

b 节理贯通率对渗透特性影响

相对某尺寸裂隙样本，节理贯通率 C_j 指的是某方向上单位长度节理段所占的比例。如图 4-15 所示，C_j 可由式（4-31）定义。

$$C_j = \frac{L_1 + L_2 + L_3}{L} \tag{4-31}$$

一般地，节理贯通率是确定节理岩体抗剪强度的重要指标之一。取水平层状分布节理裂隙样本，研究贯通率分别为 0.1、0.2、0.4、0.5、0.6、0.7、1.0 时裂隙渗透张量的变化关系。

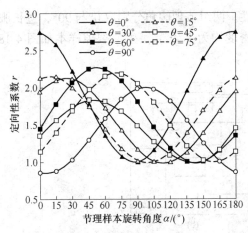

图 4-14 不同节理倾角样本
定向性系数 r 与旋转角度 α 的关系

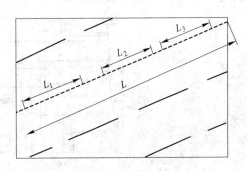

图 4-15 节理岩体贯通率示意图

图 4-16（a）所示为节理贯通率 $r = 0.6$ 时裂隙网络模型。需要说明的是，程序在识别渗流路径过程中，首先将独头不连通节理线元删除，其次对于交叉线元，识别组成节点的各线元，并删除未连通线元，识别渗流路径结果如图 4-16（b）所示，从图中可以观察到水平方向上的渗流路径。

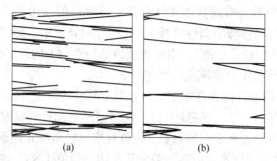

图 4-16　节理贯通率 r = 0.6 裂隙网络及渗流路径识别模型

（a）裂隙网络模型；（b）识别渗流路径

节理线密度分别为 3 条/m 和 5 条/m 时，对应的不同贯通率情况下裂隙样本主渗流系数如图 4-17 所示。结果表明，节理条数增加后，总体渗透系数呈上升趋势。对于某特定分布裂隙网络，随着节理贯通率的增加，渗透系数逐渐呈对数增加趋势。

B　两组节理网络模型渗透张量

前文研究了单组节理情况下样本的渗流特征，一般工程岩体，尤其对于铁矿、金矿等矿山岩体多赋存两组甚至更多组结构面，因此，研究多组节理分布裂隙样本渗流同样具有一定的意义。

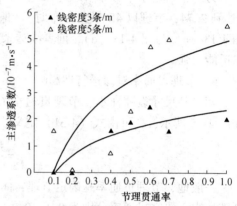

图 4-17　不同分布密度节理
贯通率与主渗透系数关系

（1）正交分布节理渗透张量主方向及定向性。两组节理倾角分别取 0°与 90°，迹长服从正态分布，均值为 1m，标准差为 0.5m，线密度均为 1 条/m。生成裂隙样本如图 4-18（a）所示，识别的渗流路径如图 4-18（b）所示。

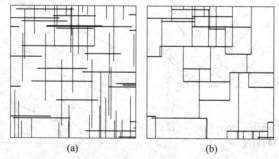

图 4-18　两组正交节理贯通率 C_j =0.5 裂隙网络及识别渗流路径

（a）裂隙网络模型；（b）识别渗流路径

如图 4-19 所示，分析该情况下渗透张量，在节理贯通率 C_j =0.5 时，0°情况下，裂隙样本的渗透系数最小，仅 $6.42×10^{-7}$ m/s，当样本旋转至 90°时渗透系数达到最大值 $8.86×10^{-7}$ m/s，此时渗透定向性系数达到最大 r_{max} = 1.38。根据图 4-20 定向性系数分析结果，当样本旋转至 75°~90°时之间时，定向性系数最高，说明此时方向性最强，对应图 4-11

水头施加条件，此时对应该正交分布节理样本的近水平方向。

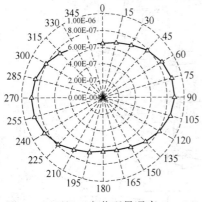

图 4-19 两组正交节理贯通率 $C_j = 0.5$
渗流张量（单位：m/s）

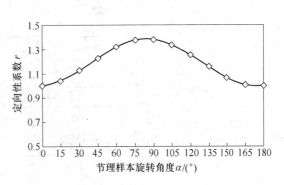

图 4-20 节理样本定向性系数 r 随旋转角度 α 的关系

（2）倾角离散性对渗透张量主方向影响。图 4-21 所示为当节理倾角呈正态分布时，倾角标准差为 3°、5°、7°、9°情况下的裂隙岩体网络模型及对应的识别渗流路径。对比渗流路径识别结果，当标准差较小时（3°），节理倾角离散性较小，此时渗流路径较图 4-18 计算结果相近；随着倾角标准差增大，节理呈现明显不规则分布，如图 4-21（e）、图 4-21（g）所示，渗流路径增加，如图 4-21（f）、图 4-21（h）所示。根据图 4-22 渗透张量计算结果，渗透率相应增加，渗透主方向亦随倾角变化发生改变。根据两组正交节理渗透张量及不同倾角标准差情况下渗透张量分析结果，正交分布情况下，渗透方向性仍然存在，但渗透性各向异性椭圆离心率较小，定向性系数较单组节理低；随着节理倾角的离散性增加，渗流路径增多，渗透系数升高。

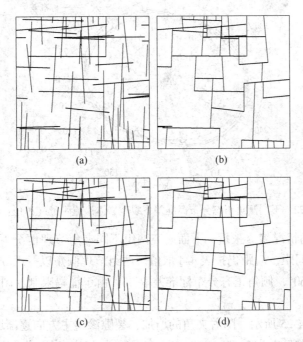

(a)

(b)

(c)

(d)

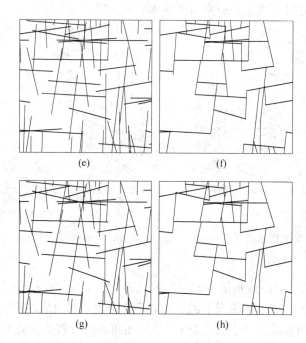

图 4-21 两组正交节理贯通率 $C_j = 0.5$ 裂隙网络及识别渗流路径

（a）标准差为3°裂隙网络；（b）标准差为3°识别渗流路径；（c）标准差为5°裂隙网络；
（d）标准差为5°识别渗流路径；（e）标准差为7°裂隙网络；（f）标准差为7°识别渗流路径；
（g）标准差为9°裂隙网络；（h）标准差为9°识别渗流路径

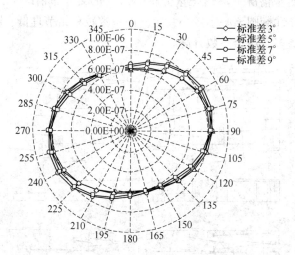

图 4-22 不同倾角正态分布标准差下裂隙岩体渗流张量（单位：m/s）

（3）不同夹角情况渗透张量。下面研究两组不同夹角节理情况下，节理样本的渗透规律。节理迹长、间距、断距仍按表 4-4 取值。两组节理倾角以一组 0° 固定，另外一组分别旋转 30°、45°、60°，倾角正态分布标准差取 0°。由于篇幅限制，图 4-23 仅列出夹角为 45° 时裂隙网络模型。

如图 4-24、图 4-25 所示，随着夹角的增加，裂隙渗透主方向逐渐增加。当夹角为 30° 时，渗透定向性系数最大为 2.31，对应主方向角度为 15°；当夹角上升到 45° 时，节理渗

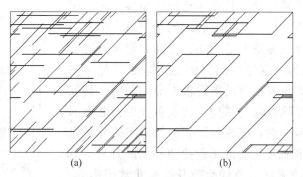

(a)

(b)

图 4-23　贯通率 $C_j=0.5$ 裂隙网络及识别渗流路径

(a) 夹角 45°裂隙网络；(b) 夹角 45°识别渗流路径

透定向性系数在大约 30°达到峰值 3.16，对应该方向即裂隙渗透主方向；夹角为 60°时，渗透定向性系数在 30°~45°区间达到峰值，说明当节理倾角取单一值的情况下，渗透主方向基本沿两组节理夹角方向的角平分线方向。

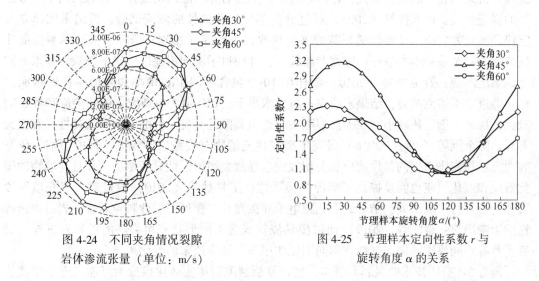

图 4-24　不同夹角情况裂隙
岩体渗流张量（单位：m/s）

图 4-25　节理样本定向性系数 r 与
旋转角度 α 的关系

上述研究表明：（1）应用离散介质网络，基于 VC++6.0 平台建立的渗流分析方法，可以有效地分析离散节理分布情况的渗流特性。（2）单组节理岩体渗流具有明显的各向异性特征，渗流定向性随着节理角度变化显著；当样本分析方向与节理方向一致时，对应渗流定向性系数达到最大；随着节理贯通性增加，节理渗透率呈现对数增加趋势。（3）两组节理岩体渗流特征研究中，正交分布下，岩体仍存在各向异性，但渗流定向性系数较低，说明渗流定向性较差；当节理倾角服从正态分布时，随着节理倾角标准差增大，渗透率相应增加，渗透主方向亦随倾角分布变化发生改变，说明倾角的离散性对与渗透张量存在较大影响；两组节理夹角不同时，节理渗透主方向倾角随着夹角增大而相应增大，基本沿两组节理夹角方向的角平分线方向。

4.4.3　基于 3D 打印技术的不同粗糙度和隙宽贯通充填裂隙岩石渗流特性试验研究

裂隙面的宽度即裂隙的张开度，是指裂隙结构面相邻岩壁间的垂直距离，天然节理裂

隙的表面起伏形态非常复杂，其空间结构展布特征可以用
裂隙面的几何参数来描述，其重要表现就是节理产状及张
开度直接影响裂隙介质渗透性的大小、方向和规律。岩石
的节理一般可概化为一定厚度的界面层，厚度为 b_0（图
4-26），实际天然裂隙面很难满足平行板裂隙的假定，其隙
宽不是一个定值，是随裂隙面结构特征而各异的，准确测
量节理裂隙面的开度，对含节理裂隙岩体的渗流研究及岩
体的稳定性分析研究有着重要的工程价值和实际意义。但
要通过实际测量方法来确定节理裂隙开度是非常困难的。
对于节理裂隙的起伏形态及开度常用的描述方法有凸起高
度表征法、节理粗糙度系数 JRC 表征法和分数维表征法。

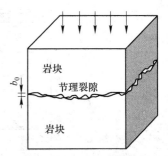

图 4-26　岩石节理在
压剪载荷下的力学模型

　　近年来国内外学者对于裂隙的渗流特性进行了深入研究。Snow（1969，1976）首先
进行了平行板裂隙水流试验，提出了著名的立方定律；Lomize（1951）、Louis（1969）等
通过对仿天然裂隙的试验研究，以凸起高度来描述岩体裂隙面粗糙性，并总结出了立方定
律的修正公式；许光祥等（2003）通过分析多种裂隙试件的渗流试验，提出采用超立方
定律和次立方定律来反映粗糙裂隙的渗流规律；王媛等（2002）研究了描述单裂隙面几
何特性的两个最基本参数——隙宽和粗糙度，并探讨了不同粗糙性描述下裂隙等效水力隙
宽的确定问题；贺玉龙等（2010）制作出 10 个包含不同 JRC 值单裂隙的圆柱形水泥试
样，并进行了渗流试验，结果表明在低应力水平下，JRC 值对单裂隙岩体的渗流特性影响
较大，反之，则迅速减小。在天然裂隙中，充填裂隙是屡见不鲜的，其渗流特性具有很大
差异。陈金刚等（2006，2016）研究了膨胀性充填物对裂隙岩体渗流特性的影响，研究
表明充填物膨胀产生的张拉效应和剪切效应会导致裂隙渗透性显著增加，并且充填物的塑
化效应和液化效应也明显提高了裂隙的渗透性；王甘林等（2010）通过对人工充填泥沙
裂隙岩石进行渗流试验，结合岩石孔隙电子显微照片，探讨了泥沙颗粒对裂隙岩石渗透特
性的影响规律；赵凯等（2017）通过模具浇筑成含不同形状充填裂隙的类岩石试样，研
究了具有不同渗透结构面试样在不同围压作用下气体渗透率的变化规律。

　　随着 3D 打印技术的兴起和进步，使得复杂裂隙岩体实体建模成为可能，近年来该技
术逐渐在岩石力学问题的研究中得到应用。赵恺等（2017）利用 3D 打印技术制作了平
行、合并、T 形、斜交以及正交裂隙模型，并通过模具浇筑成含不同形状充填裂隙的类岩
石试样，研究了具有不同渗透结构面试样在不同围压作用下气体渗透率的变化规律。

　　上述研究分别在裂隙面粗糙度和充填物形态对裂隙岩体渗流特性影响方面取得了丰富
成果，而对于在不同围压水平下含不同粗糙度、不同充填厚度（隙宽）贯通裂隙岩石渗
流特性的研究却鲜有报道。本节重点考虑影响单裂隙面岩体渗流特性的两个基本参数——
粗糙度和隙宽，通过将 N. Barton 和 V. Choubey（1977 年）提出的 10 级节理粗糙度（JRC＝
0~20）标准剖面轮廓曲线进行数字化处理，建立了 10 组不同粗糙度、不同厚度
（1.5mm、3.0mm 和 5.0mm）的裂隙三维数字模型，并利用 3D 打印技术制作出裂隙插片，
然后通过模具浇筑成含不同粗糙度、不同隙宽的贯通充填裂隙类岩石试件。对所制备的类
岩石试件开展渗透性试验，根据渗透试验数据，分析研究在不同围压水平下含不同粗糙
度、不同隙宽的贯通充填裂隙岩石的渗流特性。

4.4.3.1 充填裂隙试件的制作

（1）不同粗糙度、不同厚度裂隙插片制作。基于 N. Barton 和 V. Choubey 给出的 10 级节理粗糙度（JRC = 0~20）标准剖面轮廓曲线，采用 AutoCAD 软件对粗糙度曲线图像进行识别、二维重建，得到 10 条长度为 10.0cm 的粗糙度曲线平面模型，如图 4-27 所示。

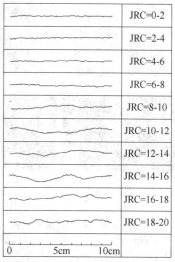

图 4-27 标准粗糙度曲线平面模型

使用 AutoCAD 软件中的"Region"和"Extrude"命令对重建的粗糙度曲线平面模型进行拉伸、加厚处理（拉伸 5.0cm，分别加厚 1.5mm、3.0mm 和 5.0mm），从而得到 10 组共 30 个不同粗糙度、不同厚度裂隙的三维数字模型，采用 XYZ Printing DaVinci 3.0 3D 打印机，使用 PLA 高分子塑料（聚乳酸），采用熔融堆积打印方式进行 3D 打印，最终制作出的裂隙插片如图 4-28 所示。

图 4-28 不同粗糙度、不同厚度裂隙插片

（2）试件制作。通过 3D 打印制作出裂隙插片后，将裂隙插片置于模具内部中心位置，按普通硅酸盐水泥、河砂、石膏、水的质量比为 1:0.4:0.13:0.3 进行混合制作试件，养护 72h 后，将裂隙插片取出，同时向裂隙内灌注石膏砂浆，其中，石膏、河砂、水的质量比为 1:0.8:0.6。隔天拆模，在室温下静置干燥 30d，完成试件制作。

制作了 30 块的贯通充填裂隙类岩石试件（含 10 级粗糙度（JRC = 0~20）、3 种隙宽（分别为 1.5mm、3.0mm、5.0mm））。制作完成的部分试件如图 4-29 所示。

4.4.3.2 渗透性试验研究

（1）试验仪器。渗透试验在 TAW-2000 微机控制岩石伺服三轴试验机上完成。通过对原三轴试验机围压系统中的三轴压力室进行改造，更换压力室座，把孔隙水引入压力室内，可进行渗透试验、流变试验及应力–渗流耦合试验等，并配备了轴压、围压和孔隙水压 3 套独立的加载系统，可施加最大围压 70MPa，最大轴向偏应力 500MPa，最大孔隙水压 70MPa。轴向位移及径向位移分别采用 LVDT 位移传感器和链条式引伸计测量，孔隙水压由螺旋加载泵来提供。

（2）试验原理。本次岩石渗透性试验采用稳态法，渗透水压通过三轴压力室下端的不锈钢透水压垫施加在岩石试件底部，试件顶部保持为大气压，从而在试件两端形成渗透

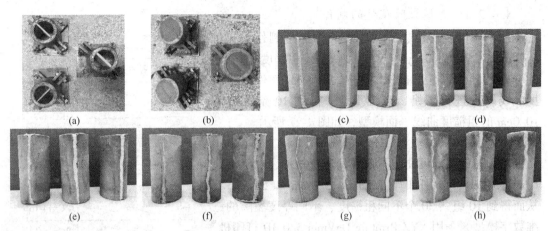

图 4-29 制作过程及完成的部分试件

（a）裂隙插片及模具；（b）浇筑试件；（c）JRC=1 的 3 种隙宽试件；（d）JRC=3 的 3 种隙宽试件；（e）JRC=5 的 3 种隙宽试件；（f）JRC=7 的 3 种隙宽试件；（g）JRC=8 的 3 种隙宽试件；（h）JRC=9 的 3 种隙宽试件

压差（图 4-30），并通过预设的压力传感器记录水头压力 Δp 的变化情况；在压力室的另一端渗流出口处设有流量计，记录时刻渗流量 Q 变化情况。根据达西定律，推导出岩石试件渗透率 k 的计算公式为：

$$k = \frac{\mu L Q}{A \Delta p \Delta t} \qquad (4-32)$$

式中，μ 为水的动力黏滞系数，常温下其值为 $1.005 \times 10^{-3} \mathrm{Pa \cdot s}$；$L$ 为岩石试件的长度，m；Q 为时刻渗流量，$\mathrm{m^3}$；A 为岩石试件横截面积，$\mathrm{m^2}$；Δp 为岩石试件两端渗透压差，Pa；Δt 为时间，s。

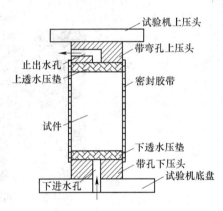

图 4-30 试验原理

（3）试验方案。贯通充填裂隙岩体在围压条件改变时，裂隙面的形态及闭合度，充填介质的孔隙、裂隙结构均会发生变化，从而对其渗流特性产生影响。因此，本节主要对在不同围压水平下含 10 级粗糙度结构面、3 种隙宽的贯通充填裂隙类岩石试件的渗流特性进行试验研究。

本次试验试件仅受围压和渗透水压作用，轴向不施加荷载，试验过程中进口水压保持 1.0MPa 不变，出口为大气压，围压随时间变化，且在同一次试验中保证围压大于渗透水压。根据试验研究目的，围压选取 8 个值，分别为 1.2MPa、1.4MPa、1.6MPa、2.0MPa、3.0MPa、5.0MPa、8.0MPa 和 12.0MPa，分析围压对贯通充填裂隙类岩石试件渗流特性的影响。同时，为充分反映类岩石试件在饱水条件下的渗流特性，试验前，首先将制备好的试件进行真空饱水试验，并用蒸馏水浸泡 48h。试验时，保持 1.0MPa 水压不变，使用流量计记录不同围压水平下类岩石试件的稳定渗流量，并计算渗透率。

4.4.3.3 试验结果及分析

A 试验结果

30 块含 10 级粗糙度、3 种隙宽的贯通充填裂隙试件围压-渗透率试验结果如图 4-31 所示。图例中用 JRC 值等于 1，2，3，…，10 来代替 10 级不同粗糙度（JRC＝0~20）的裂隙。

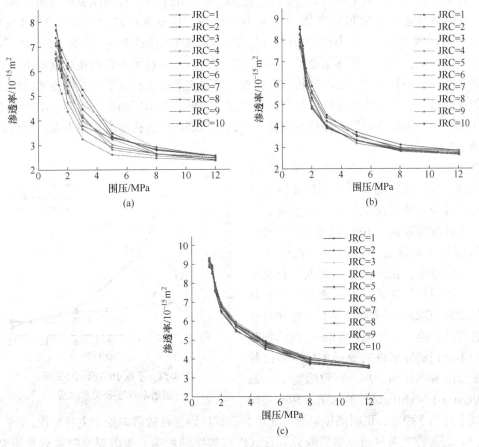

图 4-31　不同 JRC 值试件围压–渗透率试验结果

（a）裂隙隙宽 1.5mm；（b）裂隙隙宽 3.0mm；（c）裂隙隙宽 5.0mm

B　试验结果分析

（1）围压对贯通充填裂隙类岩石试件渗透率的影响。如图 4-31 所示，含不同粗糙度、不同隙宽的贯通充填裂隙试件的渗透率均随围压的增加而减小，且在围压加载初期（1.2~3.0MPa），渗透率的降低速度较快，而在加载中后期（3.0~12.0MPa），试件渗透率的降低速度迅速降低。现以围压加载至 3.0MPa 时试件的渗透率降差（任意加载时刻试件渗透率与初始围压 1.2MPa 时试件渗透率的差值）与加载至 12.0MPa 时试件的渗透率降差的比值来描述加载初期不同粗糙度试件渗透率的降低程度，也说明围压对试件渗透率的影响。经计算得，裂隙隙宽 1.5mm 时，不同粗糙度试件加载初期渗透率降低程度在 46%~78%之间；裂隙隙宽 3.0mm 时，降低程度在 75%左右；裂隙隙宽 5.0mm 时，降低程度在 58%~64%之间。由此可见，围压对贯通充填裂隙岩石渗透率的影响十分明显，这是由于在加载初期，充填介质内部的孔隙结构是试件主要的渗流通道，随着围压的增大，这些孔隙被逐步压缩，孔隙度降低，主要渗流通道堵塞，导致试件渗透率迅速降低；在围压加载中后期，由于充填介质已被压密，试件自身结构稳定，围压的增加对试件渗流通道的影响很小，造成试件渗透率的降低速度相对减缓。

（2）粗糙度对贯通充填裂隙类岩石试件渗透率的影响。考虑粗糙度对贯通充填裂隙试件渗透率的影响，由图4-31（a）可知，裂隙隙宽1.5mm时，在围压加载初期，同一等级围压下试件渗透率有随粗糙度增加而减小的趋势，且离散性较大。围压3.0MPa时，$JRC=1$试件的渗透率最大，为$5.27 \times 10^{-15} m^2$，$JRC=8$试件的渗透率最小，为$3.25 \times 10^{-15} m^2$。随着围压的增大，这种趋势逐渐减弱，说明粗糙度对试件渗透率的影响在逐渐减小。其原因可能是在围压加载初期，沿不同粗糙度曲线的薄层充填介质构成了各试件主要的渗流路径，粗糙度越大，渗流路径越长，导致试件渗透率越低；在围压加载中后期，由于充填介质被压密，裂隙粗糙度对渗流路径影响减小，试件内部各位置孔隙度相差不大，整体渗透率迅速下降。

如图4-31（b）、（c）所示，随着裂隙隙宽的增加，同一等级围压下不同粗糙度试件的渗透率离散性明显降低。这一现象通过分别计算3种裂隙隙宽的10级粗糙度试件在同一等级围压下的渗透率标准差来说明（图4-32）。可以看出，在围压加载初期，裂隙隙宽越大，不同粗糙度试件的渗透率标准差越小，说明裂隙隙宽的增加削弱了粗糙度对试件渗透性的影响。裂隙隙宽5.0mm时，加载过程中不同粗糙度试件的渗透率标准差已基本不变；随着围压的增加，裂隙隙宽1.5mm和3.0mm不同粗糙度试件的渗透率标准差均

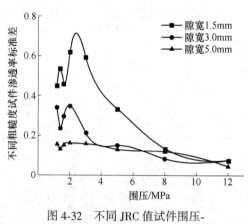

图4-32　不同JRC值试件围压-渗透率标准差关系曲线

迅速减小并趋于稳定，说明围压对贯通充填裂隙试件渗透性的影响处于主导地位。

（3）裂隙隙宽对贯通充填裂隙类岩石试件渗透率的影响。考虑裂隙隙宽对贯通充填裂隙试件渗透率的影响，如图4-33所示，对于10级不同粗糙度试件，均有裂隙隙宽越大，试件渗透率越大的规律，当裂隙隙宽由3.0mm增加到5.0mm时体现得尤为明显；同时，随着围压的增加，3种裂隙隙宽试件之间的渗透率差距有逐渐缩小的趋势。$JRC=1$，围压1.2MPa状态下，裂隙隙宽1.5mm、3.0mm和5.0mm试件的渗透率分别为$7.68 \times 10^{-15} m^2$、$8.51 \times 10^{-15} m^2$、$9.45 \times 10^{-15} m^2$，最大与最小渗透率相差$1.77 \times 10^{-15} m^2$；围压达到12.0MPa时，3种裂隙隙宽试件的渗透率分别为$2.56 \times 10^{-15} m^2$、$2.86 \times 10^{-15} m^2$、$3.59 \times 10^{-15} m^2$，最大与最小渗透率相差$1.03 \times 10^{-15} m^2$。产生此现象是因为充填介质孔隙度高，自身渗透性较强，所以充填介质厚度越大，试件的渗透率也就越大；随着围压的增加，由于不同厚度充填介质内部的孔隙均被压缩，从而导致不同裂隙隙宽试件之间的渗透率差距减小。

图4-34展示了10级粗糙度的3种裂隙隙宽试件的渗透率标准差随围压加载的变化规律。在围压加载初期，3种裂隙隙宽试件的渗透率标准差有随粗糙度增加而增大的趋势，说明粗糙度的增加加大了不同裂隙隙宽试件之间渗透率的差距。如前节所述，对于裂隙隙宽较小的试件（1.5mm、3.0mm），粗糙度的增大对其渗透性有一定的削弱作用，而对于裂隙隙宽较大的试件（5.0mm），粗糙度对其渗透性的影响很小，这即使得不同裂隙隙宽

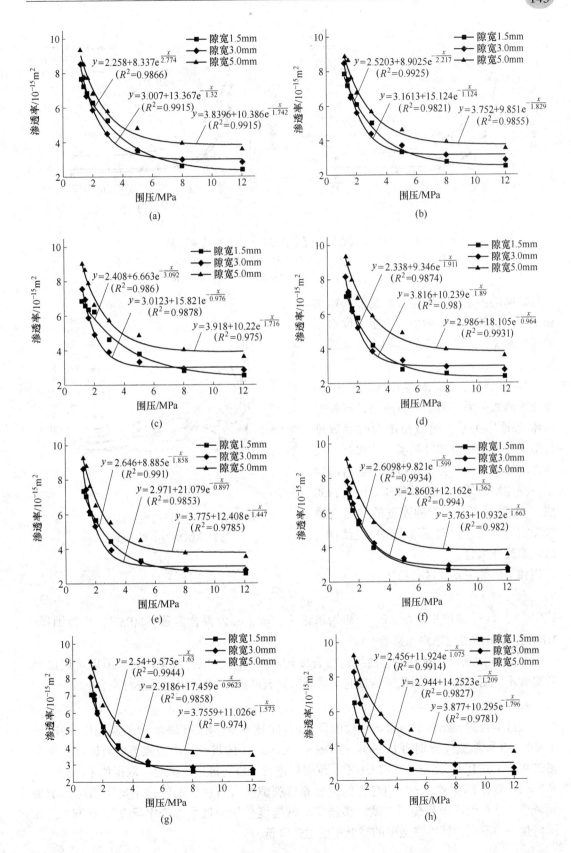

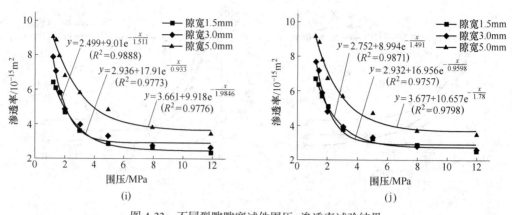

图 4-33　不同裂隙隙宽试件围压-渗透率试验结果

（a）JRC=1；（b）JRC=2；（c）JRC=3；（d）JRC=4；（e）JRC=5；（f）JRC=6；

（g）JRC=7；（h）JRC=8；（i）JRC=9；（j）JRC=10

试件之间的渗透率差距随着粗糙度的增加而加大了；随着围压的增大，粗糙度对不同裂隙隙宽试件渗透率的影响也将被逐渐消除。

（4）贯通充填裂隙类岩石试件围压-渗透率函数关系。对于岩石渗透性试验的围压-渗透率关系，通常使用指数函数进行拟合。为了提高拟合精度，使拟合曲线与试验结果更加吻合，在指数函数后添加了一项初始渗透率修正系数 β。因此，30块含 10 级粗糙度、3 种隙宽的贯通充填裂隙类岩石试件的围压-渗透率试验结果，通过非线性拟合，

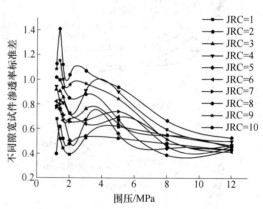

图 4-34　不同裂隙隙宽试件围压-
渗透率标准差关系曲线

可用如下函数关系式进行描述：

$$k = k_0 \mathrm{e}^{-\alpha p_\mathrm{c}} + \beta \tag{4-33}$$

式中，k 为试件渗透率，m^2；k_0 为初始渗透率，m^2；α 为拟合常数，MPa^{-1}；p_c 为围压，MPa；β 为初始渗透率修正系数，m^2。

如图 4-33 所示，试件拟合曲线的拟合度均高于 97%，拟合效果很好，所以可用此函数对含不同粗糙度、不同隙宽的贯通充填裂隙岩石的围压-渗透率关系进行拟合。

4.4.3.4　小结

通过结合裂隙结构的三维数字建模及 3D 打印技术制作出 30 块含 10 级粗糙度（JRC= 0~20）、3 种隙宽（分别为 1.5mm、3.0mm、5.0mm）的贯通充填裂隙类岩石试件，并在渗透水压 1.0MPa、围压 1.2~12.0MPa 范围内进行了岩石渗透性试验，取得如下结论：

（1）含不同隙宽、不同粗糙度的贯通充填裂隙类岩石试件的渗透率均随围压的增加而减小，且在围压加载初期，试件渗透率降低速度较快，最大渗透率降差达到 78%；在围压加载中后期，试件渗透率的降低速度迅速降低。

（2）裂隙隙宽较小时，在围压加载初期，粗糙度对试件渗透特性的影响较为明显，试件渗透率有随粗糙度增加而减小的趋势，且离散性较大；随着围压和裂隙隙宽的增加，粗糙度对试件渗透特性的影响逐渐减小。

（3）对于含相同粗糙度、不同隙宽的贯通充填裂隙试件，其渗透率均随裂隙隙宽的增加而逐渐增大（隙宽由 3.0mm 增加到 5.0mm 时体现得最为明显），且在围压加载初期，粗糙度越大，不同隙宽试件之间的渗透率差距越大；随着围压的增加，这种差距会逐渐减小。裂隙隙宽、粗糙度和围压对贯通充填裂隙岩石渗透特性的影响程度可归纳为：围压>裂隙隙宽>粗糙度。

（4）含不同隙宽、不同粗糙度的贯通充填裂隙类岩石的围压-渗透率关系可用加有一项初始渗透率修正系数 β 的指数函数来进行拟合。

参 考 文 献

［1］刘亚坤. 水力学［M］. 2 版. 北京：中国水利水电出版社，2016.

［2］张金才. 岩体渗流与煤层底板突水［M］. 北京：地质出版社，1997.

［3］杨天鸿，唐春安，徐涛，等. 岩石破裂过程的渗流特性——理论、模型与应用［M］. 北京：科学出版社，2004.

［4］蔡美峰，何满朝，刘东燕. 岩石力学与工程［M］. 2 版. 北京：科学出版社，2017.

［5］Snow D T. Rock fracture spacings, openings, and porosities［J］. J. Soil Mech. Found. Div. Proc. ASCE94, 1968：73~79.

［6］徐曾和. 渗流的流固耦合问题及应用［D］. 沈阳：东北大学，1998.

［7］杨天鸿. 岩石破裂过程渗透性质及其与应力耦合作用研究［D］. 沈阳：东北大学，2001.

［8］Biot M A. General theory of three-dimensional consolidation［J］. J Appl Phys, 1941, 12：155~164.

［9］耶格 J C，库克 N G W. 岩石力学基础［M］. 中国科学院工程力学研究所译. 北京：科学出版社，1981.

［10］盛金昌，速宝玉. 裂隙岩体渗流应力耦合研究综述［J］. 岩土力学，1998，19（2）：92~98.

［11］Jing Laium, Tsang Cliin-Fu. Coupled themo-hydro-mechanical processes of fractured media-mathematical and experimental studies［M］. Elsevier Science B. V. AII rights reserved, 1996.

［12］Tsang C F. Coupled themo-mechanical hydro-chemical processes in rock fractures［J］. Review of Geophysics, 1991, 29：X37.

［13］王培涛，杨天鸿，于庆磊，等. 基于离散裂隙网络模型的节理岩体渗透张量及特性分析［J］. 岩土力学，2013，34（S2）：448~455.

［14］Skjetne E. High velocity flow in porous media：Analytical, numerical and experimental studies［D］. Trondheim：Norwegian University of Sciences and Technology, 1995.

［15］杨天鸿，陈仕阔，朱万成，等. 矿井岩体破坏突水机理及非线性渗流模型初探［J］. 岩石力学与工程学报，2008，27（7）：1411~1416.

［16］Thauvin F, Mohanty K K. Network modeling of non-Darcy flow through porous media［J］. Transpot in Porous Media, 1998, 31：19~37.

［17］张有天. 岩石水力学与工程［M］. 北京：中国水利水电出版社，2005.

［18］Oshita H, Tanabe T. Water migration phenomenon in concrete in post peak region［J］. Journal of Engineering Mechanics, 2000, 126（6）：573~581.

［19］师文豪，杨天鸿，刘洪磊，等. 矿山岩体破坏突水非达西流模型及数值求解［J］. 岩石力学与工程学报，2016，35（3）：446~455.

［20］李健. 多孔介质中非 Darcy 流动的实验研究［D］. 北京：中国农业大学，2007.

［21］Moutsopoulos K N，Tsihrintzis V A. Approximate analytical solu tions of the Forchheimer equation［J］. Journal of Hydrology，2005，309（1-4）：93~103.

［22］李健，黄冠华，文章，等. 两种不同粒径石英砂中非 Darcy 流动实验研究［J］. 水利学报，2008，39（6）：726~732.

［23］Sidiropoulou M G，Moutsopoulos K N，Tsihrintzis V A. Determination of Forchheimer equation coefficients a and b［J］. Hydrological Processes，2007，21（4）：534~554.

［24］Morton K W，Mayers D F. Numerical Solution of Partial Differential Equation［M］. London：Cambridge University Press，2005.

［25］孔祥言. 高等渗流力学［M］. 合肥：中国科学技术大学出版社，1999：44~46.

［26］仵彦卿，张倬元. 岩体水力学导论［M］. 成都：西南交通大学出版社，2005：77~83.

［27］Snow D T. Anisotropie Permeability of Fractured Media［J］. Water Resources Research，1969，5（6）：1273~1289.

［28］Hestir K，Long J C S. Analytical expressions for the permeability of random two-dimensional Poisson fracture networks based on regular lattice percolation and equivalent media theories［J］. Journal of Geophysical Research：Solid Earth，1990，95（B13）：21565~21581.

［29］杨天鸿，肖裕行. 露天矿边坡岩体结构面调查及渗透特性分析［J］. 勘察科学技术，1998，16（3）：27~30.

［30］Xiao Y X，Lee C F，Wang S J. Assessment of an equivalent porous medium for coupled stress and fluid flow in fractured rock［J］. International Journal of Rock Mechanics and Mining Sciences，1999，36（7）：871~881.

［31］Biot M A. General theory of three-dimensional consolidation［J］. Journal of Applied Physics，1941，12（2）：155~164.

［32］夏露，刘晓非，于青春. 基于块体化程度确定裂隙岩体表征单元体［J］. 岩土力学，2010，31（12）：3991~3997.

［33］杨天鸿，于庆磊，陈仕阔，等. 范各庄煤矿砂岩岩体结构数字识别及参数表征［J］. 岩石力学与工程学报，2009，28（12）：2482~2488.

［34］王鹏飞，谭文辉，马学文，等. 不同粗糙度和隙宽贯通充填裂隙类岩石渗流特性试验研究［J］. 岩土力学，2019，40（8）：3062~3070.

5 地下工程围岩分级与力学参数估计

5.1 地下工程的研究对象——岩体和土

在岩石地下工程中，由于受开挖影响而发生应力状态改变的围岩既可以是岩体，也可以是土体。围岩的工程性质，一般包括三个方面：物理性质、水理性质和力学性质。对围岩稳定性影响最大的是岩土体的力学性质，即围岩抵抗变形和破坏的性能。

5.1.1 岩土分类

不同地区、不同类型岩土，由于经历的地质作用过程不同，其工程性质往往具有很大的差别。岩土的分类方法很多，一般可分为岩石、碎石土、砂、粉土、黏性土等五类。

（1）岩石类。凡饱和单轴抗压强度大于或等于 30MPa 以上的称为硬质岩石；小于 30MPa 的岩石为软质岩石。岩质新鲜称为微风化；岩石被节理、裂隙分割成块状（20~50cm），裂隙中填有少量风化物称为中风化。节理裂隙发育，岩石分割成 2~20cm 的碎块，用手可折断时称为强风化。

（2）碎石类土。按粒组含量及颗粒形状可分为漂石和块石、卵石和碎石、圆砾和角砾。

1）漂石和块石。粒径大于 200mm 的颗粒超过全重 60%。

2）卵石和碎石。粒径大于 20mm 的颗粒超过全重 50%。

3）圆砾和角砾。粒径大于 2mm 的颗粒超过全重 50%。

碎石土在其骨架颗粒空隙中全部为砂所充填时称为砂卵石，其承载力由密实度决定。如果空隙中为黏土充填时，要根据土的状态、骨架的密实情况确定其工程性质。对漂石或块石类土因其直径过大，往往造成钻探及钻孔灌注桩施工的困难。

（3）砂类土。砂土根据其颗粒直径大小及所占的重量的比例，按颗分法定名。

1）砾砂。粒径大于 2mm 的颗粒占全重 25%~50%。

2）粗砂。粒径大于 0.5mm 的颗粒占全重 50%。

3）中砂。粒径大于 0.25mm 的颗粒占全重 50%。

4）细砂。粒径大于 0.075mm 的颗粒占全重 85%。

5）粉砂：粒径大于 0.075mm 的颗粒占全重 50%。

上述分类可通过标准筛用筛分法确定。砂的密实度一般用标准贯入击数 N 判定：

密实：$N>30$；中密：$15<N\leqslant30$；稍密：$10<N\leqslant15$；松散：$N\leqslant10$。

（4）粉土。粒径为 0.075~0.005mm 的颗粒占全重 50% 以上、黏粒含量小于 17%、砂粒含量小于 50% 的土，称为粉土。如果用塑性指数划分，其 $I_p\leqslant10$。粉土由粉粒、砂粒、黏粒三种物质组成，根据含量又可细分为：

1）砂质粉土。砂的含量在 40%～50%。

2）粉土。粉粒含量在 60%～70%。

3）黏质粉土。黏粒含量为 10%～17%。

砂质粉土接近砂的性质，是可能液化的土。黏质粉土接近黏性土性质，它不会液化。

（5）黏性土。按塑性指数 I_P，黏性土可分为：粉质黏土（$10<I_P\leqslant17$）和黏土（$I_P>17$）。

粉质黏土属于黏性土类，它具有黏聚力和摩阻力，渗透性次于砂土，可用手搓成 0.5～2mm 的土条，在自重下可断裂。当其含水量在塑限左右，捣碎后，用手捏紧，松手下落成散粒状时，最易夯实。在工程中常用作填土材料。

黏性土性质极为复杂，其矿物成分含量对工程性质有显著的影响。黏性土渗透性很差，摩擦力很低，吸水后呈流塑状，强度很低、易于滑坡。干燥后又可开裂，引起基坑崩坍。当黏土的含水量在塑限左右时，具有很高的强度，不易捣碎，也难于夯实。

5.1.2　特殊土类

我国地域辽阔，岩土地质条件比较复杂，特殊土分布种类较多。常见的特殊土有湿陷性黄土、淤泥及淤泥质土、泥炭及泥炭化土、膨胀土、多年冻土及季节性冻土、盐渍土等。

（1）湿陷性黄土。分布在甘肃、陕西、河南及山西和青海部分地区，有可见的大孔，含水量低，多分布在气候干燥区。该土粉质含量多，孔隙比大于1，遇水则湿陷，故称湿陷性土。

（2）淤泥及淤泥质土。分布于沿海、沿湖地区，灰黑色，含有机质，孔隙比 1～2.7 不等，抗剪强度变化幅度较大，地基承载力 30～100kPa，属高压缩性、低强度的饱和软黏土。

（3）泥炭及泥炭化土。分布在我国云贵山区，为含腐化植物量极高的不均匀性高压缩性土。含水量 100%～300%，密度很小，固体物质较少，几乎没有承载力，透水性好，排水较易。

（4）膨胀土。分布于我国云南、广西、湖北、河南、安徽等 10 余省市区，在膨胀土出露于地表的地方房屋损坏率大，尤以坡地房屋的损坏最大。

膨胀土有膨胀收缩性质，其主要因素是土中含有蒙脱石矿物，然而在无水补给或者没有水分转移的条件下，它的性质不会发挥，即使有所发挥，也不会对建筑物造成危害。但外部条件，如施工供水、破坏植被、挖填方、气候干湿交替等都足以破坏土中水原有的平衡状态，使水分蒸发、转移，造成房屋上升、下降、水平移动等现象，由此引起房屋的损坏。

（5）多年冻土及季节性冻土。主要位于寒冷地区。冻深以上土层因土温低于零摄氏度，土中水结冰，冰的膨胀使土产生膨胀。待春天来临，土温上升，土中冰融，又造成土的融沉，常见的春天翻浆就是冰融现象造成的。除砂土的冻胀较小外，由于黏性土内黏粒矿物的吸附能力，具有转移水分的作用，因此凡地下水位离冻深线 2m 以内的土层都可能因水不断向低温转移而得到补给，产生强弱不等的冻胀现象。所以冻土并非土本身具有的性质，而是气温变化在土中引起的水的物理变化造成的现象。

（6）盐渍土。土中易溶盐超过0.5%时即属盐渍土。常见的盐类为氯盐、碳酸盐和硫酸盐等，它对混凝土有侵蚀性。为防止腐蚀常在基础四周加涂沥青层。可溶盐浸水后可溶解，硫酸盐吸水还有膨胀性。

岩土是自然、历史的产物，这决定了它们的工程性质与其他工程材料如钢材、塑料、混凝土等有很大的差异，下面就岩土力学特性作简要介绍。

5.1.3 土体的基本物理力学特性

5.1.3.1 土的组成及基本物理特性指标

土是岩石经风化、搬运、沉积作用形成的，这一过程包括物理、化学和生物的作用。土是由固相（矿物颗粒）、液相（水）和气相（空气）组成的三相分散系。在土颗粒间存在较大孔隙，当孔隙为水所充满时称为饱和土；孔隙中部分为水，另一部分为空气或其他气体时称为非饱和土。

土粒按其直径与矿物成分可粗分为两大类。粒径大于0.075mm的为砂、砾类，它们是长石、石英长期风化的碎屑，质地坚硬、性质稳定，颗粒间呈点状接触，其强度取决于颗粒级配，粒径愈均匀者级配愈差，其密实度和强度亦愈低；粒径小于0.005mm的为黏粒类，其中小于0.002mm的为胶粒。这类物质的矿物成分为高岭石、伊利石和蒙脱石，属次生矿物，颗粒为扁片状，多呈层状排列，有吸附作用，遇水膨胀，失水收缩。评价土的物理特性的指标如下：

（1）基本指标：

1）土的密度ρ。单位土体积的重量，单位"kg/m^3"。土的密度可直接用环刀切土或现场挖标准坑取土求其重量。为了保证质量，应量测体积并及时称重，以防止水分蒸发。

2）含水量ω。孔隙中水的重量与土骨架重量之比，以百分数表示。

试验前称好土重，在烘箱105℃时烘12h后再称土重，两者差值即得水的重量。在现场可直接用酒精烧土，取得试后干土的重量。

（2）反映土的密实状态的指标。干密度（干容重）ρ_d、孔隙比e、不均匀系数C_u。

（3）反映土的塑性的指标。塑限ω_P、液限ω_L。

5.1.3.2 土体主要力学变形特性

A 压缩性参数

土在压力作用下体积缩小的特性称为土的压缩性。一般来说，在荷载作用下，透水性大的无黏性土，其压缩过程在短时间内就可以结束；而对于透水性低的饱和黏性土，土体中水的排除所需时间较长，压缩过程的完成持续时间较久，有时甚至几十年。土的压缩随时间而增长的过程称为固结。因此，在荷载作用下，建筑物的总沉降由3部分组成，即瞬时沉降、主固结沉降和次固结沉降：

$$S = S_i + S_c + S_s \tag{5-1}$$

式中，S为总沉降；S_i为瞬时沉降；S_c为主固结沉降；S_s为次固结沉降。

对于一般工程，常用室内侧限压缩试验确定土的压缩性指标。虽然其试验条件不完全符合土的实际工作状况，但有其实用价值。

（1）压缩性曲线和压缩性指标。由压缩性试验结果绘制土的压力和孔隙比的关系曲线有两种：e-p曲线或e-lg$p$曲线，这些曲线称为土的压缩曲线，如图5-1所示。对于曲线

上任意两点 (p_1, e_1) 和 (p_2, e_2)，定义压缩系数 a 为：

$$a = \frac{e_1 - e_2}{p_2 - p_1} \times 1000 \qquad (5\text{-}2)$$

式中，压力单位为 kPa，压缩系数单位为 MPa^{-1}。

显然，对于 $e\text{-}p$ 曲线上的不同区段，a 值不是相等的。《建筑地基基础设计规范》取 p_1 为上覆土层自重，p_2 为上覆土层自重 p_1 和建筑物产生的附加压力 Δp 之和。为了统一评价土的压缩性，规定取 $p_1 = 100\text{kPa}$，$p_2 = 200\text{kPa}$ 时的压缩系数 $a_{1\text{-}2}$ 作为评价土的压缩性高低的指标。

低压缩性土：　　　　　　　　　$a_{1\text{-}2} < 0.1\text{MPa}^{-1}$

中等压缩性土：　　　　　$0.1 \leqslant a_{1\text{-}2} < 0.5\text{MPa}^{-1}$

高压缩性土：　　　　　　　　　$a_{1\text{-}2} \geqslant 0.5\text{MPa}^{-1}$

试验证明，正常固结情况下，$e\text{-lg}p$ 曲线为一直线。压缩指数定义为

$$C_c = \frac{e_1 - e_2}{\text{lg}p_2 - \text{lg}p_1} \qquad (5\text{-}3)$$

对于超固结土，$e\text{-lg}p$ 曲线的前段并非直线，如图 5-1 (b) 所示。

由压缩系数 a 和压缩指数 C_c 的定义可以推出：

$$C_c = \frac{a\Delta p}{\text{lg}(1 + \dfrac{\Delta p}{p_1})} \quad \text{或} \quad a = \frac{C_c\text{lg}(1 + \dfrac{\Delta p}{p_1})}{\Delta p} \qquad (5\text{-}4)$$

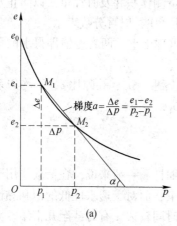
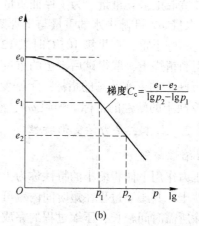

(a)　　　　　　　　　　　　　　　(b)

图 5-1　压缩曲线

(a) 以 $e\text{-}p$ 曲线确定压缩系数 a；(b) 在 $e\text{-lg}p$ 曲线中求 C_c

在完全侧限条件下土的竖向压缩应力 σ_z 与竖向单位变形 ε_z 之比，称为土的压缩模量 E_s，其单位为 kPa，即：

$$E_s = \frac{\sigma_z}{\varepsilon_z}（\text{侧限条件下}）$$

由式 (5-2)，及 $\sigma = \Delta p$，$\varepsilon_z = -\dfrac{\Delta e}{1 + e_1}$，得：

$$E_s = \frac{\Delta p}{\dfrac{-\Delta e}{1 + e_1}} = \frac{1 + e_1}{a} \tag{5-5}$$

在完全侧限条件下，土层单位厚度受单位压力增量作用引起的压缩量称为土的体积压缩系数 m_v，其单位为 kPa^{-1}。因此，m_v 为 E_s 的倒数，即：

$$m_v = \frac{1}{E_s} = \frac{a}{1 + e_1} \tag{5-6}$$

（2）回弹指数 C_s。压缩试验中，在某压力 p_i 下卸荷回弹至 p_{i+1}，再加荷压缩，于是可得表征土的回胀特征的减压曲线，如图 5-2 中的线段 AB 和再压缩曲线图 5-2 中的线段 BA'。试验表明，不同压力下卸荷回弹再压缩曲线的平均梯度基本保持相同，定义回弹指数 C_s 为：

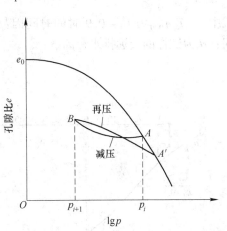

图 5-2 回弹再压缩曲线

$$C_s = \frac{e_i - e_{i+1}}{\lg p_{i+1} - \lg p_i} = \frac{\Delta e}{\lg \dfrac{p_{i+1}}{p_i}} \tag{5-7}$$

该指标在预测土的回弹测量时使用。

（3）固结系数 C_v。土的固结系数 C_v 是表征土固结速率的一个特征系数，表达式为：

$$C_v = \frac{k(1 + e)}{\alpha \gamma_w} \tag{5-8}$$

式中，k 为土的渗透系数，cm/s；γ_w 为水的重度，kN/m^3。

C_v 的单位一般为 cm^2/s 或 m^2/a。土的渗透性越小，C_s 值越小。它可根据压缩试验结果推算，常用的方法有时间对数法（$\lg t$ 法）和时间平方根法（$\sqrt{t}$ 法）。

1）时间对数法（$\lg t$ 法）。在压缩量与时间对数的坐标图上（图 5-3），取试验曲线主段的切线与尾段切线的交点 A 之纵坐标，作为固结度 $U_t = 1.0$ 时的最终压缩量，在此点以下的压缩量都假定由土的次固结效应所引起。此外，渗透固结的真正零点也不能用实测 $t = 0$ 时的读数，而应取图 5-3 中纵坐标轴上的 B 点作为相应于 $U_t = 0.0$ 的真正零点读数。B 点的位置按下列方法确定：根据曲线首段上较接近的两试验读数点 A 与点 B（两者的时间比值为 $1 : 4$）的压缩量读数差值 y，向上推相同的读数差值 y，画平行于时间坐标轴的虚直线交于纵坐标轴，即可得 $U_t = 0.0$ 时的真正零点读数 B。这是因为，在直角坐标上，渗透固结理论曲线的首段符合抛物线特征，即纵坐标增加 1 倍，横坐标值就增加 4 倍。取得 $U_t = 0.0$ 和 $U_t = 1.0$ 首尾两个读数后，可算出相当于 $U_t = 0.5$ 时的土层压缩量及相应的固结力系数，即：

$$C_v = \frac{(T_v)_{0.5} H^2}{t_{0.5}} \tag{5-9a}$$

式中，$(T_v)_{0.5}$ 为 $U_t = 0.5$ 时的时间因数，可从 U_t-T_v 曲线中按不同的情况查得；$t_{0.5}$ 为 $U_t = 0.5$ 时的时间，由压缩量与时间关系曲线可得；H 为试样最远排水距离。

2）时间平方根法（$\sqrt{t}$ 法）。在压缩量 s 与时间平方根 $\sqrt{t}$ 的坐标上，如图 5-4 所示渗透固结理论曲线首段与主段（相当于 $U_t = 0.0 \sim 0.6$ 的范围内）呈现为一根斜直线，故可根据试验曲线在该坐标上的直线段向左上方延伸交于纵坐标轴，即得真正零点读数 s_0，然后过 s_0 点绘制一虚直线 $s_0 c$，该直线上各点的横坐标值为试验曲线的主段延长线 $s_0 b$ 的横坐标值的 1.15 倍。$s_0 c$ 交试验曲线于 c。研究表明，c 点的纵坐标位置 a 相应于固结度 $U_t = 0.9$ 的压缩量，而它的横坐标相应于 $\sqrt{t_{0.9}}$。于是：

$$C_v = \frac{(T_v)_{0.9} H^2}{t_{0.9}} \tag{5-9b}$$

式中，$(T_v)_{0.9}$ 为 $U_t = 0.9$ 时的时间因数，查 U_t-T_v 关系曲线可得；$t_{0.9}$ 为 $U_t = 0.9$ 时的时间；H 为试样的最远排水距离。

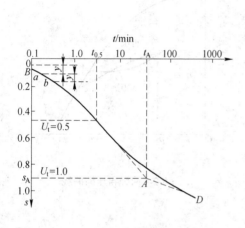

图 5-3　时间对数法

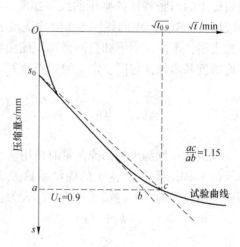

图 5-4　时间平方根法

无论是时间对数法还是时间平方根法，都难以准确确定土的固结系数，这是因为土骨架的蠕变性能在渗透过程中或多或少都在起作用，特别是对于坚实而结构性强的黏土，蠕变影响可以说是在渗透的全过程都在发挥作用。即使是饱和软黏土，在每级荷载增量作用下，土的骨架蠕变作用大都会在渗透固结的后段逐渐发挥出来。因此，用时间平方根法处理渗透固结曲线首段比较方便、精确；而用时间对数法确定相应 $U_t = 1.0$ 的变形量较为可靠。因而，建议根据试验曲线的首段用时间平方根法确定 $U_t = 0.0$ 的点，而尾段则用时间对数法确定 $U_t = 1.0$ 的点，以相互弥补不足之处。

（4）次固结系数 C_a。大量试验表明，次固结变形与时间在半对数坐标上接近一条直线。该直线的斜率称为次固结系数 C_a：

$$C_a = \frac{e_1 - e_2}{\lg t_2 - \lg t_1} = \frac{\Delta e}{\lg \dfrac{t_2}{t_1}} \tag{5-10}$$

次固结对大多数土而言，相对于主固结是次要的，可以不考虑。对于可塑性较大的软弱土，以及淤泥与有机质土，次固结在总沉降中占的比例较大，不可忽略。

次固结系数也可用经验公式进行估算，即：

$$C_a = 0.018 \omega_0 \tag{5-11}$$

式中，ω_0——土的天然含水量，以小数计。

（5）影响压缩试验成果的一些因素。压缩试验所用土样多为 $\phi79.8mm \times 20mm$ 与 $\phi61.8mm \times 20mm$，侧表面与体积之比为 $0.501 \sim 0.647cm^2/cm^3$，两端面与体积之比为 $0.5cm^2/cm^3$。侧面切削和端面切削对土样均有扰动，均应采用正确的切削方法和下压方式，以减少对土样的扰动。

影响压缩试验结果的另一个因素是加荷持续时间。土工试验规程规定要求每级荷载持续 24h，对一些沉降完成较快的土，也可按照每小时沉降量小于 0.005mm 的稳定标准。在有经验的地区，对于某些经对比试验证实的土类，一般工程可以使用快速法，最后进行校正。

试验规程规定压缩仪应定期校正，并在试验值中扣除一起变形值。然而，一些单位的实验表明，多次校正几乎无重复性，同一压力下的校正值不唯一。这是因为用刚性铁块代替土样，在试验时钢块与透水石之间"尖点"随机接触，产生压缩，因此，所得校正值并不能完全代表土样压缩时的仪器变形，另外，还有一起随机安装问题。对于高压缩性土，仪器校正影响不大，而对于低压缩性土，校正值的变形读数中所占比例很大。因此，在重大工程中一定要充分予以重视。

初试孔隙比 e_0 的选取也会影响试验结果的应用。e_0 应该是土层天然埋藏条件下具有的孔隙比。但是真正的天然孔隙比是很难测得的。在定义压缩性指标时，以室内试验曲线上对应于自重压力 p_1 的孔隙比 e_1 作为起始点，此时的压缩曲线实际上是再压缩曲线。

B　土的渗透性参数

土的渗透性一般是指水流通过土中孔隙难易程度的性质，常用的渗透性指标为渗透系数 k。土的渗透系数可以通过室内渗透试验或现场抽水试验来测定。

室内准确测定 k 是一项困难的试验项目。在室内试验时应特别注意以下几个方面：

（1）试样的孔隙比应与实际工程相符合，最好找出 k-e 曲线。

（2）试样必须完全饱和，试验用水需经脱气处理，水温应高于室温 $3 \sim 4℃$。

（3）室内切削试样应尽量减少对试样的扰动，同时保证环刀与试样密合。

当无黏性土测定了毛管水上升高度时，可用式（5-12）计算，即：

$$k = \frac{n}{2\eta}\left(\frac{n}{S}\right)^2 \tag{5-12}$$

$$\frac{n}{S} = \frac{h\rho}{T}g \tag{5-13}$$

式中，h 为毛管水上升高度；n 为孔隙率；S 为单位体积的毛细管表面积；η 为液体黏滞系数；T 为液体表面张力；p 为土的密度；g 为重力加速度。

对于渗透性很低的软土，可通过由压缩试验测定的 C_v 计算，即：

$$k = \frac{C_v \gamma_w a}{1 + e} \tag{5-14}$$

采用上述公式进行计算时，宜慎重考虑，要结合经验综合判定。表 5-1 中列出了各种土的渗透系数数量及范围，可供参考。

表 5-1　各种土的渗透系数数量及范围

土类	砾石	砾砂	粗砂	中砂	细砂	粉砂	粉砂、裂隙黏土	粉质黏土	黏土
k 值范围	$>10^{-1}$	10^{-1}	10^{-2}	$10^{-3} \sim 10^{-2}$	10^{-3}	$10^{-4} \sim 10^{-3}$	$10^{-5} \sim 10^{-4}$	$10^{-7} \sim 10^{-5}$	$<10^{-7}$

C　土的抗剪强度参数

通常土的抗剪强度用库仑公式表示，即：

$$\tau_f' = c' + \sigma'\tan\varphi' \tag{5-15a}$$

或
$$\tau_f = c + \sigma\tan\varphi \tag{5-15b}$$

式中，τ_f' 或 τ_f 为土的抗剪强度，kPa；c、φ 为总应力条件下，土的黏聚力（kPa）和土的内摩擦角（°）；σ、σ' 为剪切滑动面上法向总（有效）应力，kPa；c'、φ' 为土的有效黏聚力（kPa）和土的有效内摩擦角（°）。

c、φ 或 c'、φ' 称为土的抗剪强度参数，它们在进行建筑地基承载力计算、边坡稳定分析、挡土结构上土压力的估算、基坑支护设计、地基稳定性评价中都是不可缺少的指标。确定土的抗剪强度参数的室内试验方法常用的有直剪试验和三轴压缩试验。后者因其具有受力状态明确、大小主应力可以控制、剪切面不固定、排水条件能够控制，并能测定试验的孔隙压力及体积变化等优点而在勘察设计中得到越来越广泛的应用。按照排水条件不同可以分为不固结不排水剪（UU）、固结不排水剪（CU）、固结排水剪（CD）三种。关于各种试验的详细步骤参见"土力学"教材中的有关章节。

黏性土的强度性状是很复杂的，它不仅随剪切条件的不同而不同，而且还受土的各向异性、应力历时、蠕变等因素的影响。对于同一种土，强度指标的大小与试验条件都有关，实际工程问题的情况更是千变万化，用试验室的实验条件去模拟现场条件毕竟还会有差别。因此，对于某个具体工程问题，如何选择试验条件，与在室内确定土的抗剪强度参数并不是一件相同的事。在设计中究竟采用总应力法还是有效应力法，取决于对实际工程中孔隙压力的估计是否有把握。当把握不大或缺乏这方面的数据时，采用总应力法分析较为妥当。此时，宜根据实际情况和土体的排水条件决定应采用 c_{uu}、φ_{uu}，还是 c_{cu}、φ_{cu}，或 c_{cd}、φ_{cd}。例如，在验算地下水位以下黏性土挖方边坡的施工期稳定时，应采用不固结不排水剪切实验结果，即 c_{uu}、$\varphi_{uu} = 0$；若验算建筑物地基的长期稳定，则应采用固结排水剪切实验结果，即 c_{cd} 和 φ_{cd}；而在验算大坝坝身在长期运行条件下遇水位骤降时的稳定性时，则应采用固结不排水剪切实验结果，即 c_{cu} 和 φ_{cu}。

D　土的其他特性

（1）土的非线性和非弹性。土体在各种应力状态下除产生弹性变形外，还会出现不可恢复的塑性变形，哪怕在加荷初始应力-应变关系接近直线的阶段，变形仍然包含了弹性和塑性两部分。非线性和非弹性是土体变形的突出特点。

（2）土的流变性。一方面，在有效应力作用下，由于颗粒表面所吸附的水（气）的黏滞性，颗粒的重新排列和骨架体的错动具有时间效应，土体变形与时间有关；另一方面，有时土体变形受到边界的约束，这种约束有抵消蠕动变形的能力，因此土体内部应力必须调整，也与时间有关。土体的变形和应力与时间有关的现象称为土的流变现象。

工程实践中，土的流变主要包括：

1）蠕变。即恒定应力作用下变形随时间增长的现象。

2）松弛。即变形恒定情况下应力随时间衰减的现象。

土的流变性质是土的重要工程性质。黏土呈片架结构，具有较显著的流变性质。

（3）土的剪胀性。土体受力后会有明显的塑性体积变形，这一点与金属不同，金属被认为是没有塑性体积变形的。土体的塑性体积应变完全是由剪切造成，剪切引起土体体积变化的特性叫剪胀性，如果体积膨胀，称为剪胀，如果体积收缩，称为剪缩。一般紧密砂土、超固结黏土常表现为剪胀，而软土、松砂常表现为剪缩。剪胀性是散粒体材料的一个重要特性。

（4）塑性剪应变。土体受剪产生剪应变，剪应变的一部分与骨架的轻度偏斜相对应，卸载后能恢复的剪应变称为弹性剪应变，不能恢复的剪应变称为塑性剪应变，它与颗粒之间的相对错动滑移相联系。不仅剪应力能引起剪应变，体积应力也会引起剪应变。

（5）应变硬化和软化。土体应力随应变增加而增加，直到达到极限强度而破坏，这种特性称为土体应变硬化；反之，土体应力随变形增加而上升，达到某一峰值后转为下降，即应力降低而应变却在增加，这种特性称为土体应变软化。

E　影响土的工程性质的主要因素

土是自然历史的产物。它的基本组成、结构特征、工程性质直接记录了在其形成过程中自然和人为作用的影响。影响土的工程性质的主要因素可以概括为如下几个方面：

（1）土的粒度组成。土中固体颗粒的大小及级配情况，直接影响土的强度、压缩性和渗透性。特别是对于无黏性土，固体颗粒的形状、颗粒级配直接影响土体的强度。而对于黏性土，不仅由固体颗粒的粒度组成，而且构成土体颗粒的矿物成分亦对土体的强度和变形有着显著的影响。某些在一定地理区域内形成的特殊土，如黄土、膨胀土、红黏土等就具有独特的工程性质。

（2）土的密实度。土体愈密实，其抗剪强度愈高、渗透性愈低，特别是对于土的渗透性影响更为直接。试验资料表明，对于砂土，渗透系数大致与土的孔隙比的二次方成正比；对于黏性土，孔隙比对渗透系数的影响更为显著，但由于涉及结合水膜的厚度而难以建立两者之间的定量关系。

（3）黏性土的稠度。稠度是指黏性土的软硬程度，它可用液性指数 I_L 表示，I_L 愈大，土愈软。液性指数和土的含水量成正比，而含水量和孔隙比是决定黏性土强度和压缩性的两个主要因素。对于饱和土，含水量与孔隙比成正比。因此，含水量愈大，土的液性指数愈大，承载力就愈低，压缩性就愈高。

（4）黏性土的结构性。土体经扰动后，土粒间的胶结质以及土粒、离子、水分子所组成的平衡体系受到破坏，即土的天然结构受到破坏，致使土的强度降低，压缩性提高，黏性土的这种性质称为结构性。显然，黏性土的结构性愈强，扰动后土的强度就愈低。因此，在工程中一定要注意保护土体，尽量减少扰动。

（5）应力路径和应力历史对变形的影响。在土的形成过程中，土中应力的变化即应力历史的状况，对土会或多或少地产生一定影响，并被土体"记忆"下来。在地基固结沉降计算中考虑应力历史的影响，可使计算结果更符合实际。对于超固结土，其静止侧压力系数会大于正常固结土，甚至会大于1，因此，超固结土中会存在较大的侧压力，在开挖基坑或边坡时，要正确计算土压力值，否则，很大的侧向压力会导致塌方或边坡破坏，造成生命财产的损失。

（6）中间主应力对变形的影响。中间主应力对土体变形有明显的影响，中主应力的变化会影响到土的抗剪强度，中主应力还会改变应力-应变曲线的软化或硬化的形态。

（7）固结压力的影响。土体在高围压下的变形性状与低围压情况下不同，在低围压作用下，土体表现为应变软化；在高围压作用下，土体表现为应变硬化。

5.1.4　岩体的基本物理力学特性

5.1.4.1　岩石物理力学性质

岩块物理性质包括岩块的容重、密度、孔隙度、波速、矿物组成与含量、吸水性、饱水性等；力学性质包括岩石强度性质和变形性质，如抗拉强度、抗压强度、抗剪强度、抗扭强度和抗弯强度等；变形性质涉及岩石弹性模量、泊松比等。

对于坚硬的岩石，稳定性好，不需要支护；对于软弱岩石和软硬相间的岩石，稳定性欠佳，一般需要进行支护。

岩石分类中，主要考虑岩石强度或坚固性（普氏系数）。岩块强度可由室内试验获得。为了综合反映其他性质，如岩石孔隙率、吸水率等，围岩分类中一般采用岩石单轴饱和抗压强度作为分类指标。该指标既考虑了地下水对岩石的弱化，又兼顾考虑了岩石的风化情况；同时，它与其他力学指标有较好的互换性，而且试验方法简单、可靠、易行。

我国公路、铁路、水利部门的隧道设计规范中，给出了根据岩石单轴饱和抗压强度 R_c 大小划分岩石坚硬程度的条件，见表 5-2。

表 5-2　国内岩石坚硬程度的强度划分

隧道类型	硬质岩 R_c/MPa			软质岩 R_c/MPa		
	极硬岩	坚硬岩	较坚硬岩	较软岩	软岩	极软岩
公路隧道 JTG D63	>60		60~30	30~15	15~5	≤5
铁路隧道 TB10003	>60	30~60		30~15	15~5	≤5
水工隧洞 DL/T5195	>60		60~30	30~15	15~5	—
岩土工程 GN50021	>60		60~30	30~15	15~5	≤5

苏联 M. M. 普罗托吉雅可诺夫于 1926 年提出用"坚固性"这一概念作为岩石工程分级的依据。普氏认为，岩石的坚固性在各方面的表现是趋于一致的，难破碎的岩石用各种方法都难于破碎，容易破碎的岩石用各种方法都易于破碎。因此，他建议用一个综合性的指标"坚固性系数 f"来表示岩石破坏的相对难易程度：$f=R_c/10$。通常称 f 为普氏岩石坚固性系数（简称普氏系数）。根据 f 值的大小，将岩石分为十级共 15 种（见表 5-3）。

表 5-3　岩石坚固性分级

级别	坚固性程度	岩　石	f 值
I	最坚固的岩石	最坚固、最致密的石英岩及玄武岩，其他最坚固的岩石	20
II	很坚固的岩石	很坚固的花岗岩类，石英斑岩，很坚固的花岗岩，硅质片岩，坚度较 I 级岩石稍差的石英岩，最坚固的砂岩及石灰岩	15
III	坚固的岩石	致密的花岗岩及花岗岩类岩石，很坚固的砂岩及石灰岩，石英质矿脉，坚固的砾岩，很坚固的铁矿石	10
IIIa	坚固的岩石	坚固的石灰岩，不坚固的花岗岩，坚固的砂岩，坚固的大理岩，白云岩，黄铁矿	8
IV	相当坚固的岩石	一般的砂岩，铁矿石	6

续表 5-3

级别	坚固性程度	岩 石	f 值
IVa	相当坚固的岩石	砂质页岩，泥质砂岩	5
V	坚固性中等的岩石	坚固的页岩，不坚固的砂岩及石灰岩，软的砾岩	4
Va	坚固性中等的岩石	各种不坚固的页岩，致密的泥灰岩	3
VI	相当软的岩石	软的页岩；很软的石灰岩，白垩，岩盐，石膏，冻土，普通泥灰岩，破碎的砂岩，胶结的卵石及粗砂砾，多石块的土	2
VIa	相当软的岩石	碎石土，破碎的页岩，结块的卵石及碎石，坚硬的烟煤，硬化的黏土	1.5
VII	软岩	致密的黏土，软的烟煤，坚田的表土层	1.0
VIIa	软岩	微砂质黏土，黄土，细砾石	0.8
VIII	土质岩石	腐殖土，泥煤，微砂质黏土，湿砂	0.6
IX	松散岩石	砂，细砾，松土，采下的煤	0.5
X	流沙状岩石	流沙，沼泽土壤，饱含水的黄土及饱含水的土壤	0.3

岩石主要力学特性可归纳概括如下：

（1）非线性的应力-应变关系。岩石典型力学特性是应力-应变呈现非线性关系，如图 5-5 所示。

（2）循环荷载下的硬化、软化特性。当循环荷载小于岩石峰值强度时，岩石的刚度随着循环次数的增加表现出应变硬化的特性，当循环荷载是在破坏之后进行，岩石的刚度则不断减少，表现出应变软化特征。

（3）弹塑性耦合特性。岩石在加卸荷过程中，由于塑性变形的影响，岩石的弹性系数随塑性变形的发展而不断变化的现象，称为弹塑性耦合。

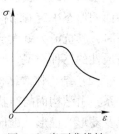

图 5-5 岩石非线性应力-应变曲线

（4）静水压力敏感性。岩石在周围同等压力作用下，被压密，呈现出非线性的体积应变与应力的关系。

（5）岩石的围压效应。在低围压下，岩石表现出应变软化的特征，在高围压下，岩石呈现出应变硬化特征，由于围压的变化，使岩石由脆性破坏向延性破坏转移。

（6）非线性剪胀。岩石在破坏之前，会出现非线性体积膨胀（有的发生剪缩），在此剪应力作用下，岩石体积产生膨胀的现象称为剪胀效应。

（7）时效特性。岩石力学特性随时间变化的现象称为时效特性。如当荷载保持一定时，岩石变形随时间的延续而增加，称为蠕变现象；或者，岩石变形保持一定，岩石的应力随时间延续而降低，称为松弛现象。

（8）应力路径效应。应力路径对岩石的强度及变形有较大影响，不同的应力（应变）历史，造成岩石内部的不同损伤，导致不同的变形效应。

（9）低抗拉特性。岩石抗拉强度远低于岩石的抗压强度，它的受拉变形也远小于受压变形。

（10）加载率的敏感性。无论是动力或静力试验，加载率越高，岩石表现出的强度越大，加载率的大小，对变形有较大的影响。

（11）试验方式对岩石力学特性的影响。岩石力学特性只有通过压力试验机的试验后才能获得，然而试验机的刚度及试验的控制方式对岩石力学特性有很大影响，例如在峰值强度附近，若不能控制试件的变形，试件将过早地发生脆性破坏，即得不到岩石的全应力-应变过程曲线，同时试验压力机的刚度亦会直接影响岩石的峰值强度。

5.1.4.2 岩体结构

岩体是由结构面和结构体组合而成的具有结构特征的地质体。所以，岩体的力学性质主要取决于岩体的结构特征、结构体岩石的特征以及结构面的特性。环境因素，如地应力、地下水和地温对岩体的力学性质影响也很大。在众多的因素中，哪个起主导作用则需视具体条件而定。

（1）结构面：

1）结构面的分类。结构面是具有一定方向、延展较大、厚度较小的地质界面。由于结构面是岩体的重要组成单元之一，所以岩体的力学性质与结构面的特性有密切关系。结构面按其成因可分为原生结构面、构造结构面和次生结构面。

2）结构面的几何特性。结构面的几何特性主要包括结构面的产状、形态和延展尺度等。结构面的产状包括走向和倾向，产状对岩体是否沿某一结构面滑动起着控制作用。结构面的形态决定着结构体沿结构面滑动时的抗滑力的大小，当结构面的起伏度大、粗糙度高时，其抗滑力就大。按结构面的延展情况，可将结构面分为非贯通性的、半贯通性的和贯通性的三种类型。

（2）结构体。结构体也是岩体的基本组成部分，其几何形状、大小及相互间的组合关系，由结构面的产状、分布和组合关系来确定。常见的单元结构体有块状、柱状、板状以及菱形、楔形、锥形体等。如果风化强烈或挤压破碎严重，也可形成碎屑状、颗粒状、鳞片状。

按照岩体被结构面分割的程度或结构的体态特征，可将岩体结构划分为整体状结构、块状结构、层状结构、碎裂结构和散体结构。

（3）岩石与岩体的区别。岩体与完整的岩石材料不同，岩体中除存在相对完整、坚硬的岩石块体外，还存在着节理、层理和断层等各种不连续的地质结构面。岩体在不连续地质界面的切割下，形成一定的岩体结构并赋存于一定的地质环境（地应力、地下水、地温、地热等）之中。结构面在岩体不同部位的发育程度和分布规律的差异，使岩体工程性质呈现显著的不连续性、非均质性和各向异性。由于岩体被各种地质界面切割，具有不连续性或多裂隙性，因此岩体常常被称为节理岩体、裂隙岩体或不连续岩体。岩体在外力作用下的变形强度特性要比岩石材料复杂得多。

（4）岩体结构类型。不同类型、级别和自然特征的结构面及其切割而成的不同大小和形状的结构体，赋予了岩体各种不同的结构特征。岩体结构类型的划分是在研究岩体的地质特征、结构面、结构体自然特征及其组合状况的基础上的进一步概括。中科院地质研究所谷德振教授将岩体结构划分为整块状结构、层状结构、碎裂结构和散体结构4种基本类型和8个亚类，其基本特性见表5-4。

表 5-4 岩体结构类型与特征

岩体结构类型				岩体完整性		主要结构面及其抗剪特性			岩块湿抗压强度/MPa
类		亚类		结构面间距/cm	完整性系数	级别	类型	主要结构面磨擦系数 f	
代号	名称	代号	名称						
1	整体块状结构	I_1	整体结构	>100	>0.75	存在Ⅳ、Ⅴ级	刚性结构面	>0.60	>60
		I_2	块状结构	100~50	0.75~0.35	以Ⅳ、Ⅴ级为主	刚性结构面局部为破碎结构面	0.40~0.60	>30 一般大于60
Ⅱ	层状结构	II_1	层状结构	50~30	0.6~0.30	以Ⅲ、Ⅳ级为主	刚性结构面、柔性结构面	0.30~0.50	>30
		II_2	薄层状结构	<30	<0.40	以Ⅲ、Ⅳ级显著	柔软结构面	0.30~0.40	30~10
Ⅲ	碎裂结构	III_1	镶嵌结构	<50	<0.36	Ⅳ、Ⅴ级密集	刚性结构面破碎结构面	0.40~0.60	>60
		III_2	层状碎裂结构	<50 (骨架岩层中较大)	<0.40	Ⅱ、Ⅲ、Ⅳ级均发育	泥化结构面	0.20~0.40	<30 骨架岩层在30左右
		III_3	碎裂结构	<50	<0.30		破碎结构面	0.16~0.40	<30
Ⅳ	散体结构			—	<0.20	节理密集呈无序状分布，表现为泥包块、或块夹泥		<0.20	无实际意义

5.2 围岩质量影响因素

岩体的变形与强度，一方面取决于它的受力条件，另一方面则受结构面特征及岩体赋存条件的影响。其主要影响因素有：

（1）结构面对岩体力学性质的影响。岩体中除岩石结构体外，还包含各种各样的地质结构面。岩体的力学特性在很大程度上受地质结构面控制，具体表现在：结构面的强度决定岩体的强度，结构面的产状导致岩体具有各向异性，结构面的存在导致岩体具有不连续性和非均质性。

（2）地质环境对岩体力学特性的影响。岩体所处的地质环境因素有地应力、地下水、工程作用力和地温、地热等，正是因为这些因素的存在和发展促使岩体由稳定转化为不稳定，只有准确地估计这些影响因素，才可能对岩体力学特性做出正确的评价。

1）地应力对岩体力学性质的影响。地应力一般是指地壳岩体在未经人为扰动的天然状态下所具有的内应力。地应力主要是在重力和构造运动综合作用下形成的。地应力对岩体力学性质的影响包括：

① 地应力的存在对岩体的承载能力有很大的影响，地应力对岩体所造成的围压越大，其承载能力亦越大。

② 地应力影响岩体的变形和破坏机制，在低围压下，呈现脆性破坏的岩体，在高围

压下可呈现剪塑性变形。

③ 地应力影响岩体中应力的传播法则，它有可能使不连续的岩体介质在高围压下具有连续介质的特征。

2）地下水对岩体力学性质的影响。地下水对岩体力学特性的影响主要体现在两方面：一是水的物理化学作用，如地下水对岩体产生软化作用，导致岩体抗压强度降低；二是水的力学效应，它使岩体抗剪强度和黏聚力降低。

地下水对岩体抗剪强度的影响表现在孔隙水压力 σ_m 抵消了外界作用的正压力 σ_n，并使岩体内摩擦角由 φ 降至 φ_m。

若岩体浸水前的抗剪强度为：

$$\tau = c + \sigma_n \tan\varphi \tag{5-16}$$

浸水后的抗剪强度为：

$$\tau_m = c_m + (\sigma_n - \sigma_m)\tan\varphi \tag{5-17}$$

抗剪强度降低值 $\Delta\tau$ 为：

$$\Delta\tau = \tau - \tau_m = (c - c_m) + \sigma_n(\tan\varphi - \tan\varphi_m) + \sigma_m\tan\varphi_m \tag{5-18}$$

式中，$c - c_m$ 为黏聚力下降值；$\tan\varphi - \tan\varphi_m$ 为摩擦系数下降值；$\sigma_m\tan\varphi_m$ 为孔隙水压力作用下，岩体抗剪强度的下降值。

（3）工程因素对岩体力学特性的影响。工程因素包括硐室体型、尺寸、布局以及施工开挖方式、支护顺序、工程作用力等；工程作用力包括硐室开挖力、岩体支护作用力、开挖爆破动应力以及其他建筑物传来的作用力等，这些因素对岩体力学性质有一定影响。

5.2.1 岩体结构

岩体由地质体结构面切割而成，因此，岩体包含两个方面的内容：一是结构面因素，涉及结构面产状（相对于工程的几何形状）、密度、规模（长度）、连通率、结构面粗糙度、充填物性质等；另一方面，结构体的规模和组合形式，如松散、碎裂状结构、薄层状结构、厚层状及块状。

（1）结构面的产状，指结构面长度、宽度、方向与间距等。结构面按其贯通情况，分为贯通的、断续交错的和不贯通的。结构面方向主要是考虑与洞轴线的关系及结构面与临空面的组合关系，见表5-5。

表5-5 洞轴线与主结构面产状的不同交角关系对围岩稳定性的影响

主结构面走向与洞轴线夹角 / 主结构面倾角 / 洞内部位	70°~90°		30°~70°		0°~30°		0°~90°
	45°~90°	20°~45°	45°~90°	20°~45°	45°~90°	20°~45°	0°~20°
洞顶	最有利	一般	有利	一般	一般	不利	最不利
边墙	一般	有利	不利	一般	最不利	一般	最有利

软弱结构面与洞轴线的不利交角关系及软弱结构面临空面的不利组合，是形成不稳定块体和造成围岩失稳的重要因素。

（2）结构面的结合情况，包括结构面的闭合程度、充填情况和粗糙程度等。结构面按闭合程度可分为紧闭的（<0.01mm）、闭合的（0.01~0.05mm）、微张的（0.5~1mm）和张开的（>1mm）等五种。按充填情况可分为未充填、充填岩屑、充填泥土和胶结等几种情况。按粗糙起伏度可分为明显台阶状、粗糙波浪状、光滑波浪状和平整光滑状等。

《国防工程锚喷支护技术暂行规定》中的岩层面产状要素影响折减系数 K_j 见表 5-6。节理裂隙面性质折减系数 K_f 值见表 5-7。

表 5-6 岩层面产状要素影响折减系数 K_j

层面走向与洞轴线夹角	层面倾角	层面间距/m			
		1.0	1.0~0.3	0.3~0.1	<0.1
90°~60°	<30°	1.0	0.8	0.7	0.6
	30°~60°	1.0	0.9	0.9	0.8
	60°~90°	1.0	1.0	1.0	1.0
60°~30°	<30°	1.0	0.8	0.7	0.6
	30°~60°	0.9	0.7	0.6	0.5
	60°~90°	1.0	0.8	0.8	0.7
<30°	<30°	0.9	0.8	0.7	0.6
	30°~60°	0.8	0.7	0.6	0.5
	60°~90°	0.9	0.8	0.7	0.6

表 5-7 节理裂隙面性质折减系数 K_f 值

张开、闭合及粗粒度性质		充填性质					
		石英或方解石	无充填未触变	泥膜或水锈	碎屑或岩粉	石膏硬土岩粉等	泥质
张开（缝宽>1mm）	平滑	1.0	0.9	0.8	0.7	0.6	0.5
	粗糙	1.0	1.0	0.9	0.8	0.7	0.6
闭合（缝宽<1mm）	平滑	1.0	1.0	0.8	—	—	—
	粗糙	1.0	1.0	0.9	—	—	—

（3）按岩体块度大小、层厚及其组合状况，岩体常分为整体结构、块状结构、层状结构、碎裂镶嵌结构与碎裂结构和散体结构。表 5-8 是各行业规定的岩体结构与块度尺寸关系。岩体完整性的各指标的表示方法见表 5-9。

表 5-8 岩体结构与块度尺寸关系

岩体结构类型	块度尺寸（以结构面平均间距表示）/m			
	国标锚喷围岩分类	军用物资围岩分类	坑道工程围岩分类	中科院地质所岩体结构分类
整体状	>0.8	>0.8	>1.0	>1.0
块状	0.4~0.8	>0.4	0.3~1.0	0.5~1.0
层状	0.2~0.4	>0.4	0.3~1.0	0.3~0.7
碎裂状	0.2~0.4	0.2~0.4	<0.3	0.1
散体状	<0.2	<0.2	<0.2	0.01

表 5-9　岩体完整性的各指标的表示方法

体积裂隙数 J_V /条数·m^{-3}	<0.1 （巨块状）	1.0~3 （块状）	3~10 （中等块状）	10~30 （小块状）	>30 （碎裂状）
完整性系数 K_v	0.9~1.0 （极完整）	0.9~1.0 （完整）	0.9~1.0 （中等完整）	0.2~0.5 （完整性差）	<0.2 （破碎）
岩石质量系数 RQD/%	90~100 （优）	75~90 （良）	50~75 （中）	25~50 （差）	<25 （劣）
岩体的块度模数 M_K	4 （极完整）	3~4 （完整）	2~3 （中等岩体）	1~2 （破碎岩体）	<1 （极破碎岩体）

岩体的体积裂隙数 J_V，可按式（5-19）计算：

$$J_V = J_{V_1} + J_{V_2} + J_{V_3} \quad 或 \quad J_V = \frac{N_1}{L_1} + \frac{N_2}{L_2} + \frac{N_3}{L_3} \qquad (5\text{-}19)$$

式中，J_{V_1}、J_{V_2}、J_{V_3} 分别为三条正交勘测线上结构面在单位长度上的条数；L_1、L_2、L_3 为垂直每组结构面走向方向测线的长度；N_1、N_2、N_3 为测线上每组结构面的总条数。

岩石质量系数可用岩芯采取率予以反映，它是表示岩体完整性的一个定量指标，计算公式为：

$$RQD(\%) = \frac{10cm 以上岩芯的累计长度}{岩芯钻进总长度} \times 100 \qquad (5\text{-}20)$$

岩体完整性系数是用岩体与岩石的纵波速度之比的平方来表示，即：

$$K_v = \left(\frac{V_{mp}}{V_{rp}}\right)^2 \qquad (5\text{-}21)$$

式中，V_{mp} 为岩体的声波纵波速度；V_{rp} 为岩石声波纵波速度。

5.2.2　天然应力状态

初始地应力对于地下围岩分类、地下硐室围岩破坏模式的预判、地下工程支护都会产生影响。在埋深与构造应力不大的坚硬岩体中开挖硐室，原岩应力一般不会有明显影响，但在高地应力地区，软岩与埋深大的硐室和巷道中，原岩应力会对围岩的稳定性产生显著的影响。令 $\lambda = \sigma_H/\sigma_V$，则：当 $\lambda < 1/3$ 时，硐室底部出现拉应力；当 $1/3 < \lambda < 3$ 时，硐室周围为拉应力；当 $\lambda > 3$ 时，硐室两侧出现拉应力。

原岩应力影响因素包括原岩应力的大小、方向与各主应力之间的比值。在围岩分类中，一般以岩体强度应力比 S_m 来表征原岩应力的影响，即：

$$S_m = \frac{K_v R_c}{\sigma_{max}} \qquad (5\text{-}22)$$

式中，σ_{max} 为垂直洞轴线的垂直地应力或水平地应力，两者中取其大值，无实测数据时取 $\sigma_{max} = 5 \sim 10\gamma \cdot H$；$R_c$ 为完整岩石单轴饱和抗压强度，MPa；γ 为岩体容重，kg/m^3；H 为覆岩厚度，m；K_v 为岩体完整性系数。

工程围岩分类中，通常对稳定围岩不予考虑，对中等稳定围岩取极限值为 2，而对不稳定围岩取极限值为 1。在国外，常采用岩块强度与应力之比，即：

$$S_r = \frac{R_c}{\sigma_{max}} = \frac{S_m}{K_v} \qquad (5\text{-}23)$$

其极限值，对于中等稳定围岩一般为 4，不稳定围岩为 2。

5.2.3 地下水

地下水对围岩稳定有很大影响，是造成围岩失稳的重要因素之一。地下水对围岩稳定性的影响随着岩质的软弱程度具有显著的差异性。对中等和软弱围岩影响较大，特别在黏性的松散岩体、软岩或断层破碎带、岩脉破碎带、全强风化带中，地下水对其稳定性作用更为显著。地下水的渗压作用往往会造成涌水塌方。而对于稳定围岩，由于岩体坚硬，软弱结构面较少，一般不考虑地下水的影响。但若有软弱结构面时，有时要求对软弱结构面进行加固处理。

围岩中地下水的规模可分为四类：（1）渗——裂隙渗水；（2）滴——雨季时有水滴；（3）流——以裂隙泉的形式，流量小于 10L/min；（4）涌—涌水，有一定压力，流量大于 10L/min。

地下水对工程围岩的影响，一般按其水量多少、岩石软硬及节理多少程度等加以评价，表 5-10 给出的地下水影响系数，就是按这一原则确定的。

表 5-10　地下水影响系数值 K_w

毛洞开挖后围岩出水情况	σ_b/MPa		
	>30	30~15	<15
表面渗水、局部滴水、无水压	1	0.9	0.8
淋水状滴水或涌泉状流水，水压<0.1MPa	0.9	0.8	0.7
淋水状滴水或涌泉状流水，水压>0.1MPa	0.9	0.7	0.6~0.4

5.2.4 工程因素

工程围岩的稳定性还与工程跨度、硐室形状以及施工条件与工艺等因素有关。所以，不考虑工程因素的分类属于岩体分类。如果进行工程围岩（即受工程扰动岩体）分类，还应考虑工程因素。工程因素考虑以下三个方面：

（1）工程尺寸，指工程最大横截面尺寸，开挖形状、开挖走向等。

（2）工程类型，即是永久性工程还是临时性工程，重要性程度等。

（3）施工因素，是指施工方法、施工步骤等。

地下硐室开挖方法有很多，包括机械挖掘法、凿岩法、TBM 法及爆破法等，其中目前岩石硐室最常用的为爆破法，且以钻爆法为主，辅以定向爆破（预裂爆破和光面爆破等）。

开挖爆破对岩体质量的影响主要体现在对岩体结构的损伤、劣化。爆破作用使得原有结构面张开、尖端破裂延伸，使得结构面抗剪强度锐减；爆破作用还会产生新的结构面，并与原有结构面相互融合、贯通，使得岩体完整性程度大幅降低。二者的联合作用使得爆破前后岩体质量呈现差异。

定量化评价开挖爆破对岩体质量的劣化影响，常通过两种途径实现：（1）通过声波监测法，监测同部位爆破前后岩体波速变化，并制定波速降 λ 与岩体破坏程度关系的标准，来实现对爆破开挖作用的定量表示；（2）经验类比法，系统地归纳各种开挖爆破方式对岩体质量的影响，并制定相关标准，Hoek（2002）即基于该方法系统提出了开挖扰

动系数 D 的取值表。此外，亦可通过两种方法的结合，实现对岩体质量劣化效应的快速评价。

A　声波监测法

我国电力行业标准 DL/T 5389—2007《水工建筑物岩石基础开挖工程施工技术规范》明确提出采用声波监测法来评价开挖爆破对岩体质量的影响标准，通过监测同部位岩体爆破前后波速的变化，进而获得岩体爆破劣化作用的波速降 λ：

$$\lambda = \frac{V_{um} - V_m}{V_{um}} \tag{5-24}$$

式中，V_{um}，V_m 分别为同部位岩体爆破先后监测得到的波速值 km/s。

根据波速降 λ 来判断开挖爆破对岩体质量影响标准为：$\lambda \leqslant 10\%$，无影响或影响甚微；$10\% < \lambda \leqslant 15\%$，影响轻微；$\lambda > 15\%$，有明显影响（开挖爆破质量差）。

该方法基于岩体爆破劣化作用的波速降 λ，来表示爆破作用的劣化效应，因声波波速可相对较好反映岩体结构特征，在国内得以广泛应用，且实际应用过程中，操作难度较低，量测精确度较质点峰值速度法提高很多，故应为推荐的一种方法。但其显著缺点在于，对岩体质量的劣化程度仅以有无影响或影响大小来笼统归类，无定量化评价指标。

B　经验类比法

以 Hoek 提出的开挖扰动系数 D 的取值方法为例，Hoek（2002）首次考虑了爆破损伤和应力释放对围岩强度的影响，引入了岩体扰动系数 D 来表示开挖方法对岩体质量的影响。Hoek（2002）提出的开挖扰动系数 D 的取值方法与其对应的波速降 λ 的关系建议取值见表 5-11。

表 5-11　岩体开挖扰动系数 D 和波速降 λ 参考表

岩体工程露头面形态	岩体发育特征描述	扰动系数建议值 D	波速降 λ 对应值
	控制性爆破方法（预裂、光面爆破）或采用 TBM 钻掘法，对硐室围岩产生较小扰动	$D = 0$	$\lambda = 0$
	对质量较差围岩采用钻掘机或风镐掘进，对围岩扰动作用较小；构造挤压带引起显著底板隆起，若不采用反压措施将发生明显变形扰动	$D = 0$； $D = 0.5$ （若未进行反压处理）	$\lambda = 0$； $\lambda = 13.4\%$ （若未进行反压处理）
	在硬岩中采用传统钻爆法施工，使得洞周围岩局部明显破坏，且延伸深度达到 2~3m	$D = 0.8$	$\lambda = 22.54\%$

岩体工程露头面形态	岩体发育特征描述	扰动系数建议值 D	波速降 λ 对应值
	对工程边坡进行小范围爆破造成中等程度岩体损伤，特别如左图中采用控制性爆破手段，仅出现因应力释放引起的变形扰动	D = 0.7（控制性爆破） D = 1.0（传统爆破）	λ = 19.38% （控制性爆破） λ = 29.29% （传统爆破）
	大型露天矿坑边坡因大规模回采爆破及堆载应力卸荷而出现明显扰动，在软岩区若采用机械翻铲开挖，相应扰动较小	D = 1.0（回采爆破） D = 0.7（机械翻铲）	λ = 29.29% （回采爆破） λ = 19.38% （机械翻铲）

该方法基于经验类比法列举了各种开挖方法对岩体质量的劣化影响，并选用岩体扰动系数 D 来定量化表示开挖方法对岩体质量劣化程度，但其缺点在于，对各种开挖方法劣化影响仅进行了定性化描述及简单的分级，仅可做粗略判定，难以满足工程精细化需要。

若能建立岩体扰动系数 D 和开挖爆破劣化作用波速降 λ 的内在关系，就可以有效克服以上两种方法各自存在的不足，实现定量化的评价方法和评价指标的有效结合。

文献［2］建立的岩体开挖扰动前后波速降 λ 与扰动系数 D 关系为：

$$\lambda = 1 - \sqrt{\frac{2 - D}{2}} \tag{5-25}$$

式中，波速降 λ 表示开挖前后弹性波速降低比率，则式（5-25）可相应地表示为：

$$D = 2\left[1 - (1 - \lambda)^2\right] \tag{5-26}$$

利用声波测试法与 Hoek-Brown 准则的结合，可实现对岩体扰动系数 D 进行量化表示，见表 5-12。

表 5-12　岩体开挖扰动系数 D 和波速降 λ 关系表

开挖扰动系数 D	0	0.1	0.2	0.3	0.4	0.5	0.6	0.7	0.8	0.9	1.0	0.38	0.555
波速降 λ/%	0	2.53	5.13	7.8	10.56	13.4	16.33	19.38	22.54	25.84	29.29	10	15

5.3　围岩质量分级方法及适用性

围岩的复杂性和散体理论的不够全面科学，必然导致基于工程类比的经验法的广泛应用，出现了围岩分级的经验方法。围岩分级是指根据岩体完整程度和岩石强度等指标将无限的岩体序列划分为具有不同稳定程度的有限个类别，即将稳定性相似的一些围岩划归为一类，将全部的围岩划分为若干类。在围岩分类的基础上，依照每一类围岩的稳定程度可以给出最佳的施工方法和支护结构设计。围岩分类是选择施工方法的依据，是进行科学管理及正确评价经济效益，确定结构上的荷载（松散荷载），确定衬砌结构的类型及尺寸，制定劳动定额、材料消耗标准等的基础。

进入 20 世纪 70 年代后，工程围岩分级由定性向半定量，由单因素向多因素综合评价方向发展，并由此得到了能够反映多因素的围岩压力估算公式。

目前国内外关于岩体质量综合评价方法、体系繁多，代表性的方法有 Wickham 等（1972，1978）提出的岩石结构分类 RSR 法，Barton 等（1974，1980）提出的岩石隧道质量指标 Q 系统，Bieniawski（1973，1976，1979，1989）提出的岩体分类 RMR 方法，以及基于 RMR 方法的 MRMR 法（Laubscher（1977，1984），Laubscher、Page（1990））、MRMR法（Ünal（1996），Sen、Sadagah（2003））、SRMR 法（Robertson（1988））、CSMR 法（Chen（1995））、SMR 法（Romana（1985），Romana 等（2003）及 Tomás 等（2007））和基于 SMR 法的 FSMR 方法（Daftaribesheli 等（2011））、NSMR 方法（Singh 等（2013）），还有采用概率理论的边坡稳定性概率分类方法 SSPC 法（Hack（1996），Lindsay 等（2001），Hack 等（2003））、BQ 法（NSCGPRC's（1995，2014））、RMi 法（Palmström（1995））、RMCR 法（Yasar（1995））、GSI 法（Hoek 等（1995），Hoek 等（1998），Marinos、Hoek（2000，2001），Marinos 等（2005））、RMQR 法（Aydan 等（2014））等。

5.3.1　国际通用围岩分级方法

目前国际上通用的围岩分级方法主要有四种：RMR 法（Bieniawski，1973）、Q 法（Barton 等，1974）、RMi 法（Palmström，1995）及 GSI 法（Hoek 等，1995），四者通过总结大量岩体工程实例，提取影响岩体质量的主要因素，采用多因素多指标对岩体质量进行量化评价。

5.3.1.1　岩体地质力学分类（RMR 分类）

RMR 法（rock mass rating 的简称，Bieniawski，1973）由岩石单轴抗压强度、岩石质量指标 RQD 值、节理间距、节理条件及地下水 5 种指标组成。分类时，各种指标的数值按表 5-13 的标准评分，求和得总分 RMR 值，然后按表 5-14 和表 5-16 的规定对总分作适当的修正。最后用修正的总分对照表 5-15 求得所研究岩体的类别及相应的无支护地下工程的自稳时间和岩体强度指标（C，φ）值。

表 5-13　岩体地质力学（RMR）分类参数及其评分值

分类参数			数值范围					
1	完整岩石强度/MPa	点荷载强度指标	>10	4~10	2~4	1~2	对强度较低的岩石宜用单轴抗压强度		
		单轴抗压强度	>250	100~250	50~100	25~50	5~25	1~5	<1
	评分值		15	12	7	4	2	1	0
2	岩芯质量指标 RQD/%		90~100	75~90	50~75	25~60	<25		
	评分值		20	17	13	8	3		
3	节理间距/cm		>200	60~200	20~60	6~20	<6		
	评分值		20	15	10	8	5		

分类参数			数值范围				
4	节理条件		节理面很粗糙，节理不连续，节理宽度为零，节理面岩石坚硬	节理面稍粗糙，宽度<1mm，节理面岩石坚硬	节理面稍粗糙，宽度<1mm，节理面岩石较弱	节理面光滑或含厚度<5mm的软弱夹层，张开度1~5mm，节理连续	含厚度>5mm的软弱夹层，张开度>5mm，节理连续
	评分值		30	25	20	10	0
5	地下水条件	每10m长的隧道涌水量/L·min^{-1}	0	<10	10~25	25~125	>125
		节理水压力/最大主应力的比值	0	0.1	0.1~0.2	0.2~0.5	>0.5
		总条件	完全干燥	潮湿	只有湿气（有裂隙水）	中等水压	水的问题严重
	评分值		15	10	7	4	0

表 5-14　按节理方向修正评分值

节理走向或倾向		非常有利	有利	一般	不利	非常不利
评分值	隧道	0	-2	-5	-10	-12
	地基	0	-2	-7	-15	-25
	边坡	0	-5	-25	-50	-60

表 5-15　按总评分值确定的岩体级别及岩体质量评价

评分值	100~81	80~61	60~41	40~21	<20
分级	I	II	III	IV	V
质量描述	非常好的岩体	好岩体	一般岩体	差岩体	非常差岩体
平均稳定时间	（15m跨度）20a	（10m跨度）1a	（5m跨度）7d	（2.5m跨度）10h	（1m跨度）30min
岩体内聚力/kPa	>400	300~400	200~300	100~200	<100
岩体内摩擦角/(°)	>45	35~45	25~35	15~25	<15

表 5-16　节理走向和倾角对隧道开挖的影响

走向与隧道轴垂直				走向与隧道轴平行		与走向无关
沿倾向掘进		反倾向掘进		倾角20°~45°	倾角45°~90°	倾角0°~20°
倾角45°~90°	倾角20°~45°	倾角45°~90°	倾角20°~45°			
非常有利	有利	一般	不利	一般	非常不利	不利

RMR 法原为解决坚硬节理岩体中浅埋隧道工程而发展起来的。从现场应用看，使用较简便，大多数情况下岩体评分值都有用，但在处理那些造成挤压、膨胀和涌水的极其软弱的岩体问题时，此分类法难于使用。

5.3.1.2　岩体质量分类 Q 法

挪威岩土工程研究所（Norwegian Geotechnical Institute，NGI）的 Barton 和 Lunde 等人，根据大量地下隧道开挖实例，提出了确定岩体质量的定量分类系统方法，也称为 NGI 分类法，岩体质量指标 Q 由下式计算：

$$Q = \frac{RQD}{J_n} \times \frac{J_r}{J_a} \times \frac{J_w}{SRF} \tag{5-27}$$

式中，RQD 为岩石质量指标；J_n 为节理组数；J_r 为节理粗糙系数；J_a 为节理蚀变系数；J_w 为节理水折减系数；SRF 为应力折减系数。$\frac{RQD}{J_n}$ 为岩体的完整性；$\frac{J_r}{J_a}$ 表示结构面（节理）的形态、充填物特征及其次生变化程度；$\frac{J_w}{SRF}$ 表示水与其他应力存在时对岩体质量的影响。

Q 的范围为 0.001~1000，分为 9 个质量等级（表 5-17），代表了围岩的质量从极差的挤出性岩石到极好的坚硬完整岩体。

表 5-17　Q 系统围岩分类描述

项目	Q 值								
	0.001~0.01	0.01~0.1	0.1~1	1~4	4~10	10~40	40~100	100~400	400~1000
等级	9	8	7	6	5	4	3	2	1
描述	特别差	极差	很差	差	一般	好	很好	极好	特别好

（1）岩石质量指标 RQD。RQD 的取值必须考虑最不利的钻孔方向。例如，由平行于沉积地层层理的钻孔得到的 RQD 值可能很高，而在同一岩层中穿过层理的钻孔中求得的 RQD 值却低得多。

当根据每立方米节理数目计算 RQD 时，对于式中的 RQD 须说明两点：（1）当 RQD 的值小于 10 时，通常其值为 10，以便计算 Q 值；（2）RQD 值以 5 为单位，即 100，95，90，…，10，已足够精确。

（2）节理组系数 J_n。节理组系数 J_n 见表 5-18，需要说明的是，如果有关节理组的平均间距大于 3m，J_n 值应加上 1.0。

表 5-18　节理组系数 J_n

节理组的数目	节理组系数
完整岩体（没有或极少节理）	0.5~1.0
一组节理	2
一组节理和一些不规则节理	3
两组节理	4
两组节理和一些不规则节理	6
三组节理	9

节理组的数目	节理组系数
三组节理和一些不规则节理	12
四组或多余四组节理，不规则的严重节理化的结晶立方体等	15
碎裂岩石	20

（3）节理强度折减系数 J_a。节理强度折减系数考虑节理面、节理厚度以及其他节理充填物的风化。这个参数由岩体抗剪强度、岩体变形以及压缩或膨胀的程度确定，见表 5-19。

表 5-19 节理强度折减系数 J_a

节理面粗糙度的描述	不连续	波状起伏	平面
粗糙	4.0	3.0	1.5
平滑	3.0	2.0	1.0
有擦痕	2.0	1.5	0.5
含有足以防止岩壁相接触的足够厚的断层泥的面	1.5	1.0	1.0

注：1. 节理壁接触良好；2. 受剪出现 10cm 位移前节理就开始接触；3. 受剪情况下节理壁不出现接触；4. 也可用于黏土断层泥中有碎裂岩石且岩壁不接触的情况。

（4）含水节理折减系数 J_w。含水节理折减系数 J_w 考虑节理壁的压力，以及对节理充填物的冲蚀与软化作用，见表 5-20。

表 5-20 含水节理折减系数 J_w

地下水条件	水头/m	J_w
干燥开挖或局部 5L/min 的轻微流入节理的地下水	<10	1.0
中等程度流入量，节理（或龟裂）充填物局部冲蚀	10~25	0.66
在未充填的节理（或龟裂）中有较大流入量	25~100	0.50
较大流入量伴有节理（或龟裂）充填物的明显冲蚀	25~100	0.33
极大量地下水流入地下工程，随时间推移出现风化	>100	0.3~0.1
极大的不间断地涌入而无明显风化	>100	0.1~0.05

注：1. 最后三类情况是粗略计算得到的，如果采用排水措施，则值要增大；2. 没有考虑因冰冻引起的特殊问题。

（5）应力折减系数 SRF。不同岩层的应力折减系数 SRF 的值（用于开挖后可能引起岩体松脱的破碎带中的地下工程）见表 5-21，不同应力条件下的 SRF 值见表 5-22。

表 5-21 不同岩层的应力折减系数 SRF 的值

描 述	SRF 值
含有黏土或因化学作用崩解的岩石，多组破碎带围岩非常松散（任意深度）	10
含有黏土或因化学作用崩解的岩石，一组破碎带（地下工程深度<50m）	5
含有黏土或因化学作用崩解的岩石，一组破碎带（地下工程深度>50m）	2.5
稳固岩石（无黏土）中多组剪切带，围岩非常松散（任意深度）	7.5

续表 5-21

描　述	SRF 值
稳固岩石（无黏土）中一组剪切带，围岩非常松散（地下工程深度<50m）	5.0
稳固岩石（无黏土）中一组剪切带，围岩非常松散（地下工程深度>50m）	2.5
松散的张节理，严重节理化或结晶体等（任意深度）	5.0

注：1. 当剪切带只影响到但不穿过地下工程时，则 SRF 值减少 25%～50%；2. 稳固岩石与岩石应力问题见表 5-22。

表 5-22　不同条件下的应力折减系数 SRF 的值

描　述	σ_c/σ_1	σ_t/σ_1	SRF 值
低应力，靠近地表	>200	>13	2.5
中等应力	200～10	13～0.66	1.0
高应力，极密集的构造（通常对稳定有利）但可能对侧壁稳定不利	10～5	0.66～0.33	0.5～2.0
轻度岩爆（整合岩石）	5～2.5	0.33～0.16	5～10
严重岩爆（整合岩石）	<2.5	<0.16	10～20

分类时，根据这 6 个参数的实测资料，查表确定各自的数值。然后代入式（5-27）求得岩体的 Q 值，以 Q 值为依据将岩体分为 9 类（表 5-17）；

为了把围岩质量指标 Q 与开挖体的性态和支护要求联系起来，Barton、Lien 和 Lunde 等人又增加了一个附加参数，称为开挖体的"等效尺寸" D_e。这个参数是将开挖体的跨度、直径或侧帮高度除以所谓的开挖体"支护比" ESR 而得，即：

$$等效尺寸（D_e）= \frac{开挖体的跨度、直径或高度（m）}{开挖体的支护比} \tag{5-28}$$

开挖体支护比与开挖体的用途和它所允许的不稳定程度有关。对于 ESR，Barton 建议采用表 5-23 所示数值。

表 5-23　支护比 ESR 的取值

开挖工程类别	ESR
A　临时性矿山巷道	3～5
B　永久性矿山巷道、水电站引水涵洞（不包括高水头涵洞）。大型开挖体的导洞、平巷和风巷	1.6
C　地下储藏室、地下污水处理厂、次要公路即铁路隧道、调压室、隧道联络道	1.3
D　地下电站、主要公路及铁路隧道、民防设施、隧道入口及交叉点	1.0
E　地下核电站、地铁车站、地下运动场和公共设施以及地下厂房	0.8

Q 分类法考虑的地质因素较全面，而且把定性分析和定量评价结合起来了，因此，是目前比较好的岩体分类方法，且软、硬岩体均适用，在处理极其软弱的岩层中推荐采用此分类法。另外，Bieniawski（1976）在大量实测统计的基础上，发现 Q 值与 RMR 值间具有如下统计关系：

$$RMR = 9\ln Q + 44 \tag{5-29}$$

5.3.1.3　RMi 法

RMi 法（Palmstrom，1995）将结构面参数作为折减参数，通过对岩石单轴抗压强度的折减，来评价岩体强度特性，其表达式为：

$$RMi = \sigma_c J_p \tag{5-30}$$

式中，σ_c 为岩块单轴抗压强度，MPa，由直径 50mm 的岩石试件在实验室测得；J_p 为结构面参数，反映结构面对岩块强度的弱化效应，其由结构面切割而成的块体体积 V_b、结构面特性参数 J_c 来表示：

$$J_p = 0.2 \sqrt{J_c} V_b^D \tag{5-31}$$

其中，块体体积 V_b（m^3）可由节理密度数来求得；J_c 值可由结构面粗糙系数 J_r、结构面蚀变系数 J_a 及结构面连续性数 J_L 获得，可表示为：$J_c = J_L J_r / J_a$。此外，参数 D 可用 J_c 值来表示为

$$D = 0.37 J_c^{-0.2} \tag{5-32}$$

则参数 D 与 J_c 值对应可见表 5-24。

表 5-24　D 与值对 J_c 应取值

J_c	0.1	0.25	0.5	0.75	1	1.5	2	4	6	9	12	16	20
D	0.586	0.488	0.425	0.392	0.37	0.341	0.322	0.28	0.259	0.238	0.225	0.213	0.203

其中，结构面粗糙系数 J_r（结构面微观光滑性指标 J_s×宏观波动性指标 J_w）、结构面蚀变系数 J_a、结构面连续性系数 J_L 详细取值见表 5-25～表 5-28。

表 5-25　结构面微观光滑性 J_s 评分值（Palmstrom，1995）

光滑性描述	很粗糙	较粗糙	微粗糙	较光滑	光滑	镜面
数值 J_s	2.0	1.5	1.25	1.0	0.75	0.50

注：对充填结构面，取 $J_s = 1.0$。

表 5-26　结构面宏观波动性 J_w 评分值（据 Palmstrom，1995）

波动性描述	不连续	波动性强	中等波动	微波动	平坦
数值 J_w	4.0	1.5	1.25	1.0	0.75

注：对充填结构面，取 $J_w = 1.0$。

表 5-27　结构面蚀变系数 J_a 评分值（据 Palmstrom，1995）

结构面蚀变性质分级	描　述	J_a	
结构面局部存在侵蚀、风化、壁面接触紧密	结构面闭合，无充填	0.75	
	结构面新鲜，未见风化	1	
	结构面微风化，壁面见颜色侵染	2	
	结构面强风化，壁面见砂、淤泥	3	
	结构面蚀变、全风化、壁面见黏土、高岭土等蚀变物	4	
结构面间有充填物，壁面部分闭合或不接触	结构面间局部充填有砂、淤泥质物，壁面部分闭合	4	8
	结构面间充填有高岭土、黏土等硬黏结材料，填充紧密	6	8
	结构面间充填有超固结黏土等柔黏结性材料，填充紧密	8	12
	结构面间充填有膨胀性黏土，填充紧密	10	18

表 5-28   结构面连续性系数 J_L 评分值（据 Palmstrom，1995）

结构面连续性分级	长度 L/m	J_L
微裂隙	<0.3	5
极短裂隙	0.3~1	3
短裂隙	1~3	1.5
中等裂隙	3~10	1
长裂隙	10~30	0.75
区域性断裂	>30	0.5

Palmstrom 根据式（5-31）的 RMi 计算结果，将围岩级别分为 6 级，考虑围岩分级方法的实用性（为围岩整体稳定性状况提供参考）和国际通用性（国际围岩分级方法多采用 5 级分级法），对 RMi 值取值偏低的 2 个级别：0.1~0.4（Ⅴ级）、0.01~0.1（Ⅵ级）合并为 1 个级别：<0.4（Ⅴ级），详见表 5-29。

表 5-29   RMi 法围岩分级标准值（2008 版）

RMi 指标描述	RMi 值	岩体强度描述
很高（Ⅰ级）	40~100	极坚硬
高（Ⅱ级）	10~40	坚硬
中等（Ⅲ级）	1~10	中等
低（Ⅳ级）	0.4~1	软弱
很低（Ⅴ级）	<0.4	很软弱

Palmstrom 提出的 RMi 法详细实现流程如图 5-6 所示。

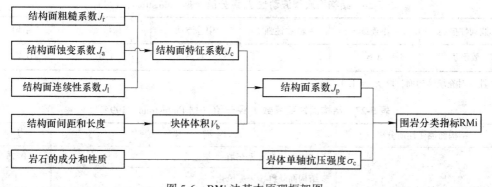

图 5-6   RMi 法基本原理框架图

5.3.1.4   GSI 法

GSI（geological strength index）法最早由 Hoek 等（1995）为实现对岩体质量评价，进而实现与 Hoek-Brown 经验准则的有效结合而提出，随后于 1997 年提出 GSI 值定性化确定图表，此后，Hoek 等（2000）对岩体结构进行了详细分级，将其分为 6 类，并摒弃不符合实际的边角；Sonmez（1999）首次采用定量表示方法，提出了岩体结构系数 SR 和结构面状态系数 SCR，其中 SR 参照 ISRM 关于 J_v 讨论确定，$SR = -17.5\ln J_v + 79.8$，SCR 参照 RMR 法中关于描述结构面发育特征的三个方面，粗糙度（R_r）、蚀变度（R_w）、充填物（R_f）及其评分标准确定，$SCR = R_r + R_w + R_f$；Cai（2004）提出了更为简便、实用的 GSI 定量化确定图表，建议采用块体体积数 V_b 和节理状态数 J_c 来表示 GSI 两个评价因素：岩体完整性程度和结构面发育特征，其中节理状态数 J_c 参照 Palmstrom（1995）的 RMi 方法为：$J_c = J_L J_R / J_A$，详细取值见 RMi 法。并对 GSI 表格取值范围做了调整，使得 GSI 法实用性得以极大提高。

将 Sonmez（1999）和 Cai（2004）的 GSI 值定量确定图表予以整合，并结合国内相关规范关于岩体结构分级标准，对岩体结构尺寸、结构面状态特征描述内容予以细化、调整，使之更适用于国内岩体结构工程地质评价，如图 5-7 所示。

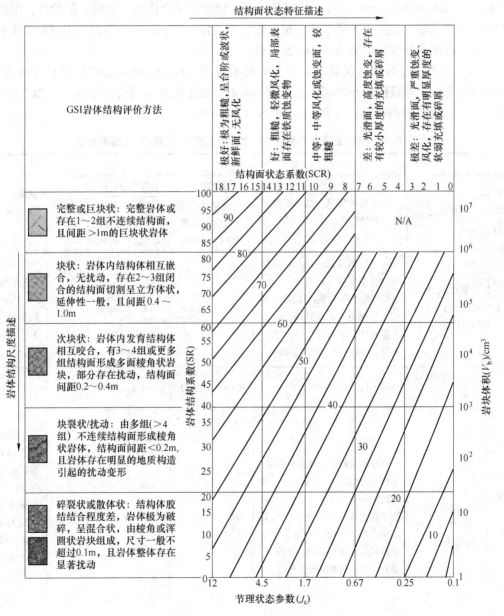

图 5-7 GSI 确定方法图

此外, 据 Cai (2011) 研究, 利用块体体积数和节理状态数可得 GSI 的解析表达:

$$GSI = \frac{26.5 + 8.79\ln J_c + 0.9\ln V_b}{1 + 0.015\ln J_c - 0.0253\ln V_b} \tag{5-33}$$

5.3.2 我国各行业围岩分级标准

我国住房和城乡建设部、煤炭、公路、铁路及水工等部门均制定有各自的围岩分类。如住房和城乡建设部颁布的《岩土锚杆与喷射混凝土支护工程技术规范》(GB 50086—2015)、《工程岩体分级标准》(GB 50218—2014) 和行业标准《公路隧道设计细则》(JTG /TD 70—2010)、《铁路隧道设计规范》(TB 10003—2016)、《水力发电工程地质勘察规范》(GB 50287—2016) 等。围岩分级的经验方法还会持续一个很长的阶段, 但经验方法也必须发展, 使之更加科学化、精确化、实用化, 这也是当前围岩压力研究的重要方面。各行业围岩分级标准见表 5-30 ~ 表 5-33。

(1) 岩土锚杆与喷射混凝土支护工程技术规范 (GB 50086—2015) 围岩分级方法。我国住房和城乡建设部颁布的《岩土锚杆与喷射混凝土支护工程技术规范》(GB 50086—2015) 中, 将隧道硐室围岩分为 I ~ V 五级 (表 5-30)。

表 5-30 　《岩土锚杆与喷射混凝土支护工程技术规范》的围岩分级

围岩级别	主要工程地质特征							毛洞稳定情况
	岩体结构	构造影响程度, 结构面发育情况和组合状态	岩石强度指标		岩体声波指标		岩体强度应力比	
			单轴饱和抗压强度/MPa	点荷载强度/MPa	岩体纵波速度/km·s⁻¹	岩体完整性指标		
I	整体状及层间结合良好的厚层状结构	构造影响轻微, 偶有小断层结构面不发育, 仅有 2 ~ 3 组, 平均间距大于 0.8m, 以原生和构造理为主, 多数闭合, 无泥质充填, 不贯通。层间结合良好, 一般不出现不稳定块体	>60	>2.5	>5	>0.75	—	毛洞跨度 5 ~ 10m 时长期稳定, 无碎块掉落
II	同 I 级围岩结构	同 I 级围岩特征	30~60	1.25~2.5	3.7~5.2	>0.75		毛洞跨度 5 ~ 10m 时, 围岩能较长时间 (数月至数年) 维持稳定, 仅出现局部小块掉落
	块状结构和层间结合较好的中厚层或厚层状结构	构造影响较重, 有少量断层, 结构面发育, 一般为 3 组, 平均间距 0.4~0.8m, 以原生和构造节理为主, 多数闭合, 偶有泥质充填, 贯通性较差, 有少量软弱结构面。层间结合较好, 偶有层间错动和层面张开现象	>60	>2.5	3.7~5.2	>0.5	—	

续表 5-30

围岩级别	主要工程地质特征							毛洞稳定情况
	岩体结构	构造影响程度，结构面发育情况和组合状态	岩石强度指标		岩体声波指标		岩体强度应力比	
			单轴饱和抗压强度/MPa	点荷载强度/MPa	岩体纵波速度/km·s⁻¹	岩体完整性指标		
Ⅲ	同Ⅰ级围岩结构	同Ⅰ级围岩特征	20~30	0.85~1.25	3.0~4.5	>0.75	>2	毛洞跨度5~10m时围岩能维持一个月以上的稳定，主要出现局部掉块塌落
	同Ⅱ级围岩块状结构和层间结合较好的中厚层或厚层状结构	同Ⅱ级围岩块状结构和层间结合较好的中厚层或厚层状结构特征	30~60	1.25~2.50	3.0~4.5	0.5~0.75	>2	
	层间结合良好的薄层和软硬岩互层结构	构造影响较重。结构面发育一般为3组，平均间距0.2~0.4m，以构造节理为主，节理面多数闭合，少有泥质充填。岩层为薄层或以硬岩为主的软硬岩互层，层间结合良好，少见软弱夹层、层间错动和层面张开现象	>60（软岩>20）	>2.50	30~45	0.30~0.50	>2	
	碎裂镶嵌结构	构造影响较重。结构面发育，一般为3组以上，平均间距0.2~0.4m，以构造节理为主，节理面多数闭合，少数有泥质充填，块体间牢固咬合	>60	>2.50	3.0~4.5	0.30~0.50	>2	
Ⅳ	同Ⅱ级围岩块状结构和层间结合较好的中厚层或厚层状结构	同Ⅱ级围岩块状结构和层间结合较好的中厚层或厚层状结构特征	10~30	0.42~1.25	2.0~3.5	0.50~0.75	>1	毛洞跨度5m时围岩能维持数日到一个月的稳定，主要失稳形式为冒落或片帮
	散块状结构	构造影响严重，一般为风化卸荷带，结构面发育，一般为3组，平均间距0.4~0.8m，以构造节理、卸荷、风化裂隙为主，贯通性好，多数张开，夹泥，夹泥厚度一般大于结构面的起伏高度，咬合力弱，构成较多的不稳定块体	>30	>1.25	>2.0	>0.15	>1	

续表 5-30

围岩级别	主要工程地质特征							毛洞稳定情况
	岩体结构	构造影响程度，结构面发育情况和组合状态	岩石强度指标		岩体声波指标		岩体强度应力比	
			单轴饱和抗压强度/MPa	点荷载强度/MPa	岩体纵波速度/km·s⁻¹	岩体完整性指标		
IV	层间结合不良的薄层中厚层和软硬岩互层结构	构造影响严重，结构面发育，一般为 3 组以上，平均间距 0.2~0.4m，以构造、风化节理为主，大部分微张（0.5~1.0mm），部分张开（>1.0mm），有泥质充填，层间结合不良，多数夹泥，层间错动明显	>30（软岩，>10）	>1.25	2.0~3.5	0.20~0.40	>1	毛洞跨度 5m 时围岩能维持数日到一个月的稳定，主要失稳形式为冒落或片帮
	碎裂状结构	构造影响严重，多数为断层影响带或强风化带，结构面发育，一般为 3 组以上，平均间距 0.2~0.4m，大部分微张（0.5~1.0mm），部分张开（>1.0mm），有泥质充填，形成许多碎块体	>30	>1.25	2.0~3.5	0.20~0.40	>1	
V	散体状结构	构造影响很严重，多数为破碎带、全强风化带、破碎带交汇部位。构造及风化节理密集，节理面及其组合杂乱，形成大量碎块体，块体间多数为泥质充填，甚至呈石夹土状或土夹石状	—	—	<2.0	—	—	毛洞跨度 5m 时，围岩稳定时间很短，约数小时至数日

注：1. 围岩按定性分级与定量指标分级有差别时一般应以低者为准。

2. 本表声波指标以孔测法测试值为准，如果用其他方法测试时可通过对比试验进行换算。

3. 层状岩体按单层厚度可划分为厚层大于 0.5m，中厚层 0.1~0.5m，薄层小于 0.1m。

4. 一般条件下确定围岩级别时应以岩石单轴湿饱和抗压强度为准，当洞跨小于 5m，服务年限小于 10 年的工程确定围岩级别时可采用点荷载强度指标代替岩块单轴饱和抗压强度指标，可不做岩体声波指标测试。

5. 测定岩石强度做单轴抗压强度测定后可不做点荷载强度测定。

（2）《铁路隧道设计规范》（TB 10003—2016）围岩分级方法。铁路隧道设计规范（TB 10003—2016）围岩分级方法见表 5-31。

表 5-31 铁路隧道围岩分级（TB 10003—2016）

围岩级别	围岩主要工程地质条件		围岩开挖后的稳定状态（单线）	围岩弹性纵波速度 v_p/km · s^{-1}
	主要工程地质特征	结构特征和完整状态		
I	极硬岩（单轴饱和抗压强度 R_c > 60MPa）：受地质构造影响轻微，节理不发育，无软弱面（或夹层）；层状岩层为巨厚层或厚层，层间结合良好，岩体完整	呈巨块状整体结构	围岩稳定，无坍塌，可能产生岩爆	>4.5
II	硬质岩（R_c>30MPa）：受地质构造影响较重，节理较发育，有少量软弱面（或夹层）和贯通微张节理，但其产状及组合关系不致产生滑动；层状岩层为中厚层或厚层，层间结合一般，很少有分离现象，或为硬质岩石偶夹软质岩石	呈巨块或大块状结构	暴露时间长，可能会出现局部小坍塌；侧壁稳定；层间结合差的平缓岩层，顶板易塌落	3.5~4.5
III	硬质岩（R_c>30MPa）：受地质构造影响严重，节理发育，有层状软弱面（或夹层），但其产状及组合关系尚不致产生滑动；层状岩层为薄层或中层，层间结合差，多有分离现象；硬、软质岩石互层	呈块（石）碎（石）状镶嵌结构	拱部无支护时可产生小坍塌，侧壁基本稳定，爆破震动过大易坍	2.5~4.0
	较软岩（R_c≈15~30MPa）：受地质构造影响较重，节理较发育；层状岩层为薄层、中厚层或厚层，层间一般	呈大块状结构		
IV	硬质岩（R_c>30MPa）：受地质构造影响极严重，节理很发育；层状软弱面（或夹层）已基本破坏	呈碎石状压碎结构	拱部无支护时，可产生较大的坍塌，侧壁有时失去稳定	1.5~3.0
	软质岩（R_c≈5~30MPa）：受地质构造影响严重，节理发育	呈块（石）碎（石）状镶嵌结构		
	土体：1. 具压密或成岩作用的黏性土、粉土及砂类土 2. 黄土（Q1、Q2） 3. 一般钙质、铁质胶结的碎石土、卵石土、大块石土	1 和 2 呈大块状压密结构，3 呈巨块状整体结构		
V	岩体：软岩，岩体破碎至极破碎；全部极软岩及全部极破碎岩（包括受构造影响严重的破碎带）	呈角砾碎石状松散结构	围岩易坍塌，处理不当会出现大坍塌，侧壁经常小坍塌；浅埋时易出现地表下沉（陷）或塌至地表	1.0~2.0
	土体：一般第四系坚硬、硬塑黏性土，稍密及以上、稍湿或潮湿的碎石土、卵石土、圆砾土、角砾土、粉土及黄土（Q3、Q4）	非黏性土呈松散结构，黏性土及黄土呈松软结构		
VI	岩体：受构造影响严重呈碎石、角砾及粉末、泥土状的断层带	黏性土呈易蠕动的松软结构，砂性土呈潮湿松散结构	围岩极易坍塌变形，有水时土砂常与水一齐涌出；浅埋时易塌至地表	<1.0（饱和状态的土<1.5）
	土体：软塑状黏性土、饱和的粉土、砂类土等			

注：层状岩层的层厚划分：巨厚—厚度大于 1.0m；厚层—厚度大于 0.5m，且小于等于 1.0m；中厚层—厚度大于 0.1m，且小于等于 0.5m；薄层—厚度小于或等于 0.1m。

（3）公路隧道设计细则（JTG/TD 70—2010）围岩分级方法。公路隧道设计细则（JTG/TD 70—2010）围岩分级方法见表 5-32。

表 5-32 公路隧道围岩分级

围岩级别	围岩或土体主要定性特征	围岩基本质量指标（BQ）或修正的围岩基本质量指标［BQ］
I	坚硬岩，岩体完整，巨整块状或巨厚层状结构	>550
II	坚硬岩，岩体较完整，块状或厚层状结构 较坚硬岩，岩体完整，块状整体结构	550~451
III	坚硬岩，岩体较破碎，巨块（石）碎（石）状镶嵌结构 较坚硬或较软硬岩层，岩体较完整，块状体或中厚层结构	450~351
IV	坚硬岩，岩体破碎，碎裂结构 较坚硬岩，岩体较破碎~破碎，镶嵌碎裂结构 较软岩或软硬岩互层，且以软岩为主，岩体较完整~较破碎，中薄层状结构 土体：1. 压密或成岩作用的黏性土及砂性土 2. 黄土（Q1、Q2） 3. 一般钙质、铁质胶结的碎石土、卵石土、大块石土	350~251
V	较软岩，岩体破碎；软岩，岩体较破碎~破碎；极破碎各类岩体。碎、裂状、松散结构 一般第四系的半干硬至硬塑的黏性土及稍湿至潮湿的碎石土、卵石土、圆砾、角砾土及黄土（Q3、Q4）。非黏性土呈松散结构、黏性土及黄土呈松软结构	≤250
VI	软塑状黏性土及潮湿、饱和粉细砂层、软土等	

注：本表不适用于特殊条件的围岩分级，如膨胀性围岩、多年冻土等。

（4）水力发电工程地质勘察规范（GB 50287—2016）围岩工程地质分类 HC 法。HC 法以控制围岩稳定的岩石强度、岩体完整程度、结构面状态、地下水和主要结构面产状五项因素之和为基础判据，以围岩强度应力比为限定判据，进行围岩工程地质分级，分类标准见表 5-33。

表 5-33 水力发电工程地质勘察规范（GB 50287—2016）围岩工程地质分类

围岩类别	围岩稳定性	围岩总评分 T	围岩强度应力比 S $(S=R_v \cdot K_v / \sigma_{max})$
I	稳定。 围岩可长期稳定，一般无不稳定块体	$T>85$	>4
II	基本稳定。 围岩整体稳定，不会产生塑性变形，局部可能产生掉块	$85 \geqslant T > 65$	>4
III	局部稳定性差。 围岩强度不足局部会产生塑性变形，不支护可能产生塌方和变形破坏。完整的较软岩，可能暂时稳定	$65 \geqslant T > 45$	>2
IV	不稳定。 围岩自稳时间很短，规模较大的各种变形和破坏都可能发生	$45 \geqslant T > 25$	>2

续表 5-33

围岩类别	围岩稳定性	围岩总评分 T	围岩强度应力比 S ($S=R_v \cdot K_v/\sigma_{max}$)
V	极不稳定。围岩不能自稳,变形破坏严重	$T \leqslant 25$	

注:1. Ⅱ、Ⅲ、Ⅳ类围岩,当其强度应力比 S 小于本表规定时,围岩类别宜相应降低一级。

2. 表中:R_c—岩石饱和单轴抗压强度(MPa),K_v—岩体完整性系数,σ_{max}—围岩最大主应力(MPa)。

(5)《工程岩体分级标准》(GB 50218—2014)岩体质量分级 BQ 法。BQ 法是国内唯一适用于各类岩石工程的评价方法。BQ 法为两步分级法:

第一步,按岩体的基本质量指标 BQ 进行初步分级。《工程岩体分级标准》认为岩石的坚硬程度和岩体完整程度所决定的岩体基本质量,是岩体所固有的属性,是有别于工程因素的共性。岩体基本质量好,则稳定性也好;反之,稳定性差。

岩体基本质量指标 BQ 值表达式:

$$BQ = 100 + 3R_c + 250K_v \tag{5-34}$$

式中,R_c 为岩石单轴(饱水)抗压强度;K_v 为岩体完整性系数。

当 $\sigma_{cw} > 90K_v + 30$ 时,以 $\sigma_{cw} = 90K_v + 30$ 代入式(5-34)求 BQ 值;

当 $K_v > 0.04\sigma_{cw} + 0.4$ 时,以 $K_v = 0.04\sigma_{cw} + 0.4$ 代入式(5-34)求 BQ 值。

岩石坚硬程度划分如表 5-34,岩体完整程度划分见表 5-35。

表 5-34 岩石坚硬程度划分

岩石饱和单轴抗压强 R_c/MPa	>60	60~30	30~15	15~5	≤5
坚硬程度	坚硬岩	较坚硬岩	较软岩	软岩	极软岩

表 5-35 岩体完整程度划分

岩体完整性系数 K_v	>0.75	0.75~0.55	0.55~0.35	0.35~0.15	≤0.15
完整程度	完整	较完整	较破碎	破碎	极破碎

当无声测资料时,也可由岩体单位体积内结构面系数查表 5-36 求得 K_v。

表 5-36 J_v 与 K_v 的对应关系

J_v/条·m⁻³	<3	3~10	10~20	20~35	≥35
K_v	>0.75	0.75~0.55	0.55~0.35	0.35~0.15	≤0.15

按 BQ 值和岩体质量的定性特征将岩体划分为 5 级,见表 5-37。

表 5-37 岩体质量分级

基本质量级别	岩体质量的定性特征	岩体基本质量指标(BQ)
Ⅰ	坚硬岩,岩体完整	>550
Ⅱ	坚硬岩,岩体较完整;较坚硬岩,岩体完整	550~451

基本质量级别	岩体质量的定性特征	岩体基本质量指标（BQ）
Ⅲ	坚硬岩，岩体较破碎； 较坚硬岩或软、硬岩互层，岩体较完整； 较软岩，岩体完整	450～351
Ⅳ	坚硬岩，岩体破碎； 较坚硬岩，岩体较破碎～破碎； 较软岩或较硬岩互层，且以软岩为主，岩体较完整～较破碎； 软岩，岩体完整～较完整	350～251
Ⅴ	较软岩，岩体破碎； 软岩，岩体较破碎～破碎； 全部极软岩及全部极破碎岩	≤250

注：表中岩石坚硬程度按表 5-34 划分；岩体破碎程度按表 5-35 划分。

第二步，工程岩体稳定性分级。工程岩体的稳定性，除与岩体基本质量的好坏有关外，还受地下水、主要软弱结构面、天然应力的影响。应结合工程特点，考虑各影响因素来修正岩体基本质量指标，作为不同工程岩体分级的定量依据。

对地下工程修正值 [BQ] 按式（5-35）计算

$$[BQ] = BQ - 100(K_3 + K_2 + K_1) \tag{5-35}$$

地下工程地下水影响修正系数 K_1 按表 5-38 确定。地下工程主要结构面产状影响修正系数 K_2 按表 5-39 确定。初始应力状态影响修正系数 K_3 按表 5-40 确定。

根据修正值 [BQ] 的工程岩体分级仍按表 5-37 进行。各级岩体的物理力学参数和围岩自稳能力可按表 5-41 确定。

表 5-38　地下工程地下水影响修正系数 K_1

地下水状态	BQ				
	>550	550～451	450～351	350～251	≤250
潮湿或点滴状出水 $p≤0.1$ 或 $Q≤25$	0	0	0～0.1	0.2～0.3	0.4～0.6
淋雨状或线流状出水，$0.1<p≤0.5$ 或 $25<Q≤25$	0～0.1	0.1～0.2	0.2～0.3	0.4～0.6	0.7～0.9
涌流状出水，$p>0.5$ 或 $Q>125$	0.1～0.2	0.2～0.3	0.4～0.6	0.7～0.9	1.0

注：1. p 为地下工程围岩裂隙水压（MPa）；2. Q 为每 10m 洞长出水量（L/min·10m）。

表 5-39　地下工程主要软弱结构面产状影响修正系数 K_2

结构面产状及其与洞轴线的组合关系	结构面走向与洞轴线夹角<30°，结构面倾角 $β=30°～75°$	结构面走向与洞轴线夹角>60°，结构面倾角 $β>75°$	其他组合
K_2	0.4～0.6	0～0.2	0.2～0.4

表 5-40　初始应力状态影响修正系数 K_3

围岩强度应力比（R_c/σ_{max}）	BQ				
	>550	550～451	450～351	350～251	≤250
<4	1.0	1.0	1.0～1.5	1.0～1.5	1.0

续表 5-40

围岩强度应力比 (R_c/σ_{max})	BQ				
	>550	550~451	450~351	350~251	≤250
4~7	0.5	0.5	0.5	0.5~1.0	0.5~1.0

注：极高应力指 R_c/σ_{max} <4，高应力指 R_c/σ_{max} =4~7，σ_{max} 为垂直洞轴线方向平面内的最大天然应力。

表 5-41 各级岩体物理力学参数与围岩自稳能力表

级别	密度 γ /kN·m^{-3}	抗剪强度		变形模量	泊松比	围岩自稳能力
		$\varphi/(°)$	c/MPa			
I	>26.5	>60	>2.1	>33	>0.2	跨度 ≤20m，可长期稳定，偶有掉块，无塌方
II		60~50	2.1~1.5	33~16	0.2~0.25	跨度 10~20m，可基本稳定，局部可掉块或小塌方； 跨度<10m，可长期稳定，偶有掉块
III	26.5~2.45	50~39	1.5~0.7	16~6	0.25~0.30	跨度 10~20m，可稳定数日至1个月，可发生小至中塌方； 跨度 5~10m，可稳定数月，可发生局部块体移动及小至中塌方； 跨度<5m，可基本稳定
IV	24.5~22.5	39~27	0.7~0.2	6~1.3	0.30~0.35	跨度>5m，一般无自稳能力，数日至数月内可发生松动、小塌方，进而发展为中至大塌方，埋深小时，以拱部松动为主，埋深大时，有明显塑性流动和挤压破坏； 跨度≤5m，可稳定数日至1月
V	<22.5	<27	<0.2	<1.3	<0.35	无自稳能力

注：小塌方——塌方高<3m，或塌方体积<30m^3；中塌方——塌方高度3~6m，或塌方体积30~100m^3；大塌方——塌方高度>6m，或塌方体积>100m^3。

5.3.3 常用围岩分级方法的适用性

岩体分类通常是对未受工程扰动的原位岩体质量或稳定性的划分；而围岩分类则是考虑工程因素（如断面跨度、节理产状、主应力方向以及开挖爆破方式等）的岩体质量和稳定性划分。基于上述理解，早期单因素分类（如普氏系数分类、RQD 分类）为岩体分类，而后来发展的多因素分类（如 RMR 分类、Q 分类）为围岩分类。例如，RMR 分类中考虑了节理面与洞轴线的关系，并分别针对硐室、边坡给出了分类评价指标的修正值。Barton 提出的 Q 分类方法，虽然在计算 Q 值中没有涉及工程因素，但在随后的围岩的质量评价中，引入了支护比 ESR 这一指标，以此考虑工程规模和工程类型这一工程因素。由此可见，围岩分类和岩体分类是不同的，其区别在于评价指标是否考虑工程因素。通常岩体分类一般没有包含工程因素，但人们仍习惯称为围岩分类。所以对此应明确分类方法的确切含义。

常用的围岩分级方法的适用性见表 5-42。

表 5-42　常用的围岩分级方法的适用性

序号	名称	来　源	适　用　范　围
1	RMR 法	由南非采矿地质学家 Bieniawski 提出，最初以南非 300 多条矿井巷道记录为实验基础，此后在世界范围内不断补充数据，1976 年推出第一版后，在世界范围内得到广泛传播，此后，对 RMR 参数进行了多次修改，最终形成目前应用的 RMR-89 版本	（1）RMR 法中未考虑地应力场因素对围岩质量的劣化效果，因此，其并不适用于评价处于高-超高应力区域（地应力场 σ_m>25MPa）围岩质量； （2）RMR 法评价标准中过分强调岩体结构特征（RQD、裂面间距、裂面性状等指标）对岩体质量影响作用，占评价总分的 70%，而对岩块强度（饱和单轴抗压强度 σ_{ci}）的分配权重偏低，仅为 15%，故 RMR 法更适用于受节理裂隙控制的较高强度岩石（σ_{ci}>25MPa），而对 σ_{ci}<25MPa 的软岩评价效果一般； （3）RMR 法基于南非矿井巷道记录的原始数据库，考虑巷道尺寸一般较小，故对于开挖尺寸>20m 的大型硐室，特别是岩体存在显著各向异性特征，应用 RMR 法时，应避免采用以点代面的评价方法，而应根据现场开挖情况分区段评价
2	Q 法	由挪威岩石力学专家 Barton 等根据北欧地区 212 个地下岩体硐室地质资料，于 1974 年首次提出，由于其采用全定量评价模式，一经推出就得到广泛关注与应用，1994 年、2002 年 Barton 等人对其适用范围不断扩展，现 Q 法已成为地下岩体工程质量评价的重要工具	（1）Q 法最佳适用条件为 0.1<Q<40，且洞径 D 满足：2.5m<D<30m，在此范围内 Q 法评价效果最佳； （2）Q 法非常适用于处于中等地应力作用下，结构特征呈次块状-镶嵌结构的干燥岩体，且失稳模式应多为局部块体失稳，对存在显著地下水作用或流塑变形特征的岩体实用性不强； （3）Q 法不考虑节理产状与洞轴线关系影响，故对节理方向影响作用显著隧洞适用性不强； （4）Q 法更适用于规划、可研、预设计阶段，对于施工支护设计方法的选取，虽然 Q 法推荐有针对性支护设计体系，但在实际应用中，不应完全迷信 Q 法推荐支护体系进行设计，而应综合多种设计技术手段； （5）传统 Q 法未考虑岩块强度特征的影响，故在使用过程中建议修正
3	RMi 法	由挪威学者 Palmstrom 于 1995 年首次提出，其以结构面参数对岩石单轴抗压强度的折减来评价岩体强度特性，2009 年 Palmstrom 对 RMi 法的围岩分级体系进行了优化，充分考虑了地下水、地应力场、软弱夹层等对围岩质量的影响，同时将其评级标准进一步细化，使评价结果更吻合工程实际。目前，RMi 法开始在国际上得到重视，并逐渐得到推广	RMi 法考虑了更多工程地质因素，特别是软弱层、挤压层等特殊岩类对围岩质量评价的影响，故其适用范围得以较大扩展： （1）RMi 法最适用于评价岩性较一致的整体状、块状、次块状、镶嵌状及碎块状岩体，对结构特征呈散体状的岩体评价结果需根据现场实际情况做必要修正； （2）RMi 法考虑了软弱层、挤压岩等特殊岩类的影响，故其可满足对所有强度范围的岩体质量评价，但 RMi 法对膨胀岩（含大量亲水矿物岩类）未作考虑，故对膨胀岩评价不适用； （3）RMi 法推荐与相关经验准则（如 Hoek-Brown 准则）结合判定岩体力学参数，在此需特别关注 RMi 对力学参数估算的适用范围（如 RMi 法推荐的弹性模量 E_m 估算公式中，RMi 值的适用范围为 1<RMi<30），避免滥用和过分依赖

序号	名称	来　源	适 用 范 围
4	GSI法	由加拿大学者 Hoek 等于 1995 年首次提出	（1）GSI法主要考虑岩体块度特征及结构面发育特征两大地质指标，而对岩块强度、岩体赋存地质环境特征不予考虑，故其一般不应用于围岩分级评价，仅用于岩体结构地质特征评价； （2）GSI法考虑岩体结构包括整体、块体、镶嵌状、破碎状及散体状结构，未考虑层状结构，故 GSI法多适用于岩浆岩、变质岩结构特征评价，对于存在显著层状发育的沉积岩不适用； （3）GSI法与 Hoek-Brown 准则紧密结合，用其估算表征岩体软硬程度指标 m_i、岩体破碎程度指标 s、a，故 GSI法较其他围岩分级方法更适用于对岩体力学参数的估算； （4）GSI法与 Hoek-Brown 准则中均不考虑地下水作用影响，故 GSI法仅适用于处于干燥、潮湿环境下的岩体结构、稳定性评价，对于存在富集地下水的区域不适用
5	BQ法	由水利部 1994 年发布，目前是 2014 版	（1）BQ法仅针对结构面呈随机分布特征的岩体进行评价，对规模较大、贯通性较好的软弱结构面或带而言，其会对工程岩体的稳定性有重要影响，而这种影响不应通过岩体分级方法考虑，应当进行专门研究； （2）BQ法不适用于具有特殊变形、破坏特性的岩类，如膨胀性强的岩类、易溶蚀的盐岩等； （3）对开挖跨度>20m 的大型硐室，应保持谨慎态度，建议 BQ法与多种评价方法结合； （4）BQ法的定性评价与定量评价结果局部存在不一致现象时，应根据现场实际开挖情况综合选取，一般应以二者结果较低值为参考依据，或基于一致性原则考虑，进行定性、定量一致化优化工作
6	HC法	由中国电力企业联合会主编，于 2006 年编修，目前 2016 版	（1）HC法一般应用于水力发电岩体工程地下硐室围岩工程地质分级，不建议用于其他岩体行业； （2）HC法不适用于埋深小于 2 倍洞径或跨度的地下硐室，且不适用于特殊岩（膨胀岩、盐岩）、喀斯特洞穴、土类硐室； （3）HC法不适用于岩块强度 $R_b \leqslant 5MPa$ 的极软岩或存在极高应力（$\sigma_m > 25MPa$）的地区； （4）HC法在对大跨度硐室围岩分级时，建议参考国家相关标准综合评定，亦可采用国际通用围岩分级（如 Q 系统分级）对比使用

5.3.4　围岩分类的发展方向

　　尽管目前地下工程围岩分类研究已经得到很大发展，但是，随着条件日趋复杂的大跨度和深部地下工程的开发建设，围岩分类方法仍需进一步研究与发展，探索与之相适应的围岩分类方法尤为迫切。总结工程围岩分类的发展历史可以发现，围岩分类的研究与发展具有如下特征：

　　（1）从单因素向多因素分类方法发展。由于围岩诸因素的错综复杂影响，围岩分类从单一因素（如强度、弹性波速度、岩芯质量指标等）分类向多因素分类方向发展。

（2）从定性向定量分类方法发展。分类因素逐步从定性描述向定量指标方向发展，或者采取定性、定量相结合的指标。同时，对于分类评价结果，也采取因素权值相加与因素指标相乘的方式予以定量表示。为了对定性因素量化以及不确定性指标的处理，目前，在分类方法中，引入模糊数学和神经网络等方法也是近来研究的发展趋势。

（3）岩体分类逐步分为岩体分类和围岩分类。岩体分类是指未受工程影响的原岩岩体质量评价，而工程围岩分类要考虑工程类型和施工因素。认识和区别这两类不同的分类指标，有益于地下工程计算参数的准确选取。

（4）发展深部围岩分类方法。目前的围岩分类方法基本都是基于浅部的岩石工程得来的，对于深部岩石工程并不是很适用。深部岩石工程"三高"的特点，给岩体质量的准确评价提出了新的挑战。

5.4 地下工程围岩力学参数研究现状与经验估算方法

5.4.1 围岩力学参数研究现状

围岩力学参数对于工程设计、施工具有重要的指导价值。在进行岩石力学问题分析时，准确选择岩石力学模型，合理确定岩石力学参数成为岩石工程必须解决的关键问题之一。岩体的强度和变形特性取决于：（1）岩体地质特征或岩性；（2）岩体不连续面网络；（3）不连续面的地质力学特性；（4）完整岩石的地质力学特性；（5）地应力场；（6）地下水；（7）加载或卸载路径。上述因素中，所谓的完整岩石从细观上来说，其实并不完整，依然存在裂隙，室内岩样试验时，裂隙的变化发展会影响岩石的力学特性；同时，岩体不连续面的类型、几何参数内在的统计特性和地应力使得预测岩体强度和变形性能变得很困难，而且，不连续面的出现还使得节理岩体出现尺寸效应和各向异性。

目前，对岩体强度和变形参数的估计主要有两种方法：直接法和间接法。直接法包括实验室法和现场测试法。实验室法由于实验结果是由小试样获得的，这些小试样只包括微小裂隙，而且一般情况下都忽略其影响，同时小试样不能包括现场存在的不同尺寸的不连续面网络，因此所得结果不能直接用于岩体分析。现场实验大多用于研究尺寸效应对岩体强度和变形能力的影响，几乎没有人在进行岩体的力学性能测试之前进行不连续面网络的测绘。另外，在进行现场测试估计岩体变形性能的时候，使用的是高度简化的岩体模型，而且研究得出的结论离不开特定的环境，因此，往往只有定性价值。为了得到符合实际的节理岩体力学性质，必须做大量的在显著应力水平作用下不同应力路径、不同尺寸的岩体实验，而且必须先掌握这些岩体中节理的分布特点。这些实验不可能在实验室完成，在现场完成也很困难，不但耗时而且费钱。

获得节理岩体强度和变形参数的间接方法有经验法、解析法和数值方法。经验法在工程设计中采用较多，它往往根据岩体分级指标系统，如 Q 法、RMR 法、GSI 法、岩体基本质量指标 BQ 等来对岩体进行分级，继而确定其岩体参数；或通过对室内试验值进行折减得到；或根据随意性较大的工程类比方法得到。采用经验法估算岩体参数时往往认为岩体各向同性，没有考虑由于不连续面网络存在表现出来的岩体各向异性、尺寸效应，因此该法不适用于具有各向异性的岩体。

解析法具有关系式直接、表达简洁清晰的优点，但是没有考虑节理之间的相互作用，对于不同的边界条件、真实复杂的岩石及结构面的本构关系，解析法也无能为力。

随着计算机及计算技术的发展，进行复杂裂隙岩体数值分析以获取岩体参数成为一种高效、经济、便捷的辅助方法。这种方法允许任何节理网络与岩体结合，考虑节理和岩块细观损伤之间的相互作用，而且数值方法可以考虑不同的边界条件、真实复杂的岩石及结构面的本构关系等，但是计算单元有限。

由于岩体是由结构面和结构体（岩块）构成的复合体，同时经历了漫长的地质构造作用，使岩体力学特性变得复杂多变，不仅存在显著的结构效应，而且其力学与变形特性表现出高度的非线性、各向异性及流变性，因此，通过建立各围岩分类方法评价结果与力学参数推荐值的关联关系，进而实现对围岩力学参数的估计，已成为目前围岩力学参数估计的重要方法。

5.4.2 基于工程围岩分类的岩体力学参数估计

多因素岩体分类综合考虑了影响岩体性质的多种复杂因素，因此，根据岩体分类级别或评价指标，进行岩体特性参数的估算是实际中常采取的方法。

（1）根据岩体分类类别，估算岩体特性参数。选取任意一种岩体分类，由此确定岩体的类别，根据表 5-43 和表 5-44 给出的各类别与岩体参数的关系，估算岩体力学参数值。

表 5-43 岩体物理力学参数表（GB 50218—2014）

级别	密度 γ /kN·m^{-3}	抗剪强度		变形模量	泊松比
		$\varphi/(°)$	c/MPa		
Ⅰ（非常好）	>26.5	>60	>2.1	>33	>0.2
Ⅱ（好）		60~50	2.1~1.5	33~16	0.2~0.25
Ⅲ（一般）	26.5~2.45	50~39	1.5~0.7	16~6	0.25~0.30
Ⅳ（差）	24.5~22.5	39~27	0.7~0.2	6~1.3	0.30~0.35
Ⅴ（非常差）	<22.5	<27	<0.2	<1.3	<0.35

表 5-44 岩体物理力学参数表

围岩类别	岩质区分符号	变形模量 E_m/GPa	泊松比 μ	黏聚力 c /MPa	内摩擦角 φ/(°)	抗压强度 R_c/MPa	抗拉强度 R_t/MPa	密度 γ /t·m^{-3}
Ⅰ		40	0.15	3.0	55	50	2.8	2.70
Ⅱ		25	0.20	2.1	50	35	1.9	2.65
Ⅲ	坚硬岩 A₁	15	0.25	1.2	45	25	1.4	2.60
	中硬岩 A₂	7.7	0.28	0.80	40	20	1.1	2.45
	软质岩 B	4.0	0.30	0.40	35	15	0.83	2.30
Ⅳ	硬质岩 A	2.0	0.35	0.25	30	9	0.5	2.30
	软质岩 B	0.80	0.40	0.10	25	6	0.33	2.10
Ⅴ	软质岩 B	0.33	0.43	0.07	22.5	3.5	0.19	2.20
	特软岩 C	0.05~0.10	0.45	0.03~0.05	10~20	0.5~1.5	0.03~0.08	2.00

（2）根据围岩分类指标确定岩体参数。

1）围岩抗压强度。应用较为广泛的不同围岩方法所对应的抗压强度参数估算式见表 5-45。

表 5-45　应用较为广泛的围岩抗压强度参数拟合估算式

文献	拟合估算式	文献	拟合估算式
Yudhbir（1983）	$\dfrac{\sigma_{cm}}{\sigma_c} = \exp\left(7.65\dfrac{RMR-100}{100}\right)$	Aydan、Dalgic（1998）	$\dfrac{\sigma_{cm}}{\sigma_c} = \dfrac{RMR}{600-5RMR}$
Ramamurthy（1986）	$\dfrac{\sigma_{cm}}{\sigma_c} = \exp\left(\dfrac{RMR-100}{18.5}\right)$	Singh（1993）	$\sigma_{cm} = 0.7\gamma\,Q^{\frac{1}{3}}$
Kalamaris、Bieniawski（1995）	$\dfrac{\sigma_{cm}}{\sigma_c} = \exp\left(\dfrac{RMR-100}{24}\right)$	Barton（2002）	$\dfrac{\sigma_{cm}}{\sigma_c} = \exp(0.6\lg Q - 2)$
Palmstrom（1995）	$\dfrac{\sigma_{cm}}{\sigma_c} = JP$	Singh（2005）	$\sigma_{cm} = 5\gamma\left(Q\times\dfrac{\sigma_c}{100}\right)^{\frac{1}{3}}$
Sheorey（1997）	$\dfrac{\sigma_{cm}}{\sigma_c} = \exp\left(\dfrac{RMR-100}{20}\right)$		

2）围岩变形模量拟合估算式。围岩变形模量拟合研究比较多，应用较为广泛的不同围岩方法对应的变形模量估算式见表 5-46。

表 5-46　应用较为广泛的围岩变形模量拟合估算式

文献	拟合估算式	文献	拟合估算式
Bieniawski（1978）	$E_m = 2RMR - 100$ （RMR>55）	Grimstad 和 Barton（1993）	$E_m = 25\lg Q$
Serafim 和 Pereira（1983）	$E_m = 10^{(RMR-10)/40}$ （RMR<50）	Palmstrom（2001）	$E_m = 8Q^{0.4}$ （1<Q<30）
Bieniawski 和 Nicholson（1990）	$E_m = 0.5(0.0028RMR^2 + 0.9\,e^{RMR/22.82})$	Palmstrom（2001）	$E_m = 5.6RMi^{0.375}$ （RMi>0.1）
Mitri（1994）	$E_m = 25\left[1 - \cos\left(\dfrac{\pi RMR}{100}\right)\right]$	Palmstrom（2001）	$E_m = 7RMi^{0.4}$ （1<RMi<30）
Read（1999）	$E_m = 0.1(RMR/10)^3$	Sonmez（2003）	$E_m = 50(s^a)^{0.4}$
Barton（2002）	$E_m = 10\,Q_c^{1/3} = 10\left(Q\,\dfrac{\sigma_c}{100}\right)^{1/3}$	蔡斌（2003）	$E_m = 0.01067e^{0.0105[BQ]}$
Hoek（2002）	$E_m = \left(1 - \dfrac{D}{2}\right)\sqrt{\sigma_c/100}\times 10^{(GSI-10)/40}$	Hoek（2006）	$\dfrac{E_m}{E_1} = 0.02 + \dfrac{1 - \dfrac{D}{2}}{1 + \exp\left(\dfrac{60+15D-GSI}{11}\right)}$

5.4.3 基于 **Hoek-Brown**（HB）破坏准则的岩体参数预测

5.4.3.1 基于 Hoek-Brown（HB）破坏准则的岩体参数预测方法

Hoek-Brown 准则自 1980 年提出后，几经修改，目前常用的是 2002 版，该版较广义版的最大不同是考虑爆破损伤和应力释放对围岩强度的影响，引入了岩体扰动系数 D，并对其常数 m_b、s、a 进行了修正，去掉了阈值 GSI=25。其表达式如下：

$$\sigma_1 = \sigma_3 + \sigma_c \left(m_b \frac{\sigma_3}{\sigma_c} + s \right)^a \tag{5-36}$$

$$\begin{cases} m_b = m_i \exp\left(\dfrac{GSI-100}{28-14D}\right) \\ s = \exp\left(\dfrac{GSI-100}{9-3D}\right) \\ a = \dfrac{1}{2} + \dfrac{1}{6}(e^{-\frac{GSI}{15}} - e^{-\frac{20}{3}}) \end{cases}$$

式中，σ_1 为最大主应力；σ_3 为最小主应力；σ_c 为完整岩石（岩块）的单轴抗压强度；m_i 为完整岩石性质材料常数（表 5-47）。

表 5-47　不同岩石类型的 m_i 的近似值

岩 石 类 型	m_i
具有充分发育的结晶解理的碳酸盐类岩石（如白云岩、石灰石、大理岩）	7
岩化的泥质岩石（泥岩、页岩和板岩（垂直于解理））	10
强烈结晶、结晶解理不发育的砂岩页岩（砂岩和石英岩）	15
细砂、多矿物火成结晶岩（安山岩、辉绿岩、玄武岩和流纹岩）	17
粗粒多矿物火成岩和变质岩（角闪岩、辉长岩、片麻岩、花岗岩和花岗闪长岩）	25

（1）围岩抗压强度与抗拉强度。在式（5-36）中，令 $\sigma_3=0$，可得围岩抗压强度参数为

$$\sigma_{cm} = \sigma_c s^a \tag{5-37}$$

同样，考虑在破碎岩体中，岩体单轴抗压强度等于双轴抗拉强度，即令 $\sigma_1 = \sigma_3 = \sigma_t$，此时围岩抗拉强度参数可表示为

$$\sigma_{tm} = \frac{-\sigma_c s}{m_b} \tag{5-38}$$

（2）围岩变形特征参数估算。Hoek 等在 2002 版 Hoek-Brown 经验准则中提出了围岩变形模量 E_0 经验关系式：

$$E_0 = \left(1 - \frac{D}{2}\right)\sqrt{\frac{\sigma_c}{100}} 10^{(GSI-10)/40} \qquad (\sigma_c \leqslant 100MPa) \tag{5-39}$$

$$E_0 = \left(1 - \frac{D}{2}\right) 10^{(GSI-10)/40} \qquad (\sigma_c \geqslant 100MPa) \tag{5-40}$$

从式（5-40）可知，围岩变形模量 E_0 与围岩地质指标 GSI、扰动系数 D 及完整岩块

单轴抗压强度有关，在相关参数值确定之后，可实现对围岩变形模量 E_0 的估算。

（3）围岩抗剪强度参数估算。围岩抗剪强度参数估算可利用 Hoek-Brown 经验准则与 Mohr-Coulomb 准则的内在转化关系，应用 Hoek-Brown 经验准则参数等效转换来表示 Mohr-Coulomb 准则中抗剪强度特征参数黏聚力 c 和内摩擦角 φ（Hoek 等，2005）。

当满足 $\sigma_1 < \sigma_3 < \sigma_{3max}$ 时，Hoek-Brown 经验准则与 Mohr-Coulomb 准则曲线具有较好的吻合度，可用线性关系近似地表示岩体所遵循的 Hoek-Brown 经验准则：

$$\sigma_1 = k\sigma_3 + b \tag{5-41}$$

而 Mohr-Coulomb 准则可表示为

$$\sigma_1 = \frac{1+\sin\varphi}{1-\sin\varphi}\sigma_3 + \frac{2c\cos\varphi}{1-\sin\varphi} \tag{5-42}$$

此时，存在如下对应关系：

$$k = \frac{1+\sin\varphi}{1-\sin\varphi} \tag{5-43}$$

$$b = \frac{2c\cos\varphi}{1-\sin\varphi} \tag{5-44}$$

将式（5-43）和式（5-44）用于 Mohr-Coulomb 准则中等效黏聚力 c 和内摩擦角 φ 反推，并应用 Hoek-Brown 经验准则参数的表示形式如下：

$$c = \frac{6am_b(s+m_b\sigma'_{3n})^{a-1}}{(1+a)(2+a)\sqrt{1+[6am_b(s+m_b\sigma'_{3n})^{a-1}]/(1+a)(2+a)}} \tag{5-45}$$

$$\varphi = \sin^{-1}\left[\frac{6am_b(s+m_b\sigma'_{3n})^{a-1}}{2(1+a)(2+a)+6am_b(s+m_b\sigma'_{3n})^{a-1}}\right] \tag{5-46}$$

$$\sigma'_{3n} = \sigma_{3max}/\sigma_{ci} \tag{5-47}$$

运用式（5-45）和式（5-46）的前提条件是：$\sigma_1 < \sigma_3 < \sigma_{3max}$，故需要确定待评围岩的最小主应力上限值 σ_{3max}，Hoek 等（2005）推荐深埋隧道（硐室）的 σ_{3max} 的经验公式为：

$$\frac{\sigma_{3max}}{\sigma_{cm}} = 0.47\left(\frac{\sigma_{cm}}{\gamma H_t}\right)^{-0.94} \tag{5-48}$$

式中，H_t 为隧道埋深，若水平地应力大于垂直地应力时，γH_t 被水平地应力取代。

5.4.3.2　三山岛金矿地下围岩力学参数估计

（1）抗压、抗拉强度特征参数估算。根据三山岛金矿的工程资料、现场实际情况进行取值计算，根据室内试验得出的完整岩石的强度参数，运用 Hoek-Brown 准则对花岗岩岩体的抗压、抗拉强度进行估计，结果见表 5-48。

表 5-48　Hoek-Brown 折减法参数及花岗岩抗拉、抗压强度

中段 /m	GSI 值	m 值	s 值	σ_{cm} /MPa	σ_{tm} /MPa
-780	68.87	0.867	0.000095	0.667	0.84
-825	63.55	0.632	0.000042	0.4162	0.51
-855	59.65	0.501	0.000023	0.288	0.35

中段 /m	GSI 值	m 值	s 值	σ_{cm} /MPa	σ_{tm} /MPa
-870	59.35	0.492	0.000022	0.2802	0.34
-915	55.97	0.403	0.000013	0.1989	0.25

（2）抗剪强度指标的估算。运用 Hoek-Brown 准则对节理岩体的强度参数进行围岩的抗剪强度计算，结果见表 5-49。

表 5-49　Hoek-Brown 法折减后的岩体强度及抗剪强度指标

中段 /m	岩体黏聚力 c/MPa	内摩擦角 φ/(°)
-780	1.189	35.56
-825	1.002	32.74
-855	0.908	30.42
-870	0.896	31.21
-915	0.792	30.33

（3）岩体变形特征参数估算。弹性模量 E_0 与泊松比 ν，统计于表 5-50。

表 5-50　弹性模量估算结果

中段 /m	弹性模量 E_0 /GPa	泊松比 ν
-780	25.3	0.17
-825	21.1	0.2
-855	18.4	0.23
-870	18.2	0.231
-915	16.2	0.25

5.4.4　岩体力学参数确定的 REV 法

由于现有计算分析软件不可能全面考虑岩体的结构特点及计算海量的节理裂隙，因此在进行数值模拟时常采用等效方法。岩体的表征单元体 REV（representative element volume）能够代表完整岩块与海量节理组成的组合体的特性，因此 REV 及其力学特性的确定成为获取等效岩体力学参数的重要途径。

5.4.4.1　结构面数据的现场采集与分析

为了收集岩体结构面的几何特征，采用 ShapeMetriX3D 测量系统对某矿山边坡岩体进行结构面几何特征参数收集。在现场选取了-50m 至-80m 水平的 13 个点进行测量，每个测点相距 50~100m。以Ⅱ区-80m 水平，岩性为片麻岩的 4 号点（该处边坡整体走向为 46°）为例，将现场获取左视图和右视图（图 5-8（a）和图 5-8（b））（照片中两个圆盘中心点长度为 1.35m）导入 ShapeMetriX3D 软件分析系统，圈定出重点测量区域，系统根据基准标定、像素点匹配、图像变形偏差纠正等一系列技术，对三维模型进行合成以及方位、距离的真实化，得到岩体表面的三维视图（图5-8（c））。

在合成的三维图上，依据结构面的几何特征，采用JointMetriX3D对结构面进行分组，确定优势结构面，图5-9所示为4号点结构面的赤平投影图，从图5-9中可以看出：4号点的优势结构面为3组，各组结构面的倾向、倾角、迹长、间距和断距的统计分布规律见表5-51。

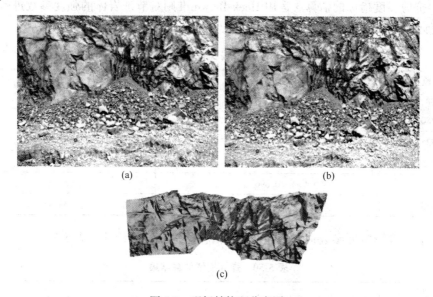

图5-8　现场结构面分布图

（a）现场拍摄左视图；（b）现场拍摄右视图；（c）3GSM结构面合成图

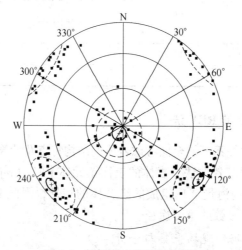

图5-9　结构面赤平极射投影图

5.4.4.2　岩体结构面三维网络模拟

（1）岩体结构面三维网络模拟。依据表5-51得到的结构面统计信息，应用Monte Carlo原理，采用由Auto LISP开发的程序对岩体结构面进行三维网络模拟，模拟出的4号点岩体结构面三维网络模型如图5-10所示。

表 5-51 结构面几何统计参数

组　　别		倾向/(°)	倾角/(°)	迹长/m	间距/m	断距/m
1	分布	正态	正态	负指数	负指数	正态
	均值	304.18	76.77	0.893	0.441	0.73
	标准差	28.01	8.67	0.44	0.58	0.61
2	分布	正态	正态	负指数	负指数	负指数
	均值	51.67	80.12	0.911	0.84	0.85
	标准差	16.39	7.33	0.358	0.79	0.29
3	分布	正态	负指数	负指数	负指数	负指数
	均值	63.48	17.44	1.196	0.694	0.62
	标准差	45.52	8.54	0.52	0.596	0.49

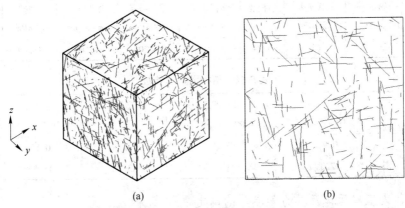

(a)   (b)

图 5-10 岩体结构面三维网络模拟图 (20m×20m×20m)

(a) 岩体结构面轴测图；(b) 垂直方向迹线图 ($y=20$)

（2）模型的验证与校核。为了使三维网络模型的结果能够真正地应用于实际工程，必须对模拟的结果进行检验，Wathugala（1991）认为，如果相对误差 $\alpha<30\%$，即可认为模拟效果良好，检验合格。

对 4 号点的三维网络模型任意选取 3 个剖面，对剖面上的结构面倾向、倾角以及迹长等信息进行分析，得到三组结构面检验结果，见表 5-52。

表 5-52 结构面相对误差分析

几何性质	第一组结构面			第二组结构面			第三组结构面		
	现场测量值	模拟值	误差 α /%	现场测量值	模拟值	误差 α /%	现场测量值	模拟值	误差 α /%
平均迹长	0.89	1.02	14.61	0.91	0.97	6.59	1.19	1.32	10.92
倾向	304.18	268.79	11.63	51.66	43.28	16.22	63.47	70.35	10.83
倾角	76.77	82.35	7.26	80.12	69.79	12.89	17.44	19.11	9.58

由表 5-52 可见，4 号点结构面模拟所得的结果与现场实测的结果有一定的误差，但是误差在可接受范围内，因此可以进行下一步工作——岩体表征单元体 REV 的研究。

5.4.4.3　基于结构面三维网络模拟的表征单元体 REV 的研究

A　模型的建立

为了获得岩体的表征单元体，基于已建立的岩体结构面网络模型，选取不同尺寸的立方体模型，采用离散元软件 3DEC 进行数值模拟实验研究。立方体模型边长分别为 2.5m、5m、7.5m、9m、10m、11m、12.5m、15m、17.5m 和 20m，引入由 Kulatilake 等提出的"假想结构面"方法解决非贯通节理的建模问题。模型的初始边界应力：由于结构面采样点位于海拔-80m，距离边坡最高水平 153m 为 233m，在仅考虑自重的情况下该处的垂向应力为 5.27MPa，数值试验中，岩体模型两个水平方向的边界应力均按垂向应力取值，即 $\sigma_x = \sigma_y = \sigma_z = 5.27\text{MPa}$。岩块和结构面的本构模型：采用理想弹塑性本构模型来描述岩块的变形破坏特征，岩块和结构面的力学参数分别见表 5-53、表 5-54。

表 5-53　岩块力学参数

岩性	密度 $\rho/\text{kg} \cdot \text{m}^{-3}$	杨氏模量 E/GPa	泊松比 ν	体积模量 K/MPa	剪切模量 G/MPa	内摩擦角 $\varphi/(°)$	黏聚力 c/MPa	抗拉强度 σ_t/MPa
片麻岩	2630	61	0.24	2260	1620	43.86	18.54	0.82

表 5-54　结构面力学参数

结构面	切向刚度 $K_s/\text{GPa} \cdot \text{m}^{-1}$	法向刚度 $K_n/\text{GPa} \cdot \text{m}^{-1}$	内摩擦角 $\varphi/(°)$	黏聚力 c/MPa	抗拉强度 σ_t/MPa
真实结构面	0.9	2.25	30	0.55	0
假想结构面	1220	3100	43.86	18.54	0.82

B　岩体表征单元体及其力学参数的确定

复杂节理岩体在 x、y 和 z 三个相互垂直方向上力学参数的尺寸效应研究方法如下：

在最小尺寸岩体模型三个相互垂直的方向上（x，y，z）分别施加压应力 σ_x、σ_y 和 σ_z，保持其中两个方向的边界应力不变，在另一个方向上以 0.05m/s 的速度匀速加压直至模型破坏（图 5-11），这个过程分别在 x、y 和 z 方向重复。在模型的 6 个表面上各布置 9 个监测点（图 5-12），当在模型的某个方向施加恒定速度边界条件时，记录与该方向垂

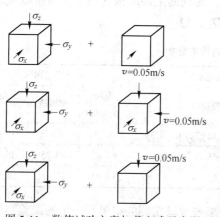

图 5-11　数值试验方案加载方式示意图

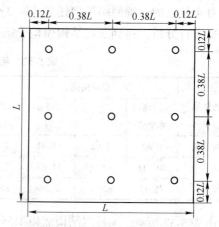

图 5-12　数值试验监测点布置图

直的两个面上的应力和位移变化曲线，获取模型在该方向的平均应力应变曲线，该应力应变曲线可用来确定岩体的峰值强度和变形模量。其他 4 个表面上记录的变形情况与垂直施压方向表面上的变形情况相结合可用来计算岩体的泊松比。在模拟过程中把岩体的围压从 5.2MPa 增加到 30MPa（6 倍），重复上述计算，可以获得较高的应力边界条件下岩体的另一个峰值强度，结合两种破坏状态下岩体模型的应力条件，可根据莫尔-库仑准则或 P-Q 法确定岩体的强度参数（内聚力 c 和内摩擦角 φ）。

将得出的最小尺寸岩体模型（2.5m×2.5m×2.5m）的各个力学参数，作为大一级岩体模型（5m×5m×5m）的岩体参数，同时考虑对边长为 5m 模型中最长的 16 条节理进行实验模拟，依上述方法，逐级确定立方体不同大小时的平均力学参数，直至最后确定出最大尺寸岩体的力学性质。

在计算过程中考虑节理对岩体各向异性特征的影响，不同尺寸效应各个方向上岩体模型的力学参数如图 5-13、图 5-14 所示。

从图 5-13、图 5-14 可见，岩体的各个力学参数随着体积的变化减小明显，在模型尺寸为 15m 左右趋于平稳。

为防止某个节理对模型的影响，选取不同位置两组模型分别进行模拟试验，它们的抗压强度和变形模量的对比曲线如图 5-15、图 5-16 所示。

由图 5-15 和图 5-16 可以看出，不同的节理对于相同尺寸的模型有一定的影响，但影响较小，变化趋势相同。

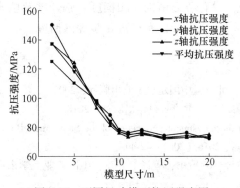

图 5-13 不同尺寸模型抗压强度图

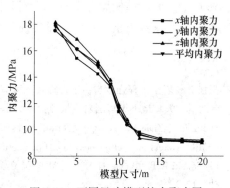

图 5-14 不同尺寸模型的内聚力图

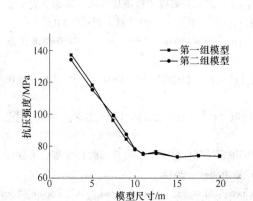

图 5-15 不同位置模型平均抗压强度比较

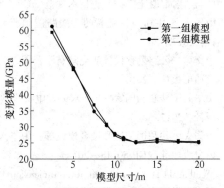

图 5-16 不同位置模型平均变形模量比较

综合以上分析，4 号点片麻岩的表征单元体尺寸为 15m，其力学参数见表 5-55。

表 5-55　片麻岩体力学参数

岩性	密度 $\rho/kg \cdot m^{-3}$	杨氏模量 E/GPa	泊松比 ν	内摩擦角 $\varphi/(\degree)$	黏聚力 c/MPa
片麻岩	2630	26	0.24	43.86	9.23

C　结论

（1）以某矿片麻岩岩体结构面为研究对象，采用先进的数字摄影测量技术，对岩体结构面几何参数进行了测量和统计分析，确定了结构面几何特征（迹长、倾向、倾角、间距）的概率分布形式和参数。

（2）采用基于 Monte Carlo 模拟原理和 Auto LISP 语言编成的三维网络模拟程序，建立了片麻岩的三维节理网络模型，并通过数据对比法进行了校核，得出模拟值与真实值之间的相对误差率在合理范围之内，三维节理网络模型合乎要求。

（3）基于岩体三维网络模型，建立了 10 个不同尺寸的节理岩体分析模型，采用 3DEC 软件，引入假想结构面，研究了岩体的抗压强度（σ）、弹性模量（E）、内聚力（c）等随岩体尺寸的变化规律，最终得出片麻岩表征单元体（REV）的尺寸为 15m，同时得出了代表性的岩体力学参数。

（4）在分析岩体结构面几何分布特征对结构面岩体力学参数尺寸效应及各向异性特征的影响中，假设结构面是平直、光滑且闭合的，没有考虑结构面粗糙度、张开度及填充情况的影响，这些因素对岩体力学性质的影响机理较为复杂，有待进一步深入研究。

参 考 文 献

［1］张强勇. 岩土工程强度与稳定计算及工程应用［M］. 北京：中国建筑工业出版社，2005.

［2］申艳军. 大型地下工程围岩质量评价及力学参数估算［M］. 北京：科学出版社，2018.

［3］Zheng Jun, Zhao Yu, Lü Qing, et al. A discussion on the adjustment parameters of the Slope Mass Rating (SMR) system for rock slopes［J］. Engineering Geology, 2016（206）：42-49.

［4］Bieniawski Z T. 工程岩体分类［M］. 吴立新，王建锋，刘殿书，等译. 北京：中国矿业大学出版社，1993.

［5］中华人民共和国住房和城乡建设部，中华人民共和国国家质量监督检验检疫总局联合发布. 岩土锚杆与喷射混凝土支护工程技术规范（GB 50086—2015）［S］. 北京：中国计划出版社，2015.

［6］中华人民共和国行业标准. 铁路隧道设计规范（TB 10003—2016）［S］. 北京：中国铁道出版社，2017.

［7］中交第二公路勘察设计研究院有限公司. 公路隧道设计细则（JTG/TD 70—2010）［S］. 北京：人民交通出版社，2010.

［8］中华人民共和国国家标准. 水力发电工程地质勘察规范（GB 50287—2016）［S］. 北京：中国计划出版社，2017.

［9］中华人民共和国住房和城乡建设部，中华人民共和国国家质量监督检验检疫总局联合发布. 工程岩体分级标准（GB 50218—2014）［S］. 北京：中国计划出版社，2014.

［10］Wathugala D N. Stochastic three dimensional joint geometry：Modeling and verification［D］. Tucson：The University of Arizona. 1991.

［11］Kulatilake P, Ucpirti H, Wang S, et al. Use of the distinct element method to perform stress analysis in rock with non-persistent joints and to study the effect of joint geometry parameters on the strength and deformability of rock masses [J]. J Rock Mechanics and Rock Engineering, 1992, 25 (4): 253.

[12] Wang S, Kulatilake P. Linking between joint geometry models and a distinct element method in three dimensions to perform stress analyses in rock masses containing finite size joints [J]. J Japanese Society of Soil Mechanics and Foundation Engineering, 1993, 33 (4): 88.

[13] Qiong W, Kulatilake P H S W. REV and its properties on fracture system and mechanical properties, and an orthotropic constitutive model for a jointed rock mass in a dam site in China [J]. Computers and Geotechnics. 2012 (43): 124.

[14] Tan Wenhui, Sun Zhonghua, Li Ning, et al. Stochastic three-dimensional joint geometry model and the properties of REV for a jointed rock mass [C] //Advanced Materials Research, 2015, Vols. 1079 ~ 1080, pp 266~271 (2014 International Conference on Civil, Materials and Computing Engineering, Taiwan, December 6~7, 2014).

6 地下工程围岩失稳机理与稳定性分析方法

6.1 地下工程围岩稳定性问题

围岩，顾名思义就是地下工程开挖后形成的空间周围的岩体，围岩既可以是岩体，也可以是土体。未经人为开挖扰动的岩（土）体称为原岩。当在原岩内进行地下工程开挖后，周围一定范围内岩体原有的应力平衡状态被打破，导致应力重新分布，引起附近岩体产生变形、位移，甚至破坏，直到出现新的应力平衡为止。所以，理论上又将开挖后硐室周围发生应力重新分布的岩体称为围岩，重新分布的应力称为二次应力。

地下硐室开挖之前，岩体处于一定的应力平衡状态，开挖使硐室周围岩体发生卸荷回弹和应力重新分布。如果围岩足够坚固，不会因卸荷回弹和应力状态的变化而发生显著的变形和破坏，那么，开挖出的地下硐室就不需要采取任何加固措施而能保持稳定。但是有时或因硐室周围岩体应力状态的变化大，或因岩体强度低，以致围岩适应不了回弹应力和重分布应力的作用而丧失其稳定性。此时，如果不加固或加固而未保证质量，都会引起破坏事故，对地下工程的施工和运营造成危害。

如果在出现新的应力平衡之前已经对围岩进行了支护，那么围岩的变形和破坏就会引起应力和位移的变化，甚至破坏支护结构。岩体力学中把由于开挖而引起的围岩或支护结构上的力学效应统称为广义的围岩压力。围岩压力的大小不仅与岩体的初始应力状态、岩体的物理力学性质和岩体结构有关，同时还与工程性质、支护结构类型及支护时间等因素有关。显然，当围岩的二次应力不超过围岩的弹性极限时，围岩压力将全部由围岩自身来承担，地下工程也就可以不加支护而在一定时期内保持稳定；当二次应力超过围岩的强度极限时，就必须采取支护措施，以保证地下工程的稳定，此时，围岩压力是由围岩和支护结构共同承担的。可见，作用在支护结构上的压力仅仅是围岩压力的一部分。因此，把作用在支护结构上的这部分围岩压力称为狭义的围岩压力。通常所说的围岩压力多指狭义围岩压力。

围岩压力按其来压方向分为顶压、侧压和底压；就其表现形式可分为松动压力、变形压力、冲击压力和膨胀压力等。由于开挖而引起围岩松动或坍塌的岩体以重力形式作用在支护结构上的压力称为松动压力；开挖必然引起围岩变形，支护结构为抵抗围岩变形而承受的压力称为变形压力；冲击压力是围岩中积蓄的大量弹性变形能受开挖的扰动而突然释放所产生的压力，包括岩爆、岩震等；膨胀压力是岩体遇水后体积发生膨胀而产生的压力，其大小取决于岩体的性质和地下水的活动特征。

地下工程稳定是指地下工程工作期限内，安全和所需最小断面得以保证的状况。稳定性指标是：

$$\sigma_{max} < [\sigma] \quad \text{和} \quad U_{max} < [U] \tag{6-1}$$

式中，σ_{max}、U_{max} 为地下工程岩体或支护体中危险点的应力和位移；$[\sigma]$、$[U]$ 为岩体或支护材料的强度极限和位移极限。

稳定分为自稳（不需要支护围岩自身能保持长期稳定）和人工稳定（需要支护才能保持围岩稳定）。当围岩内危险点的应力和位移 σ_{max}、U_{max} 满足 $\sigma_{max} < [\sigma]$，$U_{max} < [U]$ 时，是自稳；当围岩内危险点的应力和位移 σ_{max}、U_{max} 为 $\sigma_{max} > [\sigma]$，$U_{max} > [U]$ 时，是不稳定，需要采取围岩加固或支护措施达到人工稳定。

对围岩的理论研究表明，围岩本身具有一定的自承载能力，充分发挥围岩的自承载能力，可大大降低地下工程支护成本。

6.2　围岩破坏特征

岩石开挖导致的主要效应如图 6-1 所示：（1）岩石位移与破坏；（2）应力旋转；（3）水流。

当岩石开挖移除了岩石抗力时，岩体会产生位移，如果存在结构面，岩块就可能从临界面滑出，岩体出现破坏；开挖还会使主应力旋转到平行和垂直无支护边界的方向；由于非连续面的存在，开挖空间犹如一个集水井，岩体内的水都流出来形成水流。岩石开挖效应产生的根本原因是应力重分布。

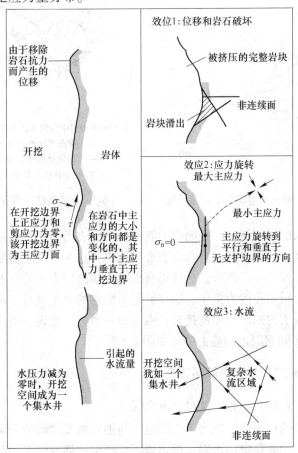

图 6-1　岩石开挖环境下的主要效应

6.2.1　围岩应力的重分布

任何岩体在天然条件下均处于一定初始应力状态，岩体内任何一点的初始应力（常称为原岩应力）状态通常可以用垂直正应力 σ_v（通常为主应力）和水平正应力 σ_h 来表示，侧压系数 λ 用两者的比值来表示：

$$\lambda = \frac{\sigma_h}{\sigma_v}$$

开挖后，由于硐室周围岩体失去了原有的支撑，破坏了原来的受力平衡状态，围岩将向洞内产生松胀位移，从而引起硐室周围一定范围内岩体的应力重新调整，形成新的应力状态。这种由于硐室的开挖，围岩中应力、应变调整而引起原有天然应力大小、方向和性质改变的过程和现象，称为围岩应力重分布。用弹性理论计算出的隧洞开挖后圆形硐室周边应力重分布的情况如图 6-2 所示。支护情况下地下硐室围岩应力重分布图如图 6-3 所示。各种断面形状的洞体应力状态比较如图 6-4 所示。

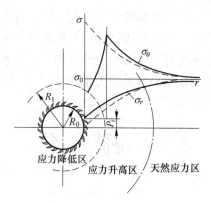

硐室围岩中出现非弹性变形区后应力的重分布
－－－ 未出现塑性分布区时的应力曲线
—— 出现塑性分布区时的应力曲线
R_1—非弹性区半径；P_i—支架反力

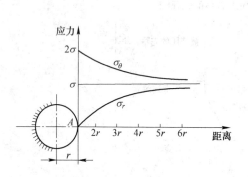

图 6-2　理论计算圆形硐室周边应力重分布情况　　图 6-3　支护条件下硐室围岩应力重分布图

围岩应力重分布的主要特征：径向应力随着向自由表面的接近而逐渐减小，至洞壁处变为零。切向应力在一些部位愈接近自由表面切向应力愈大，并于洞壁达到最高值，即产生所谓压应力集中；在另一些部分，愈接近自由表面切向应力愈低，有时甚至于洞壁附近出现拉应力，即产生所谓拉应力集中。这样，地下硐室的开挖就将于围岩内引起强烈的主应力分异现象，使围岩内的应力差愈接近自由表面愈增大，至硐室周边达最大值。不同应力比 λ 值条件下圆形隧洞周边的应力分布如图 6-5 所示。

6.2.2　地下工程中硐室围岩变形破坏特点

6.2.2.1　围岩变形破坏的一般过程和特点

硐室开挖后围岩的稳定性，取决于二次应力与围岩强度之间的关系。如果硐室周边应力小于岩体的强度，围岩稳定；否则，周边岩石将产生破坏或较大的塑性变形。围岩一旦松动，如不加支护，就会向深部发展，形成具有一定范围的应力松弛区，称为塑性松动圈（图6-6）。在松动圈形成过程中，原来周边集中的高应力逐渐向深处转移，形成新的应力增高区，该区岩体被挤压紧密，称为承载圈（图6-6）；此圈之外为初始应力区（图6-6）。

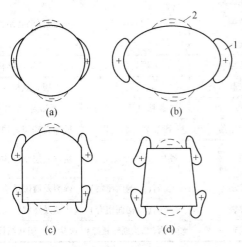

图6-4 各种断面形状的洞体应力状态比较
1—压应力集中区；2—拉应力集中区

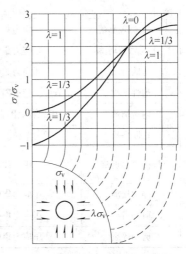

图6-5 不同 λ 值条件下圆形隧洞周边的应力
分布（据 D. F. 科茨，1970）

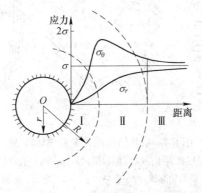

图6-6 围岩的松动圈和承载圈
Ⅰ—松动圈；Ⅱ—承载圈；Ⅲ—初始应力区

由于岩体在强度和结构方面的差异，硐室围岩变形与破坏的形式多种多样，主要的形式有脆性破裂、块体滑移、弯曲折断、松动解脱、塑性变形等，围岩失稳机制及破坏形式见表6-1。

6.2.2.2 脆性围岩的破坏方式

（1）弯折内鼓。弯折内鼓是层状围岩，特别是薄层状围岩变形失稳的主要形式（图6-7）。其力学机制：

1）卸荷回弹。发生于初始应力高的岩体中且洞轴线与大主应力垂直的硐室。

2）应力集中使洞壁处的切向压应力超过岩层的抗弯折强度造成。发生于硐室周边有较大的压应力集中部位，如角点或与岩体内初始主应力（近于）平行的洞壁。

表 6-1 围岩失稳机制及破坏形式

失稳机制类型	破坏形式		力学机制	岩质	岩体结构
围岩强度—应力控制型	脆性破裂	岩爆	压应力高度集中突发脆性破坏	硬岩质	块状及厚层状结构
		劈裂剥落	压应力集中导致压致拉裂		
		张裂坍落	拉应力集中导致张裂破坏		
	弯曲折断		压应力集中导致弯曲拉裂	硬岩质	层状、薄层状结构
	塑性挤出		围岩应力超过围岩屈服强度向洞内挤出	软弱夹层	夹层状结构
	内折坍落		围压释放围岩吸水膨胀强度降低	膨胀性质软岩	层状结构
	松脱坍落		重力及拉应力作用下松动塌落	硬质岩、软质岩	散体及碎裂结构
弱面控制型	块体滑移坍落		重力作用下块体失稳	硬质岩(弱面组合)	块状及层状结构
混合控制型	碎裂松动		压应力集中导致剪切松动	硬质岩(结构面密集)	碎裂及镶嵌结构
	剪切滑移		压应力集中导致滑移拉裂	硬质岩(结构面组合)	块状及层状结构
	剪切碎裂		压应力集中导致剪切破碎	硬质岩(结构面较稀疏)	块状及厚层状结构

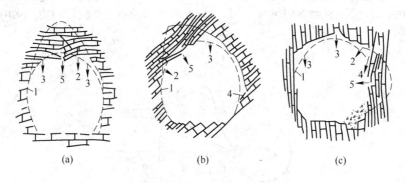

图 6-7 层状结构围岩变形破坏特征

(a) 水平层状岩体;(b) 倾斜层状岩体;(c) 直立层状岩体

1—设计断面轮廓线;2—破坏区;3~5—弯曲、张裂及折断

(2) 张裂坍落。当在具有厚层状或块状结构的岩体中开挖宽高比较大的地下硐室时,在其顶拱常产生切向拉应力。如果此拉应力值超过围岩的抗拉强度,在顶拱围岩内就会产生近于垂直的张裂缝。被垂直裂缝切割的岩体在自重作用下变得很不稳定,特别是当有近水平方向的软弱结构面发育,岩体在垂直方向的抗拉强度很低时,往往造成顶拱的塌落。

(3) 劈裂剥落、剪切滑移及碎裂松动。这类破坏多发生在地应力较高的厚层状或块状体结构的围岩中(图 6-8)。

1) 劈裂剥落。一般出现在有较大切向压应力往往使围岩表部发生一系列平行于洞壁的破裂,将洞壁岩体切割成为板状结构。当切向压应力大于劈裂岩板的抗弯折强度时,这些裂板可能被压弯、折断并造成塌方。

2) 剪切滑移。在厚层状或块体状结构的岩体中开挖地下硐室时,在切向压应力集中较高,且有斜向断裂发育的洞顶或洞壁部位往往发生剪切滑动类型的破坏。

水平应力大于垂直应力时，这种破坏发生于顶拱。水平应力小于垂直应力时，这种破坏发生于边墙。另外，围岩表部的应力集中有时还会使围岩发生局部的剪切破坏，造成顶拱坍落或边墙失稳（图6-9）。

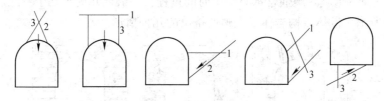

图 6-8　坚硬岩体中的块体滑移

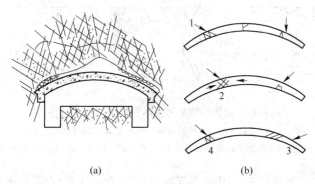

(a)   (b)

图 6-9　某地下工程洞顶岩体松动解脱及拱顶破裂
1，4—张破裂；2—压剪破裂；3—剪破裂

3）碎裂松动。碎裂结构岩体在张力和振动力作用下容易松动、解脱，在洞顶则产生崩落，在边墙上则表现为滑塌或碎块的坍塌（图6-10）。

（4）岩爆。岩爆是围岩的一种剧烈的脆性破坏，常以"爆炸"的形式出现。岩爆发生时能抛出大小不等的岩块，大型者常伴有强烈的震动、气浪和巨响，对地下开挖和地下采掘作业造成很大的危害。

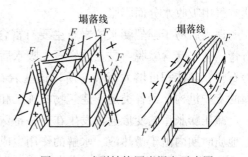

图 6-10　碎裂结构围岩塌方示意图

岩爆的产生需要具备两方面的条件：1）高储能体（高强度、块体状或厚层状的脆性岩体）的存在，且其应力接近于岩体强度，是岩爆产生的内因。2）某附加荷载的触发则是其产生的外因，如机械开挖、爆破以及围岩局部破裂所造成的弹性振荡，或开挖的迅速推进或累进性破坏所引起的应力突然向某些部位的集中。

6.2.2.3　塑性围岩的变形破坏方式

塑性围岩包括各种软弱的层状结构岩体和散体结构岩体。这类围岩的变形与破坏方式主要是在应力重分布和水分重分布的作用下发生的，主要有塑性挤出、膨胀内鼓、塑流涌出、重力坍塌等。

（1）塑性挤出。硐室开挖后，当围岩应力超过塑性围岩的屈服强度时，软弱的塑性物质就会沿着最大应力梯度方向向消除了阻力的自由空间挤出。易于被挤出的岩体，主要是那些固结程度差、富含泥质的软弱岩层，以及挤压破碎或风化破碎的岩体。未经构造或风化扰动，且固结程度较高的泥质岩层不易被挤出。挤出变形能造成很大的压力，足以破坏强固的钢支撑。但其发展通常都有一个时间过程，一般要几周至几个月之后方能达到稳定。图 6-11 所示为散体结构岩体发生塑性挤出的几种情形。

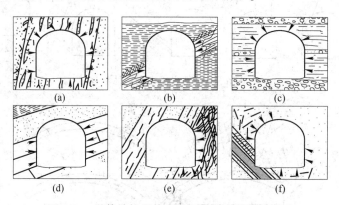

图 6-11   散体结构岩体发生塑性挤出的几种情形

(a) 化岗岩的剪切破碎带；(b) 页岩中的缓倾角断裂带；(c) 富含蒙脱石的风化火山灰；(d) 固结差的泥岩；

(e) 遭剪切破坏和风化的云母片岩；(f) 与岩脉相接触的强蚀变细斑岩

(2) 膨胀内鼓。硐室开挖后围岩表部减压区的形成往往促使水分由内部高应力区向围岩表部转移，结果可使某些易于吸水膨胀的岩层发生强烈的膨胀变形。这类膨胀变形显然是与围岩内部的水重分布相联系的。除此之外，开挖后暴露于表部的这类岩体有时也会从空气中吸收水分而膨胀。

遇水后易于强烈膨胀的岩石主要有富含黏土矿物（特别是蒙脱石）的塑性岩石和硬石膏。有些富含蒙脱石黏土质岩石，吸水后体积可增大 14%~25%，而硬石膏水化后转化为石膏，其体积可增大 20%。所以这些岩石的膨胀变形能造成很大的压力，足以破坏强固的支护机构，给各类地下建筑物的施工和运营带来很大危害。

减压膨胀型的变形通常发生在一些特殊的岩层中，例如一些富含橄榄石的超基性岩在近地质时期内由于遭热液、水解的作用生成的蛇纹石，这种转变通常伴有体积的膨胀，但在有侧限而不能自由膨胀的天然条件下，新生成的矿物只能部分地膨胀，并于底层内形成一种新的体积——压力平衡状态。洞体开挖造成的卸荷减压必然使附近这类地层的体积随之而增大，从而对支护结构造成强大的膨胀压力。曾有几天之内强大的支护结构全部被压断的实例。

(3) 塑流涌出。塑流涌出是松散破碎物质和高压水一起呈泥浆状突然涌入洞中的现象，多发生在开挖揭穿了饱水断裂破碎带的部位。严重的涌流往往会给施工造成很大的困难。

(4) 重力坍塌。坍塌是松散破碎岩石的重力作用下自由垮落的现象，多发生在洞体通过断层破碎带或风化破碎岩体的部位。在施工过程中，如果对于可能发生的这类现象没有足够的预见性，往往也会造成很大的危害。

简单而言，常见的围岩破坏方式和破坏机制见表 6-2 和图 6-7、图 6-8、图 6-12。

表 6-2　地下硐室围岩的破坏方式

破坏方式	破坏机制	破坏形式说明	破坏图例
脆性	张裂	应力超过抗拉强度，层状围岩在顶部、侧墙折断，沿结构面拉裂	图 6-7
延性	剪切	应力超过抗剪强度，沿结构面滑移，侧墙产生剪切破坏	图 6-8
延性	塑性流动	围岩遇水膨胀，产生塑性流动延性破坏	图 6-12

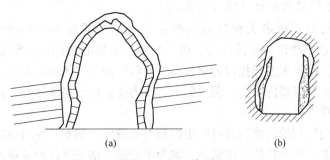

(a)　　　　　　　　　(b)

图 6-12　围岩塑性流动破坏机制示意图

6.3　围岩压力的分类与计算

6.3.1　围岩压力的分类

硐室开挖后，由于应力重新分布而引起围岩变形甚至破坏。这种由于围岩的变形与破坏作用于支护或衬砌上的压力或应力降低区范围内的破裂岩体的重量称为围岩压力。围岩压力也称地压。为了限制围岩松动、坍塌或岩爆（应力集中的洞壁，岩块从围岩中被抛出或弹出，同时伴有声响），必须进行支护或衬砌。围岩压力是支护和衬砌设计的依据之一，它关系到硐室正常运用、安全施工、经济与施工工期的问题。

自 20 世纪 70 年代中期起，考虑围岩压力的成因和围岩压力的特征，把围岩分为松动压力、变形压力、冲击压力（岩爆）和膨胀压力四类。

（1）松动压力是由于围岩拉裂坍落、块体滑移及重力坍塌等破坏引起的压力，这是一种有限范围内脱落岩体以重力形式直接作用在支护上的压力。其大小取决于围岩的性质、结构面交切组合关系及地下水活动和支护时间等因素。

松动围岩压力可采用松散体极限平衡或块体极限平衡理论进行分析计算。

（2）变形压力。变形围岩压力是由于围岩塑性变形如塑性挤入、膨胀内鼓、弯折内鼓等形成的挤压力。

产生变形围岩压力的条件：1）岩体较软弱或破碎，围岩应力超过岩体的屈服极限而产生较大的塑性变形；2）深埋硐室，围岩受压力过大引起塑性流动变形。

（3）膨胀压力。由于围岩矿物吸水膨胀产生的对支护机构的挤压力。膨胀压力的形成需要两个基本条件：一是岩体中要有膨胀性黏土矿物（如蒙脱石等）；二是要有地下水的作用。

（4）冲击压力（岩爆）。围岩积累了大量的弹性变形能之后突然释放出来时所产生的压力。冲击压力的大小与天然应力状态、围岩力学属性等密切相关，并受到硐室埋深、施工方法及洞形等因素的影响。

冲击压力的大小，目前无法进行准确计算，只能对冲击围岩压力的产生条件及产生可能性进行定性的评价预测。

6.3.2　经典围岩压力计算公式

6.3.2.1　平衡拱理论计算法（普氏法）

M. M. 普罗托季亚科诺夫根据对一些矿山坑道的观察和松散介质的模型试验于1907年提出了平衡拱理论。普氏认为，由于断层、节理的切割，使硐室围岩形成类似松散介质的散体粒。由于硐室开挖应力重分布，使洞顶破碎岩体逐渐坍塌，最后塌落成一个拱形才稳定下来。所以普氏认为，洞顶的山岩压力就是拱形塌落体的重量。这个拱称为塌落拱、平衡拱或压力拱。

假定被结构面切割的岩体为具有一定内聚力的散体，硐室开挖后形成一定高度的抛物线形塌落拱，拱上岩体呈自然平衡状态，称为平衡拱。拱下岩体的重量即为围岩压力。

（1）两帮稳定时的顶压计算公式。作用在支护上（顶部）的压力只是稳定平衡拱内的岩石重量，而与拱外上覆岩层的重量无关，因此也称免压拱（图6-13）。拱的高度 b 与巷道宽度成正比，与围岩的单轴抗压强度，或普氏系数成反比。

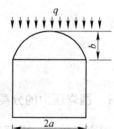

图6-13　两帮稳定时的顶压

$$b = \frac{a}{f} \tag{6-2}$$

式中，f 为普氏岩石坚固性系数：$f = \frac{\sigma_c}{10}$；σ_c 为岩石的单轴抗压强度，$f = \frac{\sigma_c}{10} = \frac{1}{10}\frac{2c\cos\varphi}{1-\sin\varphi} = \tan\varphi'$；$\varphi'$ 为岩石的似内摩擦角，φ' 中包含有 c 和 φ，它把岩石简化为一种只有似内摩擦角的理想松散体；a 为巷道宽度的一半。

所以，作用在拱顶上的顶压 Q_d 可近似认为是拱内松散岩石的自重。设拱上部岩石密度为 r，则：

$$q = rb = \frac{ra}{f} \tag{6-3}$$

$$Q_d = 2arb = \frac{2ra^2}{f} \tag{6-4}$$

（2）巷道两边不稳固时的顶压和侧压。两帮不稳固，滑动体的上宽增加，如图6-14所示，拱高为 b_1，则：

$$b_1 = \frac{a_1}{f} \tag{6-5}$$

又

$$a_1 = a + a' = a + H\tan\left(45° - \frac{\varphi_b}{2}\right)$$

因此

$$b_1 = \frac{a + H\tan\left(45° - \frac{\varphi_b}{2}\right)}{f} \tag{6-6}$$

总顶压接近 $ABCD$：

$$Q_d = 2ab_1r_d \tag{6-7}$$

总顶压近似顶压集度：

$$q_d = b_1r_d \tag{6-8}$$

6.3.2.2　太沙基地压学说

该学说适用于隧道地压计算，如图 6-15 所示。该理论认为顶板岩土稍有下沉，岩土体出现的破裂面可以近似认为是铅直的平面。

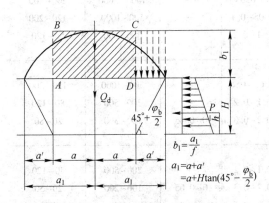

图 6-14　两帮不稳定时的顶压

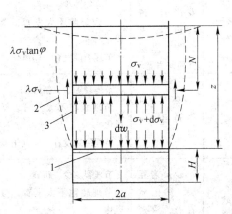

图 6-15　太沙基地压计算模型

其隧道顶压的计算公式为：

$$q_d = \frac{ar - c_1}{\lambda\tan\varphi}\left(1 - e^{-\frac{\lambda z}{a}\tan\varphi}\right) \tag{6-9}$$

式中，λ 为侧压系数；φ 为内摩擦角；z 为隧道埋深；a 为隧道宽度的一半。

当 $z>5a$，$c_1 = 0$ 时，

$$q_d = \frac{ar}{\lambda\tan\varphi}$$

令 $\frac{a}{\lambda\tan\varphi} = b_1$，则 $q_d = b_1r$。

此时太沙基地压的顶压计算公式与普氏地压计算公式类似。上式与深度无关，与上部载荷无关，故其也可称为免压拱效应。

6.3.2.3　工程地质分析法（极限平衡理论）

该方法适用于如下两种情况（图 6-16）：

（1）顶围岩被软弱结构面切割成楔形分离体或方柱形分离体。围岩压力＝岩体的重量。

（2）洞顶或洞壁存在斜方形分离体。

$$P = T - N\tan\phi = Q\sin\alpha - Q\cos\alpha\tan\phi \tag{6-10}$$

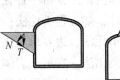

图 6-16　块体极限平衡理论

6.3.2.4 围岩压力系数法

我国水电部门 1966 年在《水工隧洞设计暂行规范》中提出用"山岩压力系数法确定山岩压力",规定垂直围岩压力 $q = S_z B \gamma$（B 为洞跨,S_z 为山岩铅直压力系数）,侧向围岩压力 $p = S_x H \gamma$（H 为硐室高度,S_x 为山岩水平压力系数）。使用条件:竖井、埋深特大、特小不适用,山岩压力系数见表 6-3,仅适用于 $H \leqslant 1.5B$ 的硐室。

表 6-3　山岩压力及抗力系数

岩石坚硬程度	代表性岩石的名称	节理裂隙多少或风化程度	山岩压力系数 S		有压隧洞单位岩石抗力系数 $K_0 / \text{kg} \cdot \text{cm}^{-3}$	无压隧洞的岩石抗力系数 $K / \text{kg} \cdot \text{cm}^{-3}$
			铅直的 S_z	水平的 S_x		
坚硬岩石	石英岩、花岗岩、流纹斑岩、玄武岩、厚层硅质灰岩等	节理裂隙少、新鲜 节理裂隙不太发育、微风化 节理裂隙发育、弱风化	0~0.05 0.05~0.1 0.1~0.2	— — —	1000~2000 500~1000 300~500	200~500 120~200 50~120
中等坚硬岩石	砂岩、石灰岩、白云岩、砾岩等	节理裂隙少、新鲜 节理裂隙不太发育、微风化 节理裂隙发育、弱风化	0.05~0.1 0.1~0.2 0.2~0.3	— — 0~0.05	500~1000 300~500 100~300	120~200 80~120 20~80
较软岩	砂页岩互层、黏土质岩石、致密的泥灰岩等	节理裂隙少、新鲜 节理裂隙不太发育、微风化 节理裂隙发育、弱风化	0.1~0.2 0.2~0.3 0.3~0.5	— 0~0.05 0.05~0.1	200~500 100~200 <100	50~120 20~50 20
松软岩石	严重风化及十分破碎的岩石、断层、破碎带等		0.3~1.0 或更大	0.05~0.5 或更大	<50	<10

注: 1. 本表不适用于竖井以及埋藏特别深或特别浅的隧洞。

　　2. 表中所列山岩压力系数数据适用于 $H \leqslant 1.5B$ 隧洞断面。

　　3. 表中 S_γ 及 S_x 一般无直接联系,在 S_x 栏内未列 S_x 值的,一般情况下,可不计算。

6.4　围岩稳定性分析方法

针对围岩稳定分析中存在的问题和特征,有三类方法可作为分析途径:第一类是立足于经验统计,如工程类比法;第二类是着重于理论和数值分析,如解析法、块体极限平衡法、有限单元法、边界单元法、离散元法等;第三类是试验法。

工程类比法,立足于岩体宏观上的经验统计和实际工程的检验与对比。该法可以避免岩体参数取值不合理以及计算模型不恰当带来的偏差,特别是该法配合了施工现场的监控和反馈,方法简单、实用可行,因而在工程上被大量采用。

理论和数值分析,大致可以分成两类方法,第一类是连续介质力学方法,这类方法通常假设岩体为宏观上的连续体，并且只发生微量的变形，整个岩土介质包括边界限定条件均用一个矩阵方程描述，求解该方程即可得到位移、应力等未知量，如解析法。在这类方法中，对节理裂隙，根据其发育程度和发展规模在处理过程中又有两种方式：一种方式是力求反映不连续介质的本构关系，把大的节理、断层的力学性态作为附加条件加以求解，如有限元、边界元中采用节理单元模拟大的节理、断层的变形特性；另一种方式是用当量岩体去等效真实岩体，如变形等效法、强度等效法和损伤断裂能量等效法。理论和数值分析的第二类方法是非连续介质力学分析方法，如块体极限平衡法（又称块体理论）、离散单元法（DEM）、不连续变形分析法（DDA）、数值流形法等。为了解决复杂的地下硐室围岩稳定问题，近些年来数值方法的耦合分析有了长足的发展，如有限元与边界元耦合，有限元与离散元耦合以及边界元与离散元耦合等都有了不少应用，解决了不少复杂地质条件的围岩稳定工程问题。

试验方法是采用现场试验或模型试验的方法进行围岩稳定性的分析。时间较长、费用较高。

6.4.1 工程类比法

工程类比法主要从工程因素及地质因素两方面进行评分。工程因素主要是洞轴与主要结构面方位的夹角及倾角，地质因素包括以下几方面：

（1）岩体结构及岩质类型。包括岩体状态、结构面特征、岩体纵波速度以及硬岩、软岩类别等。

（2）岩石特性指标。如岩石强度、完整性指标、结构面强度系数等。

（3）地下水。以出水量及地下水压力分级。

（4）地应力。由围岩强度应力比 S 反映。即：

$$S = \frac{R_v K_v}{\sigma_m} \tag{6-11}$$

式中，R_v 为岩体强度；K_v 为岩体纵波速；σ_m 为围岩最大应力。

最后由岩体结构类型、总评分、强度应力比值以及不稳定块体确定围岩稳定性类别，并提出相应的支护措施。

表 6-4 是 Hoek 给出的岩土工程潜在的典型问题、关键参数、分析方法和可接受的设计准则，可用于围岩稳定性的判断与支护设计。

表 6-4 地下工程的典型问题、关键参数、分析方法和设计准则

地下结构	典型问题	关键参数	分析方法	设计准则
水电站压力隧洞	高压引起渗流。由于变形或外压导致钢衬砌支护的断裂破坏	（1）围岩最大主应力与最大渗透压力比；（2）钢衬砌长度与注浆的有效性；（3）岩体中的地下水位	（1）确定覆盖层厚度；（2）隧道断面的应力分析；（3）比较围岩最大主应力与最大动水应力的关系，以此确定钢衬砌的长度	在下面情况下，需要安装钢衬砌支护：（1）对于典型水电站，围岩最小主应力小于 1.3 倍的静压水头；（2）对于很低动压，最小主应力小于 1.15 倍的静压水头

地下结构	典型问题	关键参数	分析方法	设计准则
软弱岩层中隧道	次生应力超过岩体强度而发生破坏。如果支护设计不合理,将发生膨胀、挤压破坏和过量收敛变形	(1) 岩体强度和独立结构特征; (2) 膨胀性,尤其是沉积岩层; (3) 开挖方法和顺序; (4) 支护系统的安装顺序和承载能力	(1) 数值分析确定围岩破坏范围和可能位移; (2) 采用收敛约束法研究围岩和支护的相互作用,由此确定支护参数和位移	(1) 实施的支护应能充分满足控制围岩变形,以限制围岩变形发展超过允许范围; (2) 采用掘进机,并采用封闭支护,防止水作用的岩层膨胀; (3) 变形监测是必要的
浅埋节理岩体隧道	节理切割块体在重力作用下片冒	(1) 结构面产状、位置和抗剪强度; (2) 开挖断面形状和方位; (3) 爆破质量; (4) 支护施工顺序与能力	(1) 空间赤平投影分析方法和计算理论用来确定潜在的滑移楔体; (2) 极限平衡分析用于分析关键块体的稳定性,给出支护设计参数和稳定安全系数	(1) 加固关键块体以及锚索本身的安全系数:对于滑动楔体应大于 1.5;对于冒落块体应大于 2.0; (2) 支护针对关键块; (3) 变形监测价值不大
节理岩体大跨度硐室	重力作用下的块体冒落或岩体的张拉和剪切破坏,取决于结构面间距和原岩应力的大小	(1) 硐室的断面形状和相对于结构面的产状与位置; (2) 原岩应力; (3) 开挖和支护质量以及爆破质量	(1) 空间赤平投影分析方法和计算理论用来确定潜在的滑移楔体; (2) 数值分析计算开挖过程的围岩应力和位移,用来预测支护效果和施工工艺	(1) 当采用的数值分析结果表明,由于支护已控制围岩塑性区扩展,位移也在允许的范围内; (2) 位移监测用以验证设计效果
地下核废料处理场	应力和温度导致围岩产生高渗透压力,从而导致核废料气液体的扩散	(1) 岩体中节理产状、渗透性和结构面的剪切强度; (2) 围岩的原岩和温度应力; (3) 围岩地下水分布	数值分析用于计算由于核废料产生高温条件下的应力和位移、地下水流动模式和速度,尤其是用数值方法计算岩体损伤区、节理裂隙的渗透特性	可接受的设计是围岩具有极低的渗透特性,以便限制核废料的扩散;同时,储存废料的硐室、隧道应满足 50 年以上的永久稳定

6.4.2　块体极限平衡法

块体极限平衡法认为岩体被结构面切割成块裂结构,块裂岩体(除结构面之外)相对于软弱结构面可视为刚体,岩块失稳是在平整的结构面上滑移,滑移的判据是库伦准则,块体在滑移运动中不产生新的断裂面,故可采用刚体力学进行极限平衡和运动分析。

块体极限平衡法的计算步骤如下:

(1) 寻找控制岩体失稳的结构面。该控制性的结构面,可能是抗剪强度较低的滑移面,也可能是处于不利位置的空间切割结构面。

(2) 建立岩体可能的滑动模型图。根据岩体的切割面情况,提出可能滑动的若干个滑动模型图,并分别对这些可能的滑动模型进行验算,找出最危险的滑动体以及最可能的滑动面。

（3）块体的几何分析。通过几何分析，分别计算出各种可能滑动体的表面积和体积，具体可用赤平极射投影法。该法能以二维的赤平面，通过极射投影的图形表达三维空间物体的几何要素，如块体表面之间组合关系、产状、面与面的夹角等，再通过实体比例投影法求出滑动体表面积和体积。

（4）块体的力学分析。先求出作用在可能滑动块体上的各种外力，再对块体进行刚体极限平衡分析，用库伦准则判断岩体沿结构面滑动的可能性。

（5）块体稳定性评价。经过步骤（1）～（4）的分析，可分别求得各种可能滑动体在软弱结构面上的阻滑力和滑动力，它们之间的比值是抗滑稳定安全系数，由此可评价出块裂岩体的稳定性。

（6）块裂岩体的支护计算。对于不稳定的岩体，可算出坍塌体重量或剩余下滑力，这可作为作用在支护上的"山岩压力"，根据这个压力进行锚杆和衬砌的计算。

块体极限平衡法的优点是：（1）块体极限平衡法立足于三维分析，能反映岩体结构面的空间产状，能得出滑动体明确的安全度，并能依据洞轴与岩体产状关系得出硐室的最佳开挖方向；（2）计算方法比较简便，花费计算代价较少。

其缺点为：（1）它要求掌握详细的地质勘测资料，需要了解地层结构面切割的详细情况，这在初步设计阶段往往难以做到，因而在施工阶段，当详细了解结构面切割情况后，可再进行补充计算；（2）在刚体极限平衡法中，难以考虑滑动体边界上存在的地应力。对于多面体的滑动体，有可能在几个面上滑动时，往往难以考虑滑移过程中边界上各种力的变化，这样不得不作出某些假定才能进行分析和计算。计算后得不到整个围岩的应力、应变场及控制的位移值。为了克服这些缺点，可采用离散单元法。

6.4.3 围岩应力弹性解析法

解析方法是指采用数学力学的计算取得闭合解的方法。因此，要根据岩石的受力状态和本身的性质（本构方程）分析。当地下工程围岩能够自稳时，围岩状态一般都处于全应力应变曲线的峰前段，可以认为这时的岩体属于变形体范畴，故通常采用变形体力学的方法研究。当岩体的应力不超过弹性范围时，最适宜用弹性力学方法；否则宜用弹塑性力学或损伤力学方法研究。当岩体的应力超过峰值应力，围岩进入全应力应变曲线的峰后段，岩体可能发生刚体滑移或者张裂状态，变形体力学的方法就往往不适宜，这时可以采用其他方法，如块体力学，或者一些初等力学的方法。解析方法可以解决的实际工程问题十分有限。但是，通过对解析方法及其结果的分析，往往可以获得一些规律性的认识，这是非常重要和有益的。

6.4.3.1 峰前区弹性与黏弹性力学应力分析

弹性与黏弹性力学分析，适用于弹性或黏弹性材料，即材料遵从弹性或黏弹性材料的本构模型。

A 一般圆形巷道围岩的弹性应力状态

研究中，假定围岩满足古典弹性理论的全部假定，即认为围岩为均质、各向同性线弹性、无蠕变性或黏性行为；原岩应力为各向等压（静水压力）状态；巷道断面为圆形，可采用平面应变问题的方法，取巷道的任一截面作为其代表进行研究；巷道埋藏深度 Z

大于 20 倍的巷道半径 R_0，此时巷道影响范围（$3R_0 \sim 5R_0$）内的岩石自重可忽略，如图 6-17 所示。一般圆巷围岩应力计算简图如图 6-18 所示。

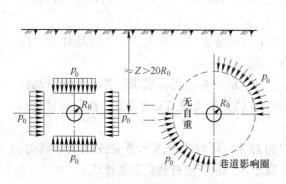

图 6-17　轴对称圆巷的条件

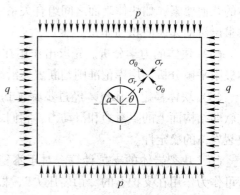

图 6-18　一般圆巷围岩应力计算简图

对于圆形硐室，由弹性平面问题的吉尔希解，可得：

$$\begin{cases} \sigma_r = \dfrac{1}{2}(p+q)\left(1-\dfrac{a^2}{r^2}\right)+\dfrac{1}{2}(q-p)\left(1-4\dfrac{a^2}{r^2}+3\dfrac{a^4}{r^4}\right)\cos2\theta \\[2mm] \sigma_\theta = \dfrac{1}{2}(p+q)\left(1+\dfrac{a^2}{r^2}\right)-\dfrac{1}{2}(q-p)\left(1+3\dfrac{a^4}{r^4}\right)\cos2\theta \\[2mm] \tau_{r\theta} = \dfrac{1}{2}(p-q)\left(1+2\dfrac{a^2}{r^2}-3\dfrac{a^4}{r^4}\right)\sin2\theta \end{cases} \tag{6-12}$$

假设深埋圆巷的水平荷载对称于竖轴，竖向荷载对称于横轴；竖向为 p_0，横向为 λp_0，并设 $\lambda < 1$，由于结构本身对称（荷载不对称），上述问题可应用已有的结论通过叠加原理解决。

可将荷载分解为：

$$\begin{aligned} p_0 &= p + p' \\ \lambda p_0 &= p - p' \end{aligned} \tag{6-13a}$$

解得：

$$\begin{cases} p = \dfrac{1}{2}(1+\lambda)p_0 \\[2mm] p' = \dfrac{1}{2}(1-\lambda)p_0 \end{cases} \tag{6-13b}$$

则上述一般圆巷的弹性应力状态为荷载分解后的两种情况的叠加（图 6-19）。即一般圆巷围岩应力（总）= I（轴对称）+ II（反对称）。

（1）情况 I 的解。因是轴对称，且侧压系数 $\lambda = 1$，得情况 I 的应力解

$$\begin{cases} \sigma_\theta \\ \sigma_\gamma \end{cases} = p\left(1 \pm \dfrac{R_0^2}{r^2}\right) = \dfrac{1}{2}(1+\lambda)p_0\left(1 \pm \dfrac{R_0^2}{r^2}\right) \tag{6-14}$$

当 $r = R_0$ 时，则

$$\sigma_\theta = 2p,\ \sigma_r = 0$$

情况 I 的应力与距围岩距离的关系如图 6-20 所示。

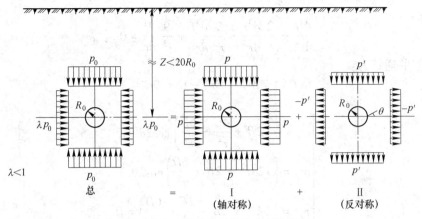

图 6-19 一般圆巷条件与分析途径

由图 6-20 可知，周边 $r = R_0$ 时，$\sigma_r = 0$，$\sigma_\theta = 2p_0$，此时切向应力为最大；当 $\sigma_\theta = 2p_0$ 的值超过围岩的弹性极限时，围岩进入塑性。如果把岩石看作为脆性材料，当 $\sigma_\theta = 2p_0$ 的值超过围岩的弹性极限，则围岩发生破坏。

定义应力集中系数 K 为开挖巷道后围岩的切向应力/开挖巷道前围岩的应力，$p_0 = $ 次生应力/原岩应力，轴对称圆巷周边的切向应力为 $2p_0$，所以，$K = 2$。若定义以 σ_θ 高于 $1.05p_0$ 为巷道影响圈边界（图 6-20），据此可

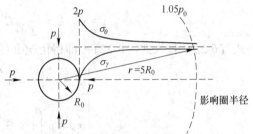

图 6-20 轴对称情况下硐室周边的应力
变化曲线与影响圈半径

得 $r/R_0 \approx 5$。工程中有时以 10% 作为影响边界，从而得到 $r/R_0 \approx 3$。

（2）情况 Ⅱ 的解。根据情况 Ⅱ 的边界条件，有：

内边界，$\qquad\qquad r = R_0$，$\sigma_\gamma = \tau_{r\theta} = 0$ $\qquad\qquad$ (6-15)

外边界，应用莫尔圆应力关系，有：

$$\begin{cases} \sigma_r = \dfrac{\sigma_1 + \sigma_3}{2} + \dfrac{\sigma_1 - \sigma_3}{2}\cos 2\alpha \\[3mm] \tau_{r\theta} = \dfrac{\sigma_1 - \sigma_3}{2}\sin 2\alpha \end{cases} \qquad (6-16)$$

这里 $\sigma_1 = p'$，$\sigma_3 = -p'$，$\alpha = 90° - \theta$（图 6-19），代入即得 $r \to \infty$ 时外边界应力条件：

$$\sigma_r = -p'\cos 2\theta$$
$$\tau_{r\theta} = p'\sin 2\theta \qquad\qquad (6-17)$$

由式（6-15）和式（6-17）的应力边界条件可以看出，情况 Ⅱ 的应力解明显与 r、2θ 有关。取应力函数：

$$\varphi(r,\theta) = f(r)\cos 2\theta \qquad\qquad (6-18)$$

代入双调和方程：

$$\left(\dfrac{\partial^2 f}{\partial r^2} + \dfrac{1}{r}\dfrac{\partial f}{\partial r} + \dfrac{1}{r^2}\dfrac{\partial^2 f}{\partial \theta^2}\right)\left(\dfrac{\partial^2 f}{\partial r^2} + \dfrac{1}{r}\dfrac{\partial f}{\partial r} + \dfrac{1}{r^2}\dfrac{\partial^2 f}{\partial \theta^2}\right)\cos\theta = 0 \qquad (6-19)$$

化简为：

$$\frac{d^4f}{dr^4} + \frac{2}{r}\frac{d^3r}{dr^3} - \frac{9}{r^2}\frac{d^3f}{dr^2} + \frac{9}{r^3}\frac{df}{dr} = 0 \tag{6-20}$$

式（6-20）的通解为：

$$f(r) = Ar^4 + Br^3 + C + Dr^{-2} \tag{6-21}$$

解得：

$$\begin{cases} \sigma_r = -\left(2B + \dfrac{4C}{r^2} + \dfrac{6D}{r^4}\right)\cos2\theta \\[2mm] \sigma_\theta = \left(12Ar^2 + 2B + \dfrac{6D}{r^2}\right)\cos2\theta \\[2mm] \tau_{r\theta} = \left(6Ar^2 + 2B - \dfrac{2C}{r^2} - \dfrac{6D}{r^4}\right) = 0 \end{cases} \tag{6-22}$$

根据边界条件决定积分常数，得：

$$A = 0,\ B = \frac{p'}{2},\ C = p'R_0^2,\ D = \frac{1}{2}p'R_0^4 \tag{6-23}$$

将式（6-23）代入式（6-22），即得情况 II 的应力解：

$$\begin{cases} \sigma_r = p'\left(1 - 4\dfrac{R_0^2}{r^2} + 3\dfrac{R_0^4}{r^4}\right)\cos2\theta \\[2mm] \sigma_\theta = p'\left(1 + 3\dfrac{R_0^4}{r^4}\right)\cos2\theta \\[2mm] \tau_{r\theta} = p'\left(1 + 2\dfrac{R_0^2}{r^2} - 3\dfrac{R_0^4}{r^4}\right)\sin2\theta \end{cases} \tag{6-24}$$

从而可得总应力解：

$$\begin{cases} \sigma_r = \dfrac{1}{2}(1+\lambda)p_0\left(1 - \dfrac{R_0^2}{r^2}\right) - \dfrac{1}{2}(1-\lambda)p_0\left(1 - 4\dfrac{R_0^2}{r^2} + 3\dfrac{R_0^4}{r^4}\right)\cos2\theta \\[2mm] \sigma_\theta = \dfrac{1}{2}(1+\lambda)p_0\left(1 + \dfrac{R_0^2}{r^2}\right) + \dfrac{1}{2}(1-\lambda)p_0\left(1 + 3\dfrac{R_0^4}{r^4}\right)\cos2\theta \\[2mm] \tau_{r\theta} = \dfrac{1}{2}(1-\lambda)p_0\left(1 + 2\dfrac{R_0^2}{r^2} - 3\dfrac{R_0^4}{r^4}\right)\sin2\theta \end{cases} \tag{6-25}$$

讨论：

1）巷道周边的应力情况。$r = R_0$ 时，$\sigma_r = \tau_{r\theta} = 0$，则：

$$\sigma_\theta = (1+\lambda)p + (1-\lambda)p\cos2\theta \tag{6-26}$$

由式（6-26）可得图 6-21 所示的巷道周边切向应力状态分布曲线。

当 $\lambda > 1/3$，周边不出现拉应力；$\lambda < 1/3$，将出现拉应力；$\lambda = 1/3$，恰好不出现拉应力。$\lambda = 0$，$\theta = 90°$ 和 $\theta = 270°$ 处，拉应力最大（图6-22）。所以，$\lambda = 0$ 为最不利情况，$\lambda = 1$ 为均匀受压的最稳定情况。λ 不同值时巷道周边切向应力分布曲线如图 6-23 所示。

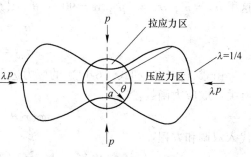

图 6-21　巷道周边切向应力状态分布曲线

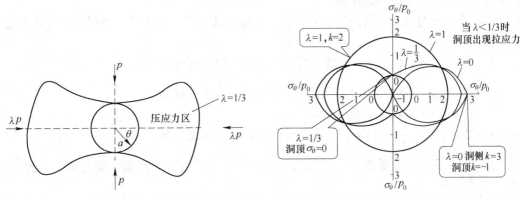

图 6-22　$\lambda = 1/3$ 时巷道周边切向应力状态分布曲线　图 6-23　λ 不同值时巷道周边切向应力分布曲线

2）主应力情况。由式（6-25）中 $\tau_{r\theta} = 0$，即 $\sin 2\theta = 0$，得主平面为 0°、90°、180°、270°。即水平和铅直面为主应力面，主应力面上只有正应力，没有剪应力；其余截面都有剪应力。

3）$\lambda > 1$ 的情况。将 θ 角改由铅直轴起算，则公式及讨论与 $\lambda < 1$ 的情况完全相同。

B　椭圆巷围岩的弹性应力状态

一般原岩应力状态下（图 6-24），深埋椭圆巷道周边切向应力计算公式为：

$$\sigma_\theta = p_0(m^2\sin^2\theta + 2m\sin^2\theta - \cos^2\theta)/(\cos^2\theta + m^2\sin^2\theta) +$$
$$\lambda p_0(\cos^2\theta + 2m\cos^2\theta - m^2\sin^2\theta)/(\cos^2\theta + m^2\sin^2\theta) \qquad (6\text{-}27)$$

式中，λ 为侧压系数；m 为轴比：$m = b/a$。

（1）等应力轴比。等应力轴比是使巷道周边应力均匀分布时的椭圆长短轴之比（图6-25）。该轴比可通过求式（6-27）的极值得到：

由 $\mathrm{d}\sigma_\theta/\mathrm{d}\theta = 0$，则　　　　　　　　　　$m = 1/\lambda$ 　　　　　　　　　（6-28）

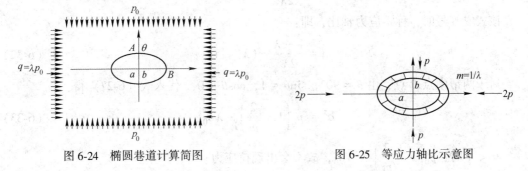

图 6-24　椭圆巷道计算简图　　　　　　图 6-25　等应力轴比示意图

将 m 值代入（6-27）得到：

$$\sigma_\theta = p_0 + \lambda p_0 \qquad (6\text{-}29)$$

即，当 $m = 1/\lambda$ 时，σ_θ 为常数。

σ_θ 与 θ 无关，即周边应力处处相等，故由式（6-28）决定的轴比 m，称之等应力轴比。在该轴比情况下，周边切向应力无极值，或者说是周边应力是均匀相等的。显然，等应力轴比对地下工程的稳定是最有利的。故又可称之为最优（佳）轴比（谐洞）。最佳轴比应满足如下三个条件：1）巷道周边应力均匀分布；2）巷道周边不出现拉应力；3）最大应力值是各种截面中的最小值。

等应力轴比与原岩应力的绝对值无关，只和 λ 值有关。由 λ 值，即可决定最佳轴比。如：

$\lambda = 1$ 时，$m = 1$，$a = b$，最佳断面为圆形（圆是椭圆的特例）。

$\lambda = \dfrac{1}{2}$ 时，$m = 2$，$b = 2a$，最佳断面为 $b = 2a$ 的竖椭圆。

$\lambda = 2$ 时，$m = \dfrac{1}{2}$，$2b = a$，最佳断面为 $a = 2b$ 的横（卧）椭圆。

总之，椭圆长轴总是顺着原岩应力的最大主应力的方向，且轴比满足式（6-28）为最佳。

（2）零应力（无拉力）轴比。当不能满足最佳轴比时，可以退而求其次。岩体抗拉强度最弱，若能找出满足不出现拉应力的轴比，即零应力（无拉力）轴比，也是很不错的。

围岩周边各点对应的零应力轴比各不相同，通常首先满足顶点和两帮中点这两要害处实现零应力轴比。

零应力轴比（无拉应力轴比）是指当轴比为某一值时，可使椭圆周边上的应力不出现拉应力，从而有利于巷道的稳定性。A、B 两点的应力状态为压应力就可以满足零应力轴。把 $\theta = 0°$ 和 $90°$ 代入式（6-27）中，可得出：

对于顶点 A 点（图6-24），由 $\theta = 0°$，$\sin\theta = 0$，$\cos\theta = 1$，得到：

$$\sigma_\theta = -p_0 + \lambda p_0(1 + 2m) \tag{6-30}$$

$\lambda > 1$ 时，$\lambda p_0(1 + 2m) > p_0$，故不会出现拉应力。

$\lambda < 1$ 时，无拉应力条件为 $\sigma_\theta = 0$，即 $\lambda p_0(1 + 2m) \geqslant p_0$，整理即得无拉应力轴比：

$$m \geqslant \frac{1 - \lambda}{2\lambda} \quad (\lambda < 1) \tag{6-31}$$

该式取等号时，称零应力轴比，即：

$$m = \frac{1 - \lambda}{2\lambda} \quad (\lambda < 1) \tag{6-32}$$

对于两帮中点 B 点，由 $\theta = 90°$，$\sin\theta = 1$，$\cos\theta = 0$，代入式（6-27）得：

$$\sigma_\theta = p_0\left(1 + \frac{2}{m}\right) - \lambda p_0 \tag{6-33}$$

$\lambda < 1$ 时，$p_0\left(1 + \dfrac{2}{m}\right) > \lambda p_0$，故不会出现拉应力。

$\lambda > 1$ 时，不出现拉应力的条件为 $\sigma_\theta \geqslant 0$，即：

$$p_0\left(1 + \frac{2}{m}\right) \geqslant \lambda p_0 \tag{6-34}$$

整理即得无拉应力轴比：

$$m \leqslant \frac{2}{\lambda - 1} \quad (\lambda > 1) \tag{6-35}$$

该式取等号时，即为零应力轴比。

可见，A、B 两点互不矛盾，当 $\lambda < 1$ 时，应照顾顶点；反之，应照顾两帮中点。

C 矩形和其他形状巷道周边弹性应力

地下工程中经常遇到一些非圆形巷道，常见的有梯形、拱顶直墙、拱顶直墙反拱等。因此，掌握巷道形状对围岩应力状态的影响对维护巷道的安全很有启发意义。

原则上，地下工程比较常用的单孔非圆巷道围岩的平面问题弹性应力分布，都可用弹性力学的复变函数方法解决。

和其他形状一样，在弹性应力条件下，巷道断面围岩中的最大的应力是周边的切向应力，且周边应力（除 σ_z 以外）大小和 E、ν 弹性参数无关，与断面的绝对尺寸无关。同样，它和原岩应力场分布（λ 大小）、巷道的形状（竖向与横向轴比）很有关系。另外，断面在有拐角的地方往往有较大的应力集中（图6-26）；而在直长边则容易出现拉应力。表6-5列出矩形隧（巷）道周边切向应力的计算成果。图6-27所示为矩形硐室（$a:b=1.8$）周边应力分布图。

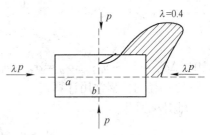

图 6-26 矩形巷道周边弹性应力

表 6-5 矩形巷道周边切向应力部分计算结果表

$\theta/(°)$	$a:b=5$		$a:b=3.2$		$a:b=1.8$		$a:b=1$（正方形）	
	p_0	λp_0	p_0	λp_0	p_0	λp_0	p_0	λp_0
0	1.192	−0.940	1.342	−0.98	1.200	−0.801	1.472	−0.808
45					3.352	0.821	3.000	3.0000
50	1.158	−0.644	2.392	−0.193	2.763	2.747	0.980	3.860
65	2.692	7.030		6.201	−0.599	5.260		
90	−0.768	2.420	−0.770	2.152	−0.334	2.030	−0.808	1.472

注：表格内的数字分别表示 λp_0 和 p_0 对该点的应力集中影响系数。θ 由铅直轴算起。

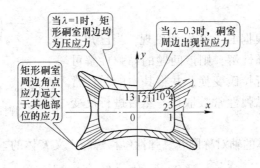

图 6-27 矩形硐室（$a:b=1.8$）周边应力分布图

6.4.3.2 峰前区弹性与黏弹性力学位移分析

A 弹性位移

（1）弹性位移的特点。周边径向位移最大，但量级小（以毫米计）、完成速度快（以声速计），一般不危及断面使用与巷道稳定。

（2）计算原则。按弹性力学方法，可由已知的应力求得。但是，对于深埋的井巷工程，应考虑到开挖后的位移是由于开挖后的应力增量所造成的，而原岩应力部分并不引起新的位移，所以，只能采用其应力增量（即应减去其相应的原岩应力分量）来计算才能获得正确的结果。

轴对称圆巷的弹性位移 u 应由式（6-36）计算：

$$\varepsilon_r = \frac{\mathrm{d}u}{\mathrm{d}r} = \frac{1-\nu^2}{E}\left(\Delta\sigma_r - \frac{\nu}{1-\nu}\Delta\sigma_\theta\right)$$

$$\varepsilon_\theta = \frac{u}{r} = \frac{1-\nu^2}{E}\left(\Delta\sigma_\theta - \frac{\nu}{1-\nu}\Delta\sigma_r\right)$$

(6-36)

式中，$\Delta\sigma_r = \sigma_r - p_0$；$\Delta\sigma_\theta = \sigma_\theta - p_0$；$p_0$ 为各向等压原岩应力。

（3）径向位移常用计算式。

轴对称圆巷：

$$u = \frac{1+\nu}{E}p_0\frac{R_0^2}{r} \qquad （围岩内）$$

$$u_0 = \frac{1+\nu}{E}p_0R_0 \qquad （巷道周边 r = R_0 处）$$

(6-37)

如果有反力作用在内周边上（图 6-28），则此周边的弹性位移公式为：

$$u_0 = \frac{1+\nu}{E}R_0(p_0 - p_1)$$

(6-38)

式中，p_1 为周边反力作用。

一般圆巷（即 λ 不等于 1）围岩的位移计算公式：

$$u = \frac{1+\nu}{2E}p_0\left[(1+\lambda)\frac{R_0^2}{r} - 4(1-\nu)(1-\lambda)\frac{R_0^2}{r}\cos2\theta + (1-\lambda)\frac{R_0^4}{r^3}\cos2\theta\right]$$

(6-39)

式中，λ 为侧压系数；r 为围岩内一点到巷道中心距离。

B　黏弹性位移

（1）基本方法。根据 E. H. Lee 的发现，当已知一黏弹性体工程问题的弹性解，则该问题的黏弹性解可以通过对该弹性解进行拉氏变换，并将其中的弹性常数用该黏弹性岩石的黏弹性常数取代，然后进行反变换得到。

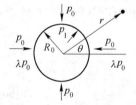

图 6-28　反力作用在内周边上的弹性位移计算示意图

（2）广义凯尔文体的轴对称圆巷黏弹性位移解。广义 K 体的本构方程为：

$$\eta\dot{\sigma} + (K_1 + K_2)\sigma = K_1(\eta\dot{\varepsilon} + K_2\varepsilon)$$

(6-40)

用 D 表示常微分算子，即：$D = \dfrac{\mathrm{d}}{\mathrm{d}t}$，并把方程（6-40）两边写成 $f(D)\sigma = g(D)\varepsilon$，则有：

$$f(D) = \eta D + K_1 + K_2, \quad g(D) = K_1(\eta D + K_2)$$

经拉氏变换，有：

$$f(p) = \eta p + K_1 + K_2, \quad g(p) = K_1(\eta p + K_2)$$

轴对称圆巷的弹性位移解为：

$$u = \frac{(1 + \nu)p_0 R_0^2}{Er} = \frac{p_0 R_0^2}{2Gr} \tag{6-41}$$

对式（6-41）两端取拉氏变换，并以 p_0/p 代 p_0，以 $g(p)/f(p)$ 代 G，得：

$$\bar{u} = \frac{p_0 R_0^2}{2rK_1 K_2}\left(\frac{K_1 + K_2}{p} - \frac{K_1}{p + K_2/\eta}\right) \tag{6-42}$$

经过反变换，最终可以获得黏弹性位移解：

$$u(t) = \frac{p_0 R_0^2 (K_1 + K_2)}{2rK_1 K_2} + \frac{p_0 R_0^2}{2rK_2}e^{-\frac{K_2 t}{\eta}} \tag{6-43}$$

6.4.4 围岩应力弹塑性解析法

当工程中的岩体应力处在岩石应力应变曲线峰前区弹塑性阶段时，可采用弹塑性力学分析方法；如有围压时，则可以应用到超过脆-延转化围压的全部应力-应变曲线区域。

弹塑性力学处理对象的应力-应变图形如图 6-29 所示。

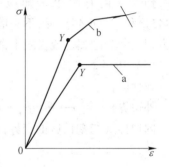

图 6-29 弹塑性应力应变曲线
a—理想弹塑性体；b— 一般弹塑性体

6.4.4.1 轴对称圆巷的理想弹塑性分析——卡斯特纳方程

进行轴对称圆巷的理想弹塑性分析过程如下：

（1）基本假设：

1）深埋圆形平巷、无限长；

2）原岩应力各向等压；

3）围岩为理想弹塑性体。

理想弹塑性分析简图如图 6-30 所示。

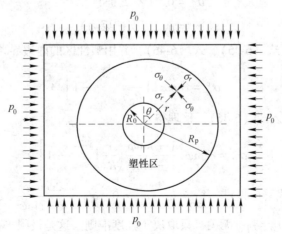

图 6-30 理想弹塑性分析简图

（2）基本方程。弹性区的计算简图如图 6-31 所示，积分常数待定的弹性应力解为

$$\left.\begin{array}{r}\sigma_r \\ \sigma_\theta\end{array}\right\} = A \pm \frac{B}{r^2} \qquad (6\text{-}44)$$

塑性区：轴对称问题的平衡方程为

$$\frac{\mathrm{d}\sigma_r}{\mathrm{d}r} + \frac{\sigma_r - \sigma_\theta}{r} = 0 \qquad (6\text{-}45)$$

强度准则方程——库仑准则：

$$\sigma_\theta = \frac{1 + \sin\theta}{1 - \sin\theta}\sigma_r + \frac{2c\cos\theta}{1 - \sin\theta} \qquad (6\text{-}46)$$

塑性区内有两个未知应力 σ_θ、σ_r，两个方程式（6-45）和式（6-46），故不必借用几何方程就可解题。这类方程又称为刚塑性或极限平衡方程。

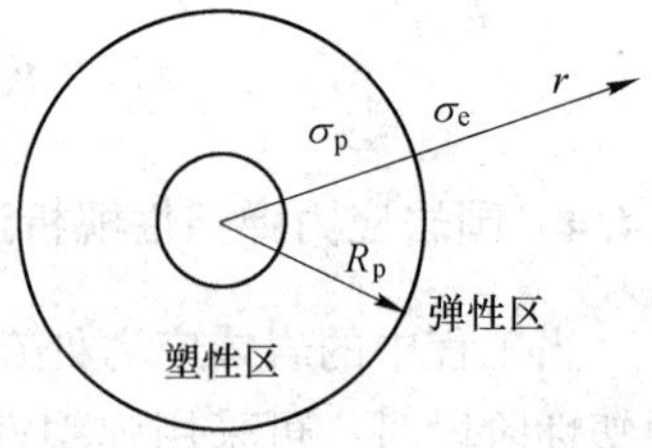

（3）边界条件。

弹性区：

外边界：　　　$r \to \infty$，$\sigma_r = \sigma_\theta = p_0$

图 6-31　弹塑性区应力计算示意图

内边界（与塑性区的交界面）：　$r = R_\mathrm{p}$（塑性区半径）

$$\left.\begin{array}{r}\sigma_r^\mathrm{e} \\ \sigma_\theta^\mathrm{e}\end{array}\right\} = A \pm \frac{\beta}{R_\mathrm{p}^2} \qquad (6\text{-}47)$$

塑性区：

外边界（弹塑性区交界面，图 6-31）：$r = R_\mathrm{p}$

$$\sigma_r^\mathrm{p} = \sigma_r^\mathrm{e}$$

$$\sigma_\theta^\mathrm{p} = \sigma_\theta^\mathrm{e}$$

上角标"e""p"分别表示弹、塑性区的量。

内边界（周边）：　　　　　　$r = R_0$

$$\sigma_r = 0 \quad (不支护)$$

$$\sigma_r = p_1 \quad (支护反力)$$

（4）解题。联立式（6-45）、式（6-46），并用塑性区的内边界条件，得：

$$\sigma_r^\mathrm{p} = c\cot\varphi\left[\left(\frac{r}{R_0}\right)^{\frac{2\sin\varphi}{1-\sin\varphi}} - 1\right] \qquad (6\text{-}48)$$

将式（6-48）代入式（6-46），整理得：

$$\sigma_\theta^\mathrm{p} = c\cot\varphi\left[\frac{1 + \sin\varphi}{1 - \sin\varphi}\left(\frac{r}{R_0}\right)^{\frac{2\sin\varphi}{1-\sin\varphi}} - 1\right] \qquad (6\text{-}49)$$

由式（6-48）、式（6-49），当 $r = R_0$，$\sigma_r = 0$，$\sigma_\theta = \dfrac{2c\cos\varphi}{1 - \sin\varphi} = \sigma_\mathrm{c}$，即恰等于单轴抗压强度。并且，$\sigma_r$、$\sigma_\theta$ 与 p_0 无关，只取决于强度准则。这是极限平衡问题的特点。

由式（6-44）与塑性区外边界条件，可得：

$$\left.\begin{array}{r}\sigma_r^\mathrm{e} \\ \sigma_\theta^\mathrm{e}\end{array}\right\} = p_0 \pm \frac{B}{r^2} \qquad (6\text{-}50)$$

由式（6-48）、式（6-50）和塑性内边界条件，解得 B，代入式（6-44），整理得弹性区应力：

$$\left.\begin{array}{c}\sigma_r^e\\\sigma_\theta^e\end{array}\right\} = p_0\left(1 \mp \frac{R_p^2}{r^2}\right) \pm c\cot\varphi\left[\left(\frac{R_p}{R_0}\right)^{\frac{2\sin\varphi}{1-\sin\varphi}} - 1\right]\frac{R_p^2}{r^2} \tag{6-51}$$

由式（6-49）、式（6-50）和弹、塑性边界关于 σ_θ 相等条件，得塑性区半径：

$$R_p = R_0\left[\frac{(\rho_0 + c\cot\varphi)(1-\sin\varphi)}{c\cot\varphi}\right]^{\frac{1-\sin\varphi}{2\sin\varphi}} \tag{6-52}$$

（5）结果：

1）弹性区应力：

$$\left.\begin{array}{c}\sigma_\theta^e\\\sigma_r^e\end{array}\right\} = p_0 \pm (c\cos\varphi + p_0\sin\varphi)\left[\frac{(p_0 + c\cot\varphi)(1-\sin\varphi)}{c\cot\varphi}\right]^{\frac{1-\sin\varphi}{\sin\varphi}}\left(\frac{R_0}{r}\right)^2 \tag{6-53}$$

2）塑性区应力：

$$\sigma_r^p = c\cot\varphi\left[\left(\frac{r}{R}\right)^{\frac{2\sin\varphi}{1-\sin\varphi}} - 1\right]$$

$$\sigma_\theta^p = c\cot\varphi\left[\frac{1+\sin\varphi}{1-\sin\varphi}\left(\frac{r}{R_0}\right)^{\frac{2\sin\varphi}{1-\sin\varphi}} - 1\right] \tag{6-54}$$

3）塑性区半径：

$$R_p = R_0\left[\frac{(p_0 + c\cot\varphi)(1-\sin\varphi)}{c\cot\varphi}\right]^{\frac{1-\sin\varphi}{2\sin\varphi}} \tag{6-55}$$

4）有支护反力情况下的塑性区应力和半径（图6-32）。若式（6-45）、式（6-46）联解后，改用塑性内边界有支护的边界条件来决定积分常数，则仿前可得有支护反力情况下的弹性区应力：

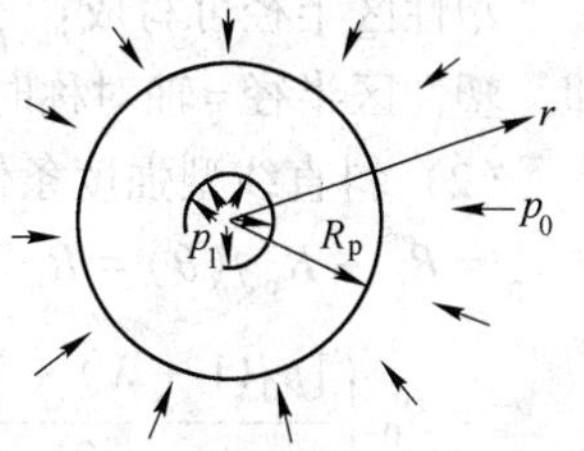

图 6-32 有支护反力情况下的塑性区应力和半径

$$\left.\begin{array}{c}\sigma_\theta\\\sigma_r\end{array}\right\} = p_0 \pm (c\cos\varphi + p_0\sin\varphi)$$

$$\left[\frac{(p_0 + c\cot\varphi)(1-\sin\varphi)}{p_1 + c\cot\varphi}\right]^{\frac{1-\sin\varphi}{\sin\varphi}}\left(\frac{R_0}{r}\right)^2 \tag{6-56}$$

塑性区应力：

$$\sigma_r^p = (p_1 + c\cot\varphi)\left(\frac{r}{R_0}\right)^{\frac{2\sin\varphi}{1-\sin\varphi}} - c\cot\varphi$$

$$\sigma_\theta^p = (p_1 + c\cot\varphi)\left(\frac{1+\sin\varphi}{1-\sin\varphi}\right)\left(\frac{r}{R_0}\right)^{\frac{2\sin\varphi}{1-\sin\varphi}} - c\cot\varphi \tag{6-57}$$

塑性区半径：

$$R_p = R_0\left[\frac{(p_0 + c\cot\varphi)(1-\sin\varphi)}{p_1 + c\cot\varphi}\right]^{\frac{1-\sin\varphi}{2\sin\varphi}} \tag{6-58}$$

或反力：

$$p_1 = (p_0 + c\cot\varphi)(1 - \sin\varphi)\left(\frac{R_0}{R_p}\right)^{\frac{2\sin\varphi}{1-\cos\varphi}} - c\cot\varphi \qquad (6\text{-}59)$$

式（6-58）或式（6-59）即为著名的卡斯特纳（H. Kastner, 1951）方程，或称修正芬纳（Fenner）方程。

（6）讨论：

1）R_p 与 R_0 成正比，与 p_0 成正变关系，与 c、φ、p_1 成反变关系。

2）塑性区内各点应力与原岩应力 p_0 无关，且其应力圆均与强度曲线相切（注意联立方程中有屈服条件，此为极限平衡问题特点之一）。

3）支护反力 $p_1 = 0$ 时，R_p 最大。

4）指数 $\dfrac{1 - \sin\varphi}{2\sin\varphi}$ 的物理意义，可近似理解为"拉压强度比"。

如图 6-33 所示，斜直线与横轴交点为莫尔圆点圆，代表三轴等拉抗压强度，即 $c\cot\varphi$；而单轴抗压强度 $\sigma_c = \dfrac{2c\cos\varphi}{1 - \sin\varphi}$；二者之比即为 $\dfrac{1 - \sin\varphi}{2\sin\varphi}$。

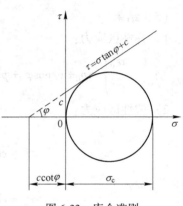

图 6-33 库仑准则

6.4.4.2 一般圆巷的弹塑性分析——鲁宾涅特方程

（1）计算原则。根据塑性区内各点应力与原岩应力无关的结论，同样可以从塑性区应力与弹性区应力相等的条件，获得一般圆巷问题的解。

塑性区半径可写成：
$$r_p = R_p + R_p f(\theta)$$

即，塑性区半径＝轴对称时的塑性区半径 R_p＋与 θ 有关的塑性区半径 $R_p f(\theta)$。

（2）斜直线型强度条件塑性区半径计算公式：

$$r_p = R_p + R_p f(\theta) = R_p\{1 + f(\theta)\}$$

$$= R_0\left\{\frac{[p_0(1+\lambda) + 2c\cot\varphi](1 - \sin\varphi)}{2p_1 + 2c\cot\varphi}\right\}^{\frac{1-\sin\varphi}{2\sin\varphi}}\left\{1 + \frac{p_0(1-\lambda)(1 - \sin\varphi)\cos2\theta}{[p_0(1+\lambda) + 2c\cot\varphi]\sin\varphi}\right\}$$

$$(6\text{-}60)$$

（3）讨论：

$\lambda = 1$ 时，$r_p = R_p$，式（6-60）为同轴对称卡氏公式。

在 $\lambda < 1$ 条件下，$\theta = 0°$ 时的 r_p 最大，有 $r_p > R_p$；$\theta = 45°$ 时，$r_p = R_p$；$\theta = 90°$ 时，r_p 最小，$r_p < R_p$。

6.4.4.3 轴对称圆巷弹塑性位移

井巷围岩的弹塑性位移量级较大，通常以厘米计，是支护应解决的主要问题。

（1）基本假设。与上述轴对称弹塑性应力问题相同。符合一般理想塑性材料的体积应变为零的假设，不考虑剪胀效应。

（2）弹塑性边界位移。弹塑性边界的位移由弹性区的岩体变形引起。弹性区的变形可按外边界趋于无穷、内边界为 R_p 的厚壁圆筒处理。根据式（6-53），可写出弹塑性边界的位移式：

$$u_p = \frac{1+\nu}{E}R_p(p_0 - \sigma_{r(p)}) \qquad (6-61)$$

式中，$\sigma_{r(p)}$ 即弹塑性边界上的径向应力，可用式（6-54）并使 $r=R_p$ 代入即可。也可以注意到在弹塑性边界上有：$\sigma_r^e + \sigma_\theta^e = \sigma_r^p + \sigma_\theta^p = 2p_0$，且两个应力满足强度条件，即：

$$\sigma_{\theta(p)} = \frac{1-\sin\varphi}{1+\sin\varphi}\sigma_{r(p)} + 2c\frac{\cos\varphi}{1-\sin\varphi}$$

所以，可得：

$$\sigma_{r(p)} = (1-\sin\varphi)p_0 - c\cos\varphi \qquad (6-62)$$

将式（6-62）代入式（6-61），即可得：

$$u_p = \frac{R_p}{2G}\sin\varphi(p_0 + c\cot\varphi) \qquad (6-63)$$

根据塑性区体积不变的假设（图6-34），有：

$$R_p^2 - (R_p - u_p)^2 = R_0^2 - (R_0 - u_0)^2 \qquad (6-64)$$

于是，有 $u_0 = (R_p/R_0)u_p$，从而可以得到巷道周边的位移公式：

$$u_0 = \frac{\sin\varphi}{2GR_0}(p_0 + c\cot\varphi)R_p^2 \qquad (6-65)$$

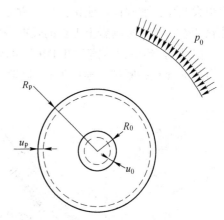

图6-34 塑性区体积不变假设条件下
的轴对称圆巷周边位移

式中，$G = \dfrac{E}{2(1+\nu)}$。

巷道围岩弹塑性位移也可通过塑性力学中弹塑性小变形理论获得。因为假设条件是一样的，所以结论也相同。

6.4.4.4 一般圆巷的弹塑性位移

一般圆巷弹塑性位移计算通式为：

$$u = \frac{1}{4Gr}[R_p^2 + (1-\lambda)R_p f(\theta)] \times$$

$$\left\{\sin\varphi[p_0(1+\lambda) + 2c\cot\varphi] \times \left[1 + \frac{(1-\lambda)\sin\varphi}{R_p(1-\sin\varphi)}f(\theta)\right] - p_0(1-\lambda)\cos2\theta\right\}$$

$$(6-66)$$

式中：

$$R_p = R_0\left\{\frac{[p_0(1+\lambda) + 2c\cot\varphi](1-\sin\varphi)}{2p_1 + 2c\cot\varphi}\right\}^{\frac{1-\sin\varphi}{2\sin\varphi}}$$

$$f(\theta) = \frac{2R_p(1-\sin\varphi)p_0}{[p_0(1+\lambda) + 2c\cot\varphi]\sin\varphi}\cos2\theta$$

原岩应力各向等压时 $\lambda = 1$，代入式（6-66）中，即得轴对称巷道周边弹塑性位移计算公式。

塑性区的形状和范围是确定加固方案、锚杆布置和松散地压的主要依据。弹塑性位移是设计巷道断面尺寸、确立变形地压的主要依据。

6.4.5　地下工程多场耦合（THMC）作用分析

岩石的多场耦合过程研究已经成为国际岩石力学领域最前沿的课题之一。近年来，随着深部地下空间、地下资源（深埋隧洞、深部采矿、石油开采、核废料的处理、盐岩开采等）的开发和利用，对温度、应力、渗流、化学等耦合作用的研究日趋深入。

深部岩石处在高地应力、高地温、高渗透水压力以及复杂的水化学环境之中，一方面裂隙岩体受地热、化学溶液，尤其是水化学溶液侵蚀作用后，其物理、化学、力学性质发生很大变异，加剧损伤演化；另一方面，水溶液通过溶蚀岩体而将溶蚀物质带走，使岩体性状变差，严重影响岩土工程的长期稳定性。

温度-渗流-应力-化学（THMC）的耦合作用主要有热传输过程、流体流动过程、介质应力变形（包括断裂、损伤等）、化学反应等四个过程（图6-35）。

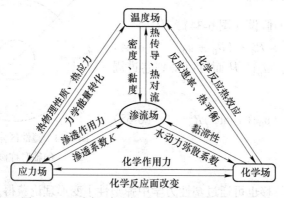

图 6-35　温度场-渗流场-应力场-化学场耦合机理

目前多场耦合研究主要集中在耦合作用下裂隙岩石变形力学特性机制研究、力学本构关系和耦合模型的建立上。

6.4.5.1　THMC 的实验研究进展

由于 THMC 耦合过程非常复杂，因此近年来国内外学者一直在对岩石耦合实验进行不懈的探索。

盛金昌等（2017）为研究复杂环境下（高应力、高水压、高温、水化学等）岩石渗透特性演化规律，自行研制了渗流-温度-应力-化学多因素耦合作用下岩石渗透特性实验系统。该系统在应力加载系统、渗透压控制系统的基础上扩充了控温系统和化学溶液自配系统，轴向荷载最大可加到 1500kN，可进行高应力（30MPa）、高水压（30MPa）、高温（150℃）和低温（-20℃）、化学（酸性或碱性环境）等条件下岩石试件的渗透特性测试研究，并可进行岩石变形和渗透、应力耦合的全过程实验研究，是在原有岩石应力-渗流耦合实验设备基础上进一步增加了可直接加载的温度场和与渗流场结合的化学环境对岩石渗流特性的影响而发展的一套全新设备，该系统的示意图及系统关系图如图 6-36、图 6-37所示。

冯夏庭等（2005）利用自行研制的应力-水流-化学耦合下岩石破裂全过程的细观力学试验系统，对不同化学溶液腐蚀的多裂纹灰岩试件进行了应力-水流-化学耦合下岩石破裂全过程的显微与宏观实时监测、控制、记录与分析的岩石力学试验。此外，冯夏庭等

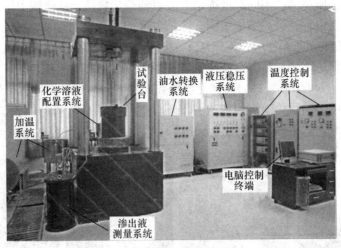

图 6-36 THMC 实验装置

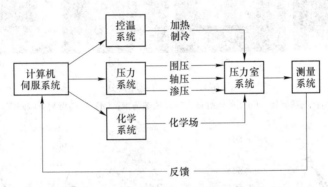

图 6-37 实验系统各子系统之间的关系

（2008）还以典型地下实验室的试验为基础，对结晶岩开挖损伤区的 THMC 耦合进行了研究，分析了结晶岩开挖损伤区温度-水流-应力-化学耦合作用行为，建立了弹性、弹塑性、黏弹塑性的 THMC 分析模型，开发了高效的数值分析软件系统。

霍润科等（2007）采用酸性环境下的加速试验，研究了钙质胶结砂岩受酸腐蚀后在不同时段单轴压缩应力作用下表现出来的力学特性。不同 pH 值的盐酸溶液对岩石产生的力学效应如图 6-38 所示。受盐酸腐蚀后的砂岩在单轴压缩应力作用下，均属柔性断裂破坏，裂纹扩展方向几乎与荷载方向平行，最后以中部膨胀形式发生张裂破坏。

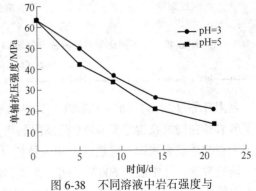

图 6-38 不同溶液中岩石强度与
侵蚀时间的关系曲线

李哲等（2018）选取四川黄砂岩为岩样，通过单轴压缩试验，研究砂岩在不同化学溶液（HCl 溶液、NaOH 溶液、水溶液）中浸泡后经高温、冻融循环后的力学特性，分析不同性质溶液浸泡后砂岩的应力-应变关系、峰值应力、峰值应变、弹性模量等物理力学特性在经历不同高温、不同最低冻结温度后的变化规律，从微观力学和化学机理的角度探究砂岩的损伤机理。试验结果表明，冻结温度的降低会对砂岩造成一定的损伤劣化；-40℃以后，砂岩表面孔洞和坑蚀逐渐增多，损伤劣化程度逐渐增大，HCl溶液对冻融损伤劣化有一定的促进作用。高温会使得砂岩表观形态发生改变，延性逐渐提高，其破坏形态如图6-39所示；600℃时，砂岩的弹性模量和峰值应力达到最大，然后随温度的提高而降低，实验结果中经不同化学溶液浸泡并经不同温度作用后砂岩的单轴应力-应变曲线如图6-40所示。

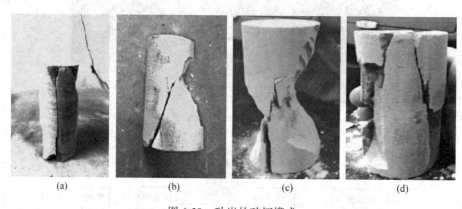

图6-39   砂岩的破坏模式
（a）柱状劈裂；（b）剪切滑移；（c）两端圆锥；（d）上端劈裂下端圆锥

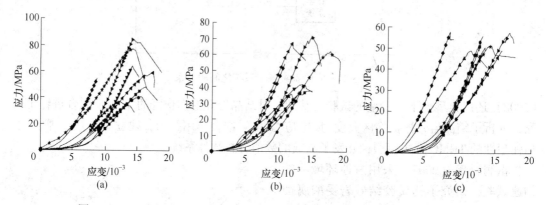

图6-40   经不同化学溶液浸泡并经不同温度作用后砂岩的单轴应力-应变曲线
（a）HCl；（b）NaOH；（c）H_2O

■—-30℃；●—-40℃；▲—-50℃；▼—20℃；◆—200℃；◀—400℃；——600℃；★—800℃

赵阳升等（2010）利用"600℃、20MN伺服控制高温高压岩体三轴试验机系统"进行了砂岩和花岗岩在常温至600℃范围内的声发射特征和渗透性演化规律的试验研究，揭示了岩石的热破裂规律与渗透性的相关特征（图6-41）。

研究发现：在常温到600℃区间，花岗岩和砂岩受热破裂存在一个清晰的门槛值，从声发射特征来看，河南永城长石细砂岩的门槛值约为170℃，山东鲁灰花岗岩的热破裂门槛值约为65℃，这与H. F. Wang等的结论是一致的。岩石在加热过程中，门槛值之后，其热破裂呈间断性与多期性变化特征，在常温到600℃的温度区间，一般存在2个以上峰值区间，非单调增加，也非单调减少，此规律由岩石磨片的裂纹数量变化规律、磨片加热

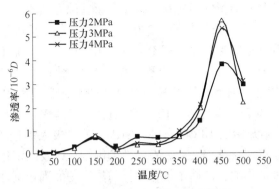

图 6-41　试样渗透率随温度变化曲线

的声发射规律、高温高压三轴试验的宏观渗透性规律和声发射特征清楚证实。伴随着温度的升高，以及岩石一个一个峰值破裂段的发生，岩石的渗透率也呈现出同步的多个峰值段，在 600℃ 之前至少 2 个以上峰值段。在渗透率峰值段之间，伴随着声发射平静期滞后出现渗透率相对降低区，但渗透率仍然维持在一个较高水平，而且随着声发射剧烈期的出现次数增多渗透率越来越大。

黄润秋和徐德敏等（2008）为提高对低渗透岩的测试精度，缩短渗透性测试时间，研究岩石（体）高孔隙水压力条件下的渗透、力学特性及其破坏机制，开发研制了一套岩石高压渗透试验装置。该试验装置解决了高孔隙水压、小水力梯度条件下的各种渗透性、高渗压下力学性质试验研究技术难关。

方振（2010）通过室内耦合条件下岩石抗压、抗拉、劈裂实验，研究了不同温度、不同浓度化学溶液腐蚀下岩石强度的变化。从化学动力学角度出发，研究了岩石在温度-应力-化学耦合作用下的损伤演化，提出了岩石损伤本构模型。

苗胜军等（2016）基于自然干燥状态以及不同流速、不同 pH 值的水化学溶液侵蚀作用，进行了一系列单轴压缩、三轴压缩及劈裂实验，对比分析了酸性水化学环境下花岗岩的强度损伤、变形特征及力学参数响应机制。

6.4.5.2　THMC 的理论研究

1969 年，随着多相饱和渗流与孔隙介质耦合作用下的理论模型的发展，在连续介质力学的系统框架内，建立了 Euler 型多相流体和变形孔隙介质耦合作用下的理论模型。目前耦合研究已从渗流-应力耦合（HM）发展到温度-渗流-应力-化学耦合（THMC），涵盖了温度场、渗流场、应力场、化学场、损伤场等的分布规律、作用机理及其时间效应。建立 THMC 耦合本构关系，拓展多物理场耦合数值模拟技术是各国研究者的目标，其中较为典型的项目有欧美国家联合进行的 DECVOVALEX 项目、加拿大 URL 原位试验项目，以及美国 Yucca Mountain 项目等。

THMC 包括多种形式：

（1）与温度场的耦合。随着深部工程的增多，有温度场参与的地下水渗流场、围岩应力场耦合效应逐渐增多。研究工作包括：采用连续介质理论建立了任一场受其他两场影响的数学模型，并采用迭代法为三场耦合提供了理论基础；将 BB 模型和 Oda 裂隙张量理论应用于裂隙岩体三场耦合计算中，并研制二维有限元程序讨论裂隙的存在对耦合的影响；根据静力平衡、质量及能量守恒定律，运用双重孔隙介质模型理论推导了高低温条件下的热–水–力耦合控制方程。张强林等（2007）根据岩体三场耦合的机理分析，从线性动量守恒、质量守恒和能量守恒出发，理论上推导出以位移、孔隙压力和温度为未知量的 THM 耦合控制方程组，包括岩块变形场方程、地下水连续性方程和水、岩能量守恒方程。

（2）与化学场的耦合。地下岩体通常处在复杂的水化学环境中，因此水岩相互作用及渗流作用下的溶质运移不容忽视。近 10 年来在传统 THM 耦合的基础上，又增加了化学场的作用。其中 2003 年开始的 DECOVALEX-THMC 项目极大促进了化学场的研究工作。化学场的耦合难点在于确定化学溶液对岩石参数的影响，以及确定化学场作用下矿物的搬运堆积对有效裂隙宽度的影响，从而了解化学场与渗流场的耦合机理。

近 10 年不少学者对渗流场-应力场-化学场耦合效应进行理论研究，建立了压力溶解、表面溶解及溶质运移控制方程，从而得出了渗流应力化学耦合作用下的数学模型。

（3）与损伤场的耦合。裂隙岩体含有大量缺陷，不但改变了岩体的力学性质，而且也影响其渗流特性。渗流场与应力场相互作用的同时，岩体损伤场也在发生变化。通过引入断裂力学理论，建立了三场耦合下的损伤本构模型，对渗流-损伤-断裂耦合模型进行了理论分析和工程应用。

Lyakhovsky 等（2014）建立了裂隙岩体损伤模型，该力学模型是 Biot 孔隙弹性理论与损伤流变模型的结合。据此模型，其对高孔隙岩石的裂纹和渗流演化规律进行了分析。赵延林等（2010）从岩体结构力学及细观损伤力学的角度，通过裂隙发育与工程尺度的关系，建立了裂隙岩体渗流-损伤-断裂耦合模型，并开发出了裂隙岩体渗流-损伤-断裂耦合分析的三维有限元程序。

6.4.5.3　THMC 的数值模拟研究

20 世纪 80 年代，Noorishad 等建立了一个完全耦合模型，并据此开发出有限元计算机代码 ROCMAS。Bower 和 Zyvoloski（1997）在 FEHM 基础上开发代码，加入力学耦合及双重孔隙模型，通过 Newton-Raphson 迭代模拟分析含热源裂隙含水层中的 THM 耦合问题。Rutqvist 等（2002）将 TOUGH2 和 FLAC3D 两个计算代码搭接起来，模拟孔隙岩石中的多相渗流、热传导及变形问题。W. Obeid 等（2001）建立了非饱和多孔介质 THM 耦合模型，采用 Galerkin 方法建立了耦合问题的有限元方程。

目前较为成熟的数值分析方法及软件大都是基于连续介质理论的，对描述岩体裂缝扩展行为较为困难。随着新数值方法，如 DDA、混合有限元离散元、流形元等非连续方法的出现和发展，裂隙的起裂扩展行为逐渐可以实现。运用基于移动最小二乘法的无网格法可以模拟渗流应力耦合下的裂缝的扩展过程。

刘泉声等（2014）详细论述了多场耦合作用下裂隙演化存在的问题，分析了数值流形方法在多场耦合模拟中的优点。赵瑜等（2016）基于岩石硬化-软化全剪切本构关系，结合最小势能原理，建立了压剪条件下考虑裂缝剪胀效应的流固耦合模型，并与试验数据对比验证了模型的准确性和适用性。岩体裂隙的随机性、非均质各向异性等复杂特征使得渗流场的三维刻画非常困难，对于渗流应力耦合的理论和数值研究则较二维情况少。20 世纪 90 年代的研究大多是通过条件简化建立三维情况下的耦合模型，而后采用自编有限元方法对模型加以验证。

目前可以研究 THMC 耦合效应的软件主要有 TOUGHREACT、FLAC3D 和 COMSOL。

Hou 等（2012）将 TOUGHREACT 与 FLAC3D 结合起来开发了 THMC 耦合软件，可以反映热刺激、水力压裂、化学刺激下裂隙渗透率的影响。COMSOL 为一款通用的工程仿真软件平台，通过在一个模块中添加其余模块的因变量，实现各个模块间的任意耦合。数学方程模块允许用户自定义偏微分方程以及方程弱形式，给了用户建模与求解方面极大的自主性。Nardi（2014）通过搭接 COMSOL 和 PHREEQC 的方法实现 THMC 耦合模拟，并对程序进行了并行化处理。Nasir（2014）利用 MATLAB 对 COMSOL 与 PHREEQC 程序进行了搭接，其中 COMSOL 计算固流热耦合与溶质运移部分，PHREEQC 计算化学反应部分。

盛金昌（2012）分析了多物理场作用下裂隙掩体表面溶解和压力溶解机理，通过 COMSOL 自定义渗流-应力-化学耦合作用的偏微分方程组，模拟了单裂隙渗流的 THC 耦合过程。王永岩等（2012）描述了所建立的连续介质温度场-应力场-化学场三场耦合控制方程，使用有限元程序对地下 1500m 的深部软岩巷道蠕变规律进行了温度场、应力场和化学场三场耦合过程的三维数值模拟，分析了温度场、应力场和化学场对深部软岩巷道蠕变规律的影响。结果表明，温度场的存在影响应力场，温度产生热应力使得应力场的应力发生变化，化学腐蚀也使得围岩材料组分发生化学溶蚀，使其力学性质改变，从而改变应力场，进而改变蠕变变形。但就影响程度来看，应力场影响最大，温度场和化学场次之。深部软岩产生大应变，主要来源是蠕变，占总应变的 70% 以上，弹性应变和热应变次之。

辛林等（2018）为了研究煤炭地下气化覆岩在热固耦合条件下温度、应力以及塑性区分布演化规律，采用 COMSOL 软件在单向加热和轴向约束条件下对岩石进行了热固耦合数值模拟，得到了温度场、应力场、位移场以及体积应变（图 6-42）和塑性区分布规律：岩石在单向受热和约束状态下，沿高度方向表现出较为明显的温度分布，尤其是初始阶段，边界温度高，而热传导距离小，温度梯度较大。由于高温温度场的存在，第一主应力主要集中在试件下端面附近，在下端面及附近圆周表面为受拉区，而在下端面之上砂岩内部为受压区。由于砂岩杨氏模量随温度增加基本呈线性降低，虽然应变显著增加，但总体应力略微降低。采用 Drucker-Prager 屈服准则研究砂岩在加热过程中的塑性屈服范围，塑性区主要集中在下端面高温区，同时存在下端面之上的扁平状孤岛塑性区。采用 Von-Mises 准则对塑性区分布进行对比分析，得出 Von-Mises 应力分布曲线与塑性区分布边界相吻合，在不同时刻，在塑性区边界处 Von-Mises 应力约为 30MPa。得到了试件高度方向上位移分布规律，砂岩试件上表面最大位移为 3.4mm，根据设定的弹性基础边界条件，得到轴向热应力约为 2.72MPa。

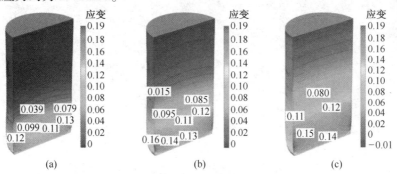

图 6-42　不同时刻砂岩内体积应变分布

（a）$t=10$min；（b）$t=30$min；（c）$t=60$min

　　此外，考虑地震作用、卸荷作用、岩体非均质性、非饱和等的多场耦合研究也已有开展。

　　从研究情况来看，对于温度场、渗流场、应力场的相互影响机理及影响大小仍需进一步研究。在耦合机理的试验验证上，国外已进行了几个大范围的长期的现场试验以及较多的室内相关试验，而国内在试验方面比较欠缺，虽然提出了一些理论模型，但大多未经试验验证，而试验采用小样本也缺乏代表性。在模型计算方面，国外已经开发出了几个可以用于耦合计算的大型软件，但国内尚没有类似软件出现。因此，对 THMC 的研究应从以下方面进行开展：水化学作用对完整岩石和节理/裂隙力学和渗透性质的影响机制、不同尺度的试验及定量关系；可靠、有效的数学力学模型（考虑耦合机制的细－宏观模型和基于试验的唯象模型）及相应的大型数值分析手段；构造面的定量表征方法和等效重构数学模型；岩体 TMHC 耦合过程的时间效应数学模型与长期形态的试验验证；耦合模型中参数不确定性的表征方法及其在数值模拟过程中的演化和对所研究问题最终结论的影响。

参 考 文 献

[1] 蔡美峰. 岩石力学与工程 [M]. 2 版. 北京：科学出版社，2017.

[2] 徐干成，白洪才，郑颖人，等. 地下工程支护结构 [M]. 北京：中国水利水电出版社，2008.

[3] 郑颖人，朱合华，方正昌，等. 地下工程围岩稳定分析与设计理论 [M]. 北京：人民交通出版社，2012.

[4] 高谦，施建俊，李远，等. 地下工程系统分析与设计 [M]. 北京：中国建材工业出版社，2011.

[5] Tsang C F, Stephansson O, Jing L, et al. DECOVALEX Project：from 1992 to 2007 [J]. Environmental Geology, 2009, 57（6）：1221~1237.

7 地下工程围岩稳定性的维护

7.1 现代支护设计原理

随着岩石力学的发展和锚喷支护的应用，逐渐形成了以岩石力学理论为基础的支护与围岩共同作用的现代支护设计原理。应用这一原理能充分发挥围岩的自承力，从而获得极大经济效果。归纳起来，现代支护设计原理包含如下内容：

（1）现代支护设计原理是建立在围岩与支护共同作用的基础上，即把围岩与支护看成是由两种材料组成的复合体。传统支护设计观点认为围岩只产生荷载而不能承载，支护只是被动地承受已知荷载而起不到稳定围岩和改变围岩压力的作用。

（2）充分发挥围岩自承能力是现代支护设计原理的一个基本观点，并由此降低围岩压力，以改善支护的受力性能。

发挥围岩的自承能力，一方面不能让围岩进入松动状态，以保持围岩的自承力；另一方面，允许围岩进入一定程度的塑性，以使围岩自承力得以最大限度的发挥。当围岩洞壁位移接近允许位移值时，围岩压力就达到最小值。围岩刚进入塑性时能发挥最大自承力，这一点可由图 7-1 加以说明。无论是岩石的应力-应变曲线还是岩体节理面的摩擦力与位移的关系曲线都具有同样的规律，即起初随着应变或位移的增大，岩石或岩体的强度逐渐获得发挥，而进入塑性后，又随着应变或位移的增大，强度逐渐丧失。可见，围岩刚进入塑性时，发挥的自承力最大。

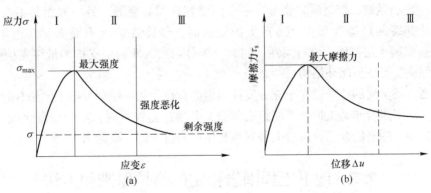

图 7-1 岩石应力-应变曲线和摩擦力-位移曲线

（a）岩体单轴压缩实验的应力-应变曲线；（b）岩体节理面位移与摩擦力的关系

Ⅰ—弹性区；Ⅱ—弹性下降区；Ⅲ—松动区

（3）现代支护原理的另一个支护原则是尽量发挥支护材料本身的承载力。采用柔性薄型支护、分次支护或封闭支护，以及深入到围岩内部进行加固的锚杆支护，都具有充分发挥材料承载力的效用。研究表明，双层混凝土支护比同厚度单层支护承载力高，一般能提高 20%～30%。所以，分次喷层方法，也能起到提高承载力的作用。

（4）根据地下工程的特点和当前技术水平，现代支护原理主张凭借现场监测手段指导设计和施工，并由此确定最佳的支护结构形式、参数和最佳的施工方法与施工时机。因此，现场监控量测和现场监控设计是现代支护原理中的一项重要内容。

（5）现代支护原理要求按岩体的不同性质、力学特性，选用不同的支护方式、力学模型和相应的计算方法以及不同的施工方法。如稳定地层、松散软弱地层、塑性流变地层、膨胀地层等，都应当采用不同的设计原则和施工方法。而对于作用在支护结构上的变形地压、松动地压及不稳定块体的荷载等，亦都应当采用不同的计算方法。

目前广泛应用于地下工程的新奥法就是现代支护理论的实际应用和体现。新奥法发明于 20 世纪 50 年代、60 年代迅速发展。新奥法的名称是其发明者奥地利学者拉布希兹教授为了有别于奥地利老隧道施工方法而取名的。新奥法的核心内容就是适时支护、充分利用围岩承载。

新奥法不用厚壁混凝土衬砌的传统支护方法，而是采用喷混凝土和锚杆技术将隧道支护分次构筑。新奥法虽然利用了喷锚技术，但并不等于一般的喷锚技术，因为新奥法利用锚杆使围岩的整体性及时加强，使围岩抗弯、抗剪强度得到提高，待围岩产生了一定的变形、应力得到一定调整后，在适当时机给予围岩锚喷支护，即所谓初期支护。初期支护既有一定强度又有一定柔性，有利于围岩构成承载环，使围岩自稳时间得以延长，又使围岩应力释放得以控制。围岩在自稳时间内所释放的内力不再需要二次衬砌混凝土承担，而由围岩和初期支护共同承担，从而减轻了衬砌的负荷，减薄了钢筋混凝土衬砌断面的厚度。待初期支护完毕，围岩变形稳定后，再立模浇注混凝土构成二次衬砌支护，二次衬砌在无压地下硐室中的作用是安全储备、防水防渗和美观。

新奥法必须遵循的原则如下：（1）围岩是隧洞承载体系的重要组成部分；（2）尽可能保护岩体的原有强度；（3）力求防止岩体松动，避免岩石出现单轴和双轴应力状态；（4）通过现场量测，控制围岩变形，一方面要容许围岩变形，另一方面又不容许围岩出现过大的有害的松动变形；（5）支护要适时，最终支护既不要太早，也不要太晚；（6）喷射混凝土层要薄，要有柔性；（7）支护分两次，即初期支护和最终支护；（8）及时设置仰拱，形成封闭环结构。

总之，新奥法的特征就在于充分发挥围岩的自承作用，喷射混凝土、锚杆起加固围岩的作用。把围岩看作是支护的重要组成部分，并通过监控量测，实行信息化设计和施工，有控制地调节围岩的变形，以最大限度地利用围岩自身的承载能力。

7.2　地下工程围岩稳定的维护原则和方法

7.2.1　维护地下工程稳定的基本原则

当围岩压力大，围岩不能自稳时，就需借助支护和围岩加固手段控制围岩，维护地下工程的稳定，实现安全施工，并满足在服务年限里的运行和使用要求。

地下工程稳定涉及的因素较多，尤其在地质条件复杂的区域。因此在地下工程的设计与施工中，要根据地下工程稳定的基本原则，充分利用有利条件，采取合理措施，在保证经济的原则下，实现工程稳定。充分发挥围岩的自承能力，是实现岩石地下工程稳定的最经济，也是最可靠的方法。所以岩体内的应力及其强度是决定围岩稳定的首要因素；当岩体应力超过强度而设置支护时，支护应力与支护强度便成了地下岩石工程稳定的决定性因素。因此，维护岩石地下工程稳定的出发点和基本原则，就是合理解决这两对矛盾。

维护地下工程稳定的基本原则如下：

（1）合理利用和充分发挥岩体强度。地下的地质条件相当复杂，软岩的强度可以在5MPa 以下，而硬岩石可达 300MPa 以上。即使在同一个岩层中，岩性的好坏也会相差很大，其强度甚至可以相差 10 余倍。岩石性质的好坏，是影响稳定最根本、最重要的因素。因此，应在充分比较施工和维护稳定两方面经济合理性的基础上，尽量将工程位置设计在岩性好的岩层中。

其次，要避免岩石强度的损坏。工程经验表明，在同一岩层中，机械掘进的巷道寿命往往要比爆破施工长得多，这是因为爆破施工损坏了岩石的原有强度。资料表明，不同爆破方法可以降低岩石基本质量指标 10%~34%，围岩的破裂范围可以达到巷道半径 33%之多。同时，被水软化的岩石强度常常会降低 1/5 以上，有时甚至完全被水崩裂潮解。特别是一些含蒙脱石等成分的泥质岩石，还有遇水膨胀等问题。因此，施工中要特别注意加强防、排水工作。采用喷混凝土的方法封闭岩石，防止其软化、风化，也是维护巷道稳定的有效措施。

此外，应充分发挥岩体的承载能力。通过围岩与支护共同作用原理的分析已经清楚，围岩在地下岩石工程稳定中起到举足轻重的作用。因此，在围岩承载能力的范围内，适当的围岩变形可以增加围岩的内应力，使其更多地承受地压作用，减少支护的强度和刚度要求。这对实现工程稳定及其经济性有双利的效果。

当岩体质量较差时，可以采用喷、锚、网等技术来加固岩体，提高岩体强度及其承载能力。岩体结构面、破碎带等结构破坏的影响往往是其强度被削弱的主要原因。因此，采用加固岩体的锚喷支护、注浆等经济的方法，可能会收到意想不到的效果。

（2）改善围岩的应力条件。

首先，应选择合理的隧（巷）道断面形状和尺寸。岩石怕拉耐压，岩石的应力状态也影响岩石的强度大小。因此，确定巷道的断面形状应尽量使围岩均匀受压。如果不易实现，也应尽量不使围岩出现拉应力，使隧（巷）道的高径比和地应力场（侧压力大小）匹配，这就是前面讨论等压轴比和零应力轴比的意义。当然，也应注意避免围岩出现过高的应力集中，造成超过强度的破坏。

其次，选择合理的位置和方向。岩石工程的位置应选择在避免受构造应力影响的地方；如果无法避免，则应尽量弄清楚构造应力的大小、方向等情况。国外特别强调使隧（巷）道轴线方向和最大主应力一致，尤其要避免与之正交。实践还表明，顺层巷道的围岩稳定性往往较穿层巷道差。支护应特别注意这种地压的不均匀性。

近几年，国内外开展了"卸压"支护方法研究，在一些应力集中的区域，通过钻孔或爆破，甚至专门开挖卸压硐室，改变围岩应力的不利分布，也可以避免高应力向不利部位（如巷道底角）传递。所以，"卸压"方法常作为解决煤矿采区巷道底鼓的一种有效措施。

此外，注浆加固地层也是一种改善围岩应力条件的途径。常用的方法有小导管注浆（图7-2）、长管棚、深孔注浆等。一般情况下多采用小导管注浆，当小导管注浆不能满足开挖安全和建保护（构）筑物时，往往增加长管棚，或有堵水要求时采用深孔注浆。目前，冻结法也经常用来加固软弱含水地层。冻结法是基于人工制冷技术，利用在冻结孔中的循环低温盐水，使地层中的水结冰，将松散含水岩土变成人工冻土，增加其强度和稳定性的方法。人工冻土在要开挖体周围形成封闭的连续冻土帷幕，抵抗土压、水压并隔绝地下水与开挖体之间的联系。该法实现了在冻结壁的保护下，进行掘砌作业。

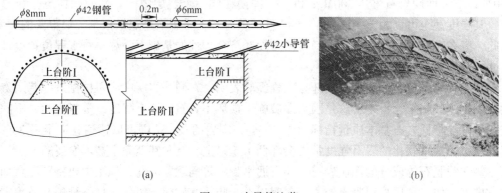

图 7-2　小导管注浆

（a）正面图与剖面图；（b）施工实物图

（3）合理支护。合理的支护包括支护的形式、支护刚度、支护时间、支护受力情况的合理性以及支护的经济性。支护应该是巷道稳定的加强性措施。因此，支护参数的选择仍应着眼于充分改善围岩应力状态，调动围岩的自承能力和考虑支护与岩体的相互作用的影响；在此基础上，注意提高支护的能力和效率。例如，锚杆支护能起到意想不到的效果，就因为它是一种可以在内部加固岩体的支护形式，它有利于岩石强度的充分发挥。另外，当地压可能超过支护构件能力时，使支护具有一定的可缩性，也是利用围岩支护共同作用原理来实现围岩稳定并保证支护不被损坏的经济有效方法。

支护设计应充分考虑混凝土受压性能好、钢筋混凝土能承受较高的抗弯性能的特点，扬长避短。设计支护构件还应考虑构件之间的强度、稳定性和寿命等方面的匹配，尽量实现经济上的合理性。

支护与围岩间的应力传递好坏，对支护发挥支护自身能力的大小及其稳定围岩的作用大小起到重要的影响。当荷载不均匀地集中作用在支护个别地方时，会造成支护在未达到其承载能力之前（有时甚至还不到其1/10）出现局部破坏而整体失稳的情况；另外，支护与围岩间总存在有间隙（有时可达半米之多），这种间隙不仅使构件受力不均匀，延缓支护对围岩的作用，还会恶化围岩的受力状态。所以，应采取有效措施（如注浆、充填等）实现支护与围岩间的密实接触，从而实现围岩压力均匀传递。

（4）强调监测和信息反馈。由于巷道地质条件复杂并且难以完全预知，岩体的力学性质具有许多不确定性因素，因此，岩石地下工程施工引起的岩体效应就不能像"白箱"那样操作，轻易获得一个确定性的结果。所以，通过围岩在施工中的反响，来判断其"黑箱"中的有关内容和推测以后可能出现的变化规律，就成为控制巷道稳定最现实的方法。目前国内外普遍强调监测和信息反馈技术，通过施工过程和后期的监测，结合数学和力学的现代理论，获得预测的结果或者可用于指导设计和施工的一些重要结论。例如，国际流行的"新奥法"支护技术的一项重要措施，就是监测与反馈。

7.2.2　地下工程围岩稳定性的维护方法

常用的维护地下工程围岩稳定性的方法有岩体加固与支护两种方式。

7.2.2.1　岩体加固和支护的基本特性

岩体加固是将加固材料插入岩体内部，支护是将支护材料布置于开挖面附近。岩体加固和支护的分类和基本原理如图7-3和图7-4所示。

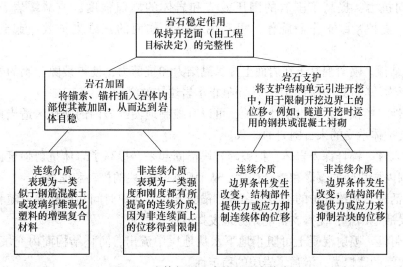

图7-3　岩体加固和支护的基本分类

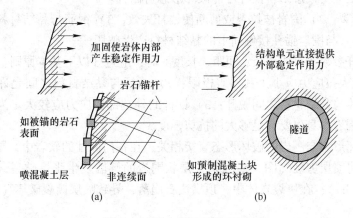

图7-4　岩体加固和支护原理

（a）岩体加固原理；（b）岩体支护原理

7.2.2.2　维护地下工程围岩稳定的结构形式

目前地下工程常用的改善围岩稳定性的工程措施有衬砌支护和喷锚支护两类。

（1）衬砌支护。包括支撑（钢支撑、木支撑等）、衬砌（素混凝土衬砌、钢筋混凝土初砌、钢板初砌和预应力初砌等）。其中支撑是在硐室开挖过程中，用以稳定围岩的暂时性工程措施。在水工压力隧洞中，二次衬砌和初期喷锚支护联合承载，二次素混凝土或钢筋混凝土初砌主要承受内水和外水压力作用；在地铁和公路隧道等无压隧洞中，二次初砌主要起防渗和安全储备的作用，初期喷锚网结构将承受主要外承载。

（2）喷锚支护。喷锚支护是近年来发展很快的一种稳定围岩的工程措施，它是锚杆与挂网喷混凝土的联合支护，即喷射混凝土、钢筋网和锚杆相结合的一种支护结构形式。喷锚支护的基本原理是把围岩本身作为承受荷载的结构体，加强和最大限度地利用围岩的强度和承载能力，充分发挥岩体的作用。喷锚支护主要特点如下：

1）及时性。锚喷支护在硐室开挖后，立即提供支护抗力，使得岩面上立即获得支护的径向抗力，提高了围岩的围压效应和岩体的峰值强度，或减缓岩石的应变软化。此外，支护紧跟工作面施作，可利用掌子工作面的三维支护效应起到临时的支撑作用。

2）黏结性。喷射混凝土在岩面上提供黏结力和抗剪力，使被裂隙分割的岩块联结起来，保持了岩块间咬合嵌固作用，从而阻止了岩块体的滑动。

3）柔性。喷锚支护提供柔性支护，可以有控制地使围岩内的塑性区适当地发展，从而能减少支护体承受的来自围岩的荷载。

4）深入性。锚杆深入岩体，把破碎岩块锚固起来，提高了岩体抗剪强度，保持了锚杆穿透范围内岩块间的镶嵌和咬合作用，从而限制了岩块的松动和崩落。

5）灵活性。喷锚支护的类型、参数、锚固方式、支护时间和步骤都可随着地层条件而改变，灵活地调整，使得支护能充分地发挥效应。

6）密封性。喷射混凝土可阻止地下水从地层中流出，防止结构面内充填物的流失，保持了岩块间的摩擦力，增强了岩层的稳定性。

根据大量工程实践总结，锚杆可能破坏形态有四种：

1）锚筋断裂；2）围岩被拉裂或剪断使锚杆失效；3）钢筋与黏结材料在接触面上产生黏结破坏；4）与围岩锚孔接触面上的黏结材料产生破坏。

在设计锚杆参数（锚杆直径、间距、长度）时，应遵守以下基本原则：

1）锚杆最大拉应力应小于其屈服极限；2）锚杆与黏结材料之间允许的剪应力应足够大，不使杆体与黏结材料之间脱开；3）锚杆的外端部剪应力应较大。为了不使锚杆与黏结体滑脱，围岩本身也要有足够大的抗剪强度。

喷层的破坏形态与围岩的破坏形态直接相关，在各向同性的软岩中，围岩在侧墙处发生剪切破坏，将喷层剪裂（图7-5（a））；层状围岩的侧墙发生张拉破裂，导致喷层发生张裂（图7-5（b））；在块裂岩体中，顶拱块石崩落，导致喷层撕裂破坏（图7-5（c））。

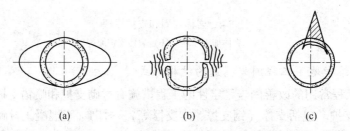

(a)　　　　　　　　(b)　　　　　　　　(c)

图 7-5　喷层的破坏形态示意图

7.2.3 地下工程设计方法与围岩−支护共同作用模式

7.2.3.1 地下工程设计方法

目前国内外采用的隧道及地下工程结构的设计方法主要有工程类比法、荷载-结构法、地层-结构法、信息反馈法、综合设计法和针对地震荷载的动力设计法。国际隧道协会收集和汇总了各国目前采用的地下结构设计方法，将目前采用的地下结构设计方法归纳为以下4种：

（1）工程类比法。工程类比法是参照过去工程实践经验进行工程类比设计的方法，分为直接类比和间接类比。1）直接类比法。就是基于拟建工程的类型、跨度、地质条件、使用要求以及运营环境与现有条件类似或相近的工程进行比较，由此给出相应的开挖支护工艺与参数。2）间接类比法。该法是以工程围岩分类作为类比的桥梁进行设计。

对地质条件简单、埋深较浅和跨度不大的普通地下工程的支护设计，例如矿山巷道和不受动荷载作用的小跨度隧道结构，常常是采用经验类比法直接选定结构的形式以及断面尺寸，并据以绘制结构施工图。

（2）收敛-约束法。收敛-约束法也称特征曲线法，是以现场量测的围岩收敛值和室内试验为主的实用设计方法。该法又称监控量测法。

（3）荷载-结构法或结构力学法。该法采用建筑结构的计算模型计算地下结构在荷载作用下的内力和位移，由此评价地下结构的稳定性，并作为调整与设计结构参数的依据。由于计算方法多采用结构力学，故称为结构力学法。这类方法包括弹性地基框架、弹性地基圆环（全部支承或部分支承）温克尔假定的链杆法等计算方法。

荷载-结构模式只适用于浅埋情况（图7-6）以及围岩塌落而出现松动压力的情况（图7-7）。

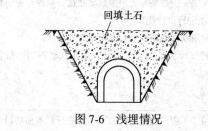

图 7-6 浅埋情况

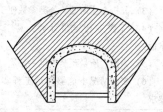

图 7-7 围岩塌落情况

按荷载不同，荷载-结构模式可细分成如下几种模式：

1）主动荷载模式（图7-8(a)）；

2）主动荷载+被动荷载模式（图7-8(b)）；

3）量测压力模式（图7-8(c)）。

前两种模式是考虑岩层重量作用在结构上，这种荷载通常是根据松散压力理论或经验确定的。

在没有抗力的土体中，采用第一种计算模式；一般情况下采用第二种计算模式。第二种模式考虑了结构与岩体的相互作用，局部体现了地下工程支护结构的受力特点。为了保证地层抗力的存在，应当使地层与结构之间保持紧密接触。第三种模式是反馈计算中的一种方法，即以现场实测获得的围岩压力作为荷载对支护结构进行计算，这种荷载已经反映

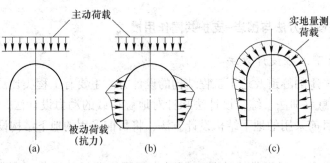

图 7-8 荷载-结构模式

了结构与围岩的共同作用。

（4）理论分析方法。理论分析方法通常是将岩土体介质视为具有黏、弹塑性的连续介质，并根据平衡方程、几何方程、物理方程建立地下结构的偏微分方程（组），求解该偏微分方程（组），使其满足边界条件，从而获得地下工程的应力和位移值。目前，理论分析包括解析法和数值分析法两种方法。解析法又分为封闭解法和近似解法两种。由于解析分析法求解能力有限，已逐步被数值分析方法所替代。数值分析法有有限元法、有限差分法、边界单元法以及求解不连续介质的离散单元法、DDA 和流形元法等。

上述各种方法的优缺点见表 7-1。

表 7-1 现行设计方法分析与比较

名称	优　点	缺　点
工程类比法	（1）以围岩分类为桥梁，设计借鉴已有的工程经验； （2）围岩分类综合考虑影响围岩的定性和定量因素； （3）分析方法简便、分类参数便于获取； （4）无需进行定量计算，易于实施和掌握； （5）为围岩质量预测提供一条途径； （6）多数情况下能够满足工程实用精度要求	（1）用于给定的跨度、洞形和埋深，不能具体反映不同因素变化对结构条件的影响； （2）不能反映支护类型与支护参数增减在安全性与经济性上的变化，不能进行设计优化； （3）不能利用既往的监控资料定量地改进设计； （4）用于较坚硬完整围岩偏保守，用于软弱围岩一般偏危险
监控量测法	（1）洞周围岩变形是隧道围岩整体稳定性最直接、最能反映本质和总体的宏观表现。用这种方法设计最接近实际； （2）给出围岩支护系统在锚喷支护末期洞周收敛的概略值； （3）围岩变形是支护效果的直观体现	（1）只能用于工程开挖施工阶段，不能进行开挖前的设计与分析； （2）只能用于特定监测工程条件，不能推广应用到尚未实施监测的多数地下工程； （3）对于隧道开挖后支护初期围岩稳定性判断准则，尚无定量判据
结构力学方法	（1）结构计算模型概念明确，并采用成熟的结构力学方法，计算结果可靠； （2）由此可以直接获得结构安全系数，满足传统设计要求； （3）对明挖回填及浅埋刚性支护地下结构，计算精度较高，其结果可满足设计要求的精度	（1）计算中的荷载基于一定的假设前提，对于深埋地下工程，其假设条件难以满足； （2）对于承受变形地压的结构，其计算难以考虑，其结果精度不高； （3）不能考虑结构与围岩的相互作用，对于锚喷支护以及深埋变形岩层不能采用

名称	优 点	缺 点
理论分析法	(1) 能够借助于计算模型，进行不同条件、不同受力环境以及不同开挖方法进行模拟，从而进行支护参数和断面形状优化； (2) 能够研究地下工程的围岩力学性质变化（弹塑性区位置与大小）以及应力分布； (3) 能够在工程施工前进行分析、研究和方案比较，在此仅作初步的工程地质勘查即可实施； (4) 能够研究地下工程的变形破坏机理、失稳条件以及影响因素	(1) 由于准确获取岩土体参数存在相当的困难，使计算结果目前还难以满足设计要求； (2) 目前，数值分析方法仅限于给出地下工程围岩的应力场、位移场以及弹塑性区的大小与位置，还不能直接给出用于安全评价的安全系数指标； (3) 理论分析尤其是数值分析不仅需要扎实的理论基础，也需要一定的工程经验，因此，对于设计者要求较高

7.2.3.2 围岩-支护共同作用模式

支架所受的压力及变形，来自于围岩在自身平衡过程中的变形或破裂而导致的对支架的作用。因此，围岩性态及其变化状态对支护的作用有重要影响；另一方面，支护以自己的刚度和强度抑制岩体变形和破裂的进一步发展，而这一过程同样也影响支护自身的受力。于是，围岩与支护形成一种共同体，共同体两方面的耦合作用和互为影响的情况称为围岩-支架共同作用（图 7-9）。这类模式的计算方法通常有数值法和解析法两类。

岩石地下工程的支护可能有两种极端情况：

一种情况，当岩体内应力达到峰值前，支护已经到位，岩体的进一步变形（包括其剪涨或扩容）破碎受支护阻挡，构成围岩与支护共同体，形成相互间的共同作用。如果支护有足够的刚度和强度，则共同体是稳定的；并且围岩和支护在双方力学特性的共同作用下形成岩体和支护内各自的应力应变状态。否则，共同体将失稳。

另一种极端情况是，当岩体内应力达到峰值时，支护未及时架设，甚至在岩体破裂充分发展后，支护仍未起作用，从而导致在隧（巷）道顶板或两帮形成冒落带，并出现危险部位的冒落或沿破裂面的滑落，此时的岩石工程将整体失稳；如这时有架设好的支护，则它将承受冒落岩体传递来的压力，而冒落的岩石还将承受其外部围岩传来的作用。

处在这两种极端情况之间的是，岩体应力到达强度峰值以后，岩体变形的发展在未完全破裂前，支护开始作用，这时，也可进入围岩-支护共同作用状态（图 7-10）。由于支护受到的只是剩余部分的变形作用，因此，此时支护所受到的作用要比第一种极端情况有利。

对于第一种极端情况，可以采用共同体共同作用的原理进一步分析。

对第二种情况，将归结到古典的和现代的"地压学说"上去。但如果岩体在地压与支护作用下，尽管已经发生破裂，但仍互相挤压，且不发生破裂面间的滑动，这时采用第一种情况的处理方法应该仍是可行的。要注意的是，这些破裂围岩的基本力学性质已经与原来的完整岩体有所区别。

充分利用共同作用原理，发挥围岩的自承能力，对维持地下工程稳定和减少对支护的投入是十分有利的。这也是岩石力学在地下岩石工程稳定问题中的一个基本思想。

共同作用原理可用图 7-11 来说明。

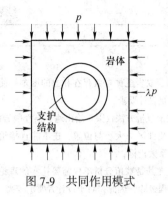

图 7-9　共同作用模式

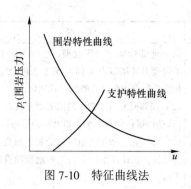

图 7-10　特征曲线法

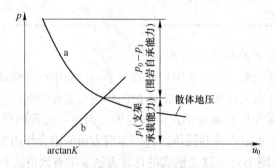

图 7-11　轴对称圆巷围岩支架共同作用曲线

a—围岩特性曲线；b—支护工作曲线

由第 6 章的推导，轴对称弹塑性巷道位移公式：

$$u_0 = \frac{\sin\varphi}{2GR_0}(p_0 + c\cot\varphi)R_p^2 \tag{7-1}$$

式中，$R_p = R_0 \left[\dfrac{(p_0 + c\cot\varphi)(1 - \sin\varphi)}{P_1 + c\cot\varphi} \right]^{\frac{1-\sin\varphi}{2\sin\varphi}}$。

把 R_p 代入式 (7-1)，得：

$$u_0 = \frac{\sin\varphi}{2G}R_0(p_0 + c\cot\varphi) \left[\frac{(p_0 + c\cot\varphi)(1 - \sin\varphi)}{p_1 + c\cot\varphi} \right]^{\frac{1-\sin\varphi}{\sin\varphi}} \tag{7-2}$$

由式 (7-2)，可得到巷道周边位移 u_0 与支护反力 p_1 的关系曲线，即围岩支护特性曲线 (图 7-11)。

由图中曲线可知，周边位移与支护反力成反比。由图 7-11 可见，支护刚度越小（直线的斜率变小），巷道变形越大，在变形达到破坏应变前，让巷道有足够的位移，使围岩应力释放，从而有利于维持巷道的稳定；当围岩和支架的作用力趋于平衡后，再喷射一层水泥沙浆，可为巷道的稳定增加安全性。图 7-11 还反映了岩体力学性质和支护时间对共同作用的影响。岩体性质越软，围岩特性曲线越向外移动，变形也越大；而支护时间越迟，支护曲线的起点离坐标的原点也越远，支护工作压力也越低。

一般的支护都可以根据计算或实验获得它的作用与位移关系曲线。例如，轴对称圆形隧（巷）道内修建圆形衬砌 (图 7-12)，可将圆形衬砌视为受均匀外压 p_1 的厚壁圆筒。

如圆筒的内外径和材料弹性常数分别用 a、R_0、E_1、ν_1 表示，则根据厚壁圆筒公式，可得到圆筒外缘的径向位移为：

$$u_0 = \frac{p_1 R_0^3 (1 + \nu_1)}{E_1 (R_0^2 - a^2)}\left(1 - 2\nu_1 + \frac{a^2}{R_0^2}\right) \tag{7-3}$$

式中，α、R_0 为厚壁筒的内外径；ν_1、E_1 为厚壁筒的泊松比和弹性模量。

将式（7-2）和式（7-3）联立，可求得具体条件下的支护压力 p_1 和衬砌壁面位移 u_0 的解，也即 p-u_0 图上两线的交点（工况点）的坐标。围岩特性曲线和支护特性曲线构成了它们的共同作用关系。

当 $R_p = R_0$ 时，即要求围岩不出现塑性区，此时要求的支护反力必须超过 p，根据卡斯特纳方程得到 p：

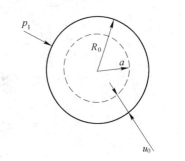

图 7-12　圆形衬砌外压力和外缘位移 u_0

$$p = (p_0 + c\cot\varphi)(1 - \sin\varphi) - c\cot\varphi = \frac{1 - \sin\varphi}{2}(2p_0 - \sigma_c) \tag{7-4}$$

式中，$\sigma_c = \dfrac{2c\cos\varphi}{1 - \sin\varphi}$。

数值解法把围岩视作弹塑性体或黏弹塑性体，并与支护一起采用有限元或边界元数值法求解。数值解法可以直接算出围岩与支护的应力和变形，判断围岩是否失稳和支护是否破坏。而且，数值解法往往有多种功能，能考虑岩体中的节理裂隙、层面、地下水渗流以及岩体膨胀性等特性，是目前理论分析中的主要方法。

解析解法主要适应于一些简单情况下，以及某些简化情况下的近似计算。一般有如下几种：

（1）支护结构体系与围岩共同作用的解析解法。这种方法是利用围岩与支护衬砌之间的位移协调条件，借助于弹塑性力学中的简单洞形（如圆形）条件，计算围岩与衬砌结构的弹性、弹塑性及黏弹性的解。

（2）收敛-约束法或特征曲线法。按弹塑-黏性理论推导公式后，以洞周位移作为横坐标、支护反力作为纵坐标的平面坐标系内绘制表示围岩受力变形特征的洞周收敛曲线，并按结构力学原理在同一坐标平面内绘出表示支护结构受力变形特征的支护限制曲线，得出以上两条曲线的交点。根据交点处表示的支护抗力值进行支护结构设计。

（3）剪切滑移体法。这种方法基于 Robcewicz 提出的"剪切破坏理论"。该理论认为，工程围岩失稳，主要发生在硐室与最大主应力方向垂直的两侧，并形成剪切滑移楔体。地下硐室在侧压系数 $\lambda < 1$ 条件下开挖，岩体的破坏过程如图 7-13 所示。

剪切滑移楔体法只是一种近似的工程计算方法，假定条件很多，数学上推演不严格，但它适应于非轴对称情况，而且在某些条件下，可得到工程实践和模型的验证。如果计算原则与力学分析基本合理，作为近似计算是可行的。

支护结构的设计按照由锚杆、喷射混凝土及钢拱架提供的支护抗力与塑性滑移楔体的滑移力达成平衡这一条件进行。

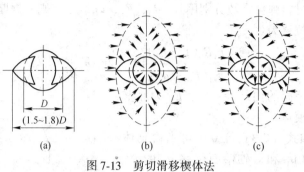

图 7-13　剪切滑移楔体法

7.3　喷锚支护工程类比设计

7.3.1　喷锚支护类型

一般而言，非连续岩体中的锚杆支护类型有三种：在高强度岩体中存在单组非连续面时不需要支护；在软弱岩体中存在单组结构面时，要求锚杆方向与非连续面方向相关，进行特殊支护；对于多组非连续面情况，采用标准模式下的一般支护，如图 7-14 所示。

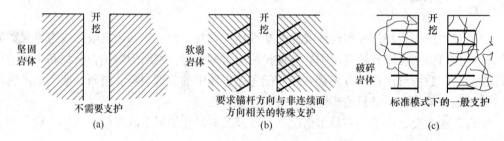

图 7-14　非连续岩体中的锚杆支护

(a) 在高强度岩体中的单组非连续面；(b) 在软弱岩体中的单组结构面；(c) 多组非连续面

支护结构按支护材料分有木支护、砖石、钢筋混凝土支护、钢支护、喷锚网支护等。按支护机理分为三类：刚性支护、柔性支护和复合式支护。

（1）刚性支护。具有足够大的刚性和断面尺寸，一般用来承受强大的松动地压。支护方式采用现浇混凝土，构造有贴壁式结构（围岩和衬砌紧密接触，中间有回填层）和离壁式结构（围岩没有直接接触的保护和承载结构，容易出事故）。

（2）柔性支护。根据现代支护原理提出，既能及时地进行支护，限制围岩过大变形而出现松动，又能允许围岩出现一定的变形。有锚喷支护、预制薄型混凝土支护、硬塑性材料支护、钢支撑。

常用的喷锚支护类型有锚杆支护、喷射混凝土支护、锚杆喷射混凝土支护、钢筋网喷射混凝土支护、锚杆钢架喷射混凝土支护和锚杆钢筋网喷射混凝土支护。

锚杆支护（节理发育的围岩常采用）是利用锚杆将松动岩体或较软弱岩体联结在稳定的岩体上。喷射混凝土支护中喷射混凝土，可以隔绝围岩与大气的接触，堵塞渗水通道，给围岩的自身稳定性创造有利的条件。喷射混凝土与围岩共同工作，可改善支护工作条件，加固围岩。喷混凝土+锚杆支护一般用于强度不高或完整性很差的岩层。对于软弱的不良地质岩层的喷锚支护，一般加设钢筋网以承受拉应力，提高喷混凝土层的强度，并减少温度裂缝，采用喷混凝土+锚杆+钢筋网支护。

（3）复合式支护结构。复合式支护结构是柔性支护与刚性支护的组合。通常初期支护是柔性支护，一般采用锚喷支护，最终支护采用刚性支护，刚性支护一般采用现浇混凝土支护或高强度钢架。复合支护是一种新兴的支护结构形式，主要用于软弱地层，尤其是适用于塑性流变地层。

7.3.2 喷锚支护参数与设计

喷锚支护是喷混凝土与设置锚杆进行联合支护的总称。喷锚支护的优点是节省三材、降低造价、减轻劳动强度、缩短工期。与常用衬砌比较具有支护快、顶部紧贴、柔性大、糙率大等特点。

喷锚支护设计的任务是针对各种围岩的自然条件和工程性质选择合理的支护类型，选用适宜的支护材料，确定合理的支护结构参数。具体内容如下。

（1）锚杆布置。锚杆的布置分为局部布置和系统布置两类，局部布置是对地层缺陷部分进行重点加固，这主要是用在坚硬而裂隙发育或有潜在的龟裂与节理的围岩中。在裂隙发育的硬岩隧道中，锚杆重点施工在拱顶受拉破坏区。原则上，对水平成层岩层，锚杆应尽可能与岩层成直角布置，而在其他情况下，则在径向使之构成楔状布置。系统布置是布置锚杆后以求形成地层拱，从而使地层稳定，并减少径向位移。系统布置多用在埋深较浅或埋深较大的软弱围岩中，以防止地面下陷，并将隧道对周围建筑物的影响限制到最小。

（2）锚杆长度。根据经验，围岩的不稳定区域范围与支护间距有关，特别是与开挖面尚未被支护区域的距离 l_1 有关，通常松动界限为 $l_1/2$。按这样的观点，当锚杆长度为 l，隧道跨度为 B 时，需取 $l>B/3$，或取 $l>B/4$。

（3）选定适宜的支护时间。围岩压力较小值时支护（图 7-15）。

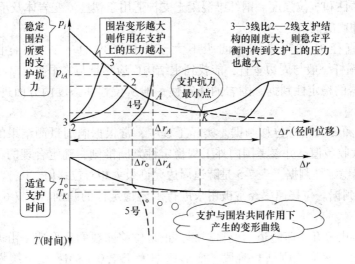

图 7-15　支护时间

（4）确定支护参数。首先得估计围岩质量的类别，围岩质量分为五类：稳定、基本稳定、稳定性差、不稳定、极不稳定，据此可以初步估计岩体的力学参数。

喷射混凝土厚度一般为 5 ~ 20cm，等级大于 C20，抗拉强度 ≥0.5MPa，抗渗指标 ≥S_8，黏结强度 ≥1.5MPa。

喷射混凝土 28 天抗压、抗弯、抗冲切，以及与钢筋握裹、与岩面黏结、与旧混凝土面黏结的强度见表 7-2。不同强度等级的喷射混凝土设计强度及弹性模量、容重等见表 7-3。

表 7-2　喷射混凝土 28 天强度指标

条　件	抗压 /MPa	抗弯 /MPa	抗冲切 /MPa	握裹 /MPa	与岩面黏结 /MPa	与旧混凝土 面黏结/MPa
水泥品种	525 号普通硅酸盐水泥					
配比（水泥：砂：石）	1 : 2 : 2			1 : 1.5 : 2.5	1 : 2 : 2	
速凝剂掺量/%	2.5 ~ 3			3	2.5 ~ 3	3 ~ 5
强度值	20.0 ~ 26.7	4.0 ~ 4.1	3.7	2.5 ~ 6.9	0.05 ~ 1.2	1.5 ~ 2.0

表 7-3　喷射混凝土的强度等级与参数

性　能	强　度　等　级		
	C20	C25	C30
轴心受压/MPa	10	12.5	15
弯曲抗压/MPa	11	13.5	16
抗拉/MPa	1.0	1.2	1.4
弹性模量/GPa	21	23	25
容重/kg·m⁻³	2200		

钢纤维喷射混凝土中钢纤维的掺量（占混合料重）一般为 3% ~ 5%。钢纤维混凝土具有较高韧性、耐磨性和抗拉强度。钢纤维混凝土支护适用于塑性流变岩体及承受动荷载的巷道或高速水流冲刷隧洞。

锚杆一般选直径为 18 ~ 32mm，间距不大于锚杆长度的 1/2（不良围岩不大于 1.25m），设置时锚杆一般与周边垂直，能找到主结构面应尽量与之垂直。

（5）支护围岩的稳定性判据。围岩的稳定性一般从位移和强度两方面进行判别，常用的方法如下：

1）最大位移和最大相对位移判据。实际工程中，常根据洞周量测结果的统计分析，确定围岩允许最大收敛值。并参考国内外工程稳定性判断准则，确定合理的稳定性判据。表 7-4 是法国围岩稳定性判据，表 7-5 是隧道周边允许最大相对位移值。

2）位移速率判据。位移速率经常被用来进行围岩稳定性的判别。表 7-6 是奥地利的围岩稳定性判据。

根据国内大瑶山等几十座隧道的位移观测，正常位移曲线的变形速率由大到小递减，一般分为三个阶段：变形急剧增长阶段，变形速率大于 1.0mm/d；变形缓慢增长阶段，变形速率大于 1 ~ 0.2mm/d；变形稳定阶段，变形速率小于 0.2mm/d。这些可用于一般隧道净空变形和拱顶下沉的量测。对于高地应力、岩溶、膨胀性、挤压性围岩等情况，应根据具体情况制定专门标准进行判定。

表 7-4 法国围岩稳定性判据

埋深/m	拱顶下沉值/cm	
	硬质围岩	塑性围岩
10~50	1~2	2~5
50~500	2~6	10~20
>500	6~12	20~40

注：在横断面 50~100m² 的坑道中，以拱顶绝对位移为准。

表 7-5 隧道周边允许最大相对位移值 （%）

围岩级别	覆盖层厚度/m		
	<50	50~300	>300
Ⅲ	0.10~0.30	0.20~0.50	0.40~1.20
Ⅳ	0.15~0.50	0.40~1.20	0.80~2.00
Ⅴ	0.20~0.80	0.60~1.60	1.00~3.00

表 7-6 奥地利 Arlberg 隧道稳定性判据

经历时间	位移速度/mm·d⁻¹	稳定性
开挖后 10d 内	>10	需增加支护刚度
100~130d 以后	<0.23	基本稳定

注：对于断面面积为 86m² 隧洞，以洞周位移速度为标准。

3）强度判断准则。支护围岩除了应满足位移准则外，还应满足强度要求。
对喷射混凝土：

$$p_{is} \leqslant d_s \sigma_s \tag{7-5}$$

式中，p_{is} 为作用于喷层上的径向应力；d_s 为喷层径向相对厚度，$d_s = \delta/r_0$；δ 为喷层平均厚度；σ_s 为喷层材料单轴抗压强度。

对于锚杆，应满足其轴力不超过其允许抗拉强度值以及锚杆杆体与围岩无相对滑移的条件。有时，当围岩变形速度超过规定值，并有可能进一步导致洞周收敛超过允许值时，需适当增加支护刚度，降低围岩变形速度，有关支护刚度如下。

喷射混凝土：

$$K_s = \frac{E_s d_s}{(1+\mu_s)(1-d_s-\mu_s)} \tag{7-6}$$

锚杆：

$$K_b = \frac{\pi d_b^2 E_b}{4 l_b ab} \tag{7-7}$$

对于喷锚支护结构：

$$K = K_s + K_b \tag{7-8}$$

式中，E_s、μ_s 分别为喷射混凝土材料弹性模量与泊松比；d_b、l_b、E_b 分别为锚杆直径、长度和弹性模量；a、b 为锚杆间排距。

上述所有表示长度的符号，均除以硐室半径，使之成为无量纲量。

7.3.3　围岩分类的经验类比设计

根据围岩分类的经验类比方法主要有两种：地质力学分类法（RMR 法）和 Q 分类法。

（1）根据地质力学 RMR 分类的支护类比设计。Bieniawaski 建立了 RMR 值与开挖工程的自稳时间、无需支护跨度时间的关系，如图 7-16 所示。基于 RMR 系统的 10m 跨度开挖支护参数见表 7-7。

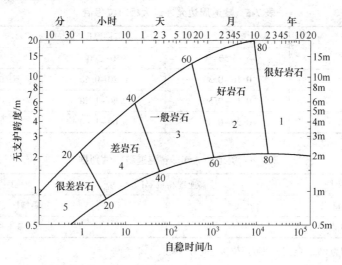

图 7-16　无支护地下工程跨度的自稳定时间与 RMR 之间的关系

表 7-7　根据 RMR 系统的 10m 跨度开挖支护参数（Bieniawaski，1989）

岩体类别（RMR）	开挖设计	全长黏结锚杆 φ20mm	喷射混凝土	锚索
Ⅰ：非常好（81~100）	全断面掘进，进尺 3m	除局部适当加固外，通常不需支护		
Ⅱ：好（61~80）	全断面掘进，进尺 1~1.5m，距掌子面 < 20m 完成支护	局部锚杆：在拱顶施加长 3m，间距 2.5m 锚杆，偶尔加钢筋网	仅拱顶 50mm	无
Ⅲ：一般（41~60）	拱顶台阶掘进，进尺 1.5~3m；每次爆破后就支护，距掌子面 < 10m 完成全部支护	系统锚杆：拱顶和两帮锚杆长 4m，间距 1.5~2m，拱顶加网	拱顶 50~100mm，帮 30mm	无
Ⅳ：差（21~40）	拱顶台阶掘进，进尺 1.0~1.5m；随爆破随支护，距掌子面 < 10m 完成全部支护	系统锚杆：拱顶和两帮锚杆长 4~5m，间距 1~1.5m，拱顶和帮均加网	拱顶 100~150 mm，帮 100 mm	必要时，局部施加中等程度锚索，间距 1.5m

岩体类别 （RMR）	开挖设计	全长黏结锚杆 $\phi 20mm$	喷射混凝土	锚索
V：非常差 （< 20）	多步骤交替掘进，拱顶进尺 0.5～1.5m，开挖后随即支护，爆破后随即喷射混凝土	系统锚杆：拱顶和两帮锚杆长 5～6m，间距 1～1.5m，拱顶和帮均加网，加反拱	拱顶 150～200 mm，帮 150 mm，掌子面 50mm	施加中长预应力锚索，间距 0.75m，加反拱封闭断面

（2）根据 Q 分类系统的支护类比设计。根据 Q 分类指标，不支护地下开挖体最大等效尺寸 D_e 与 NGI 岩体质量指标 Q 之间的关系如图 7-17 所示。Hoek（2002）给出的根据岩体质量指标 Q 估算支护类型和参数如图 7-18 所示。

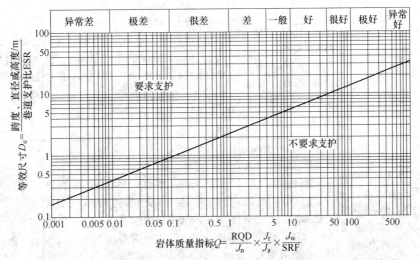

图 7-17　不支护地下开挖最大等效尺寸 D_e 与岩体质量指标 Q 之间的关系

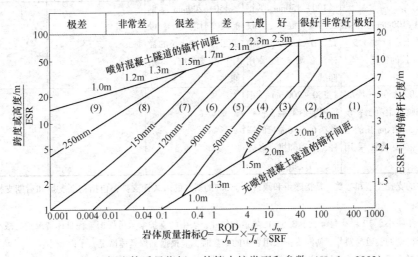

图 7-18　根据岩体质量指标 Q 估算支护类型和参数（Hoek，2002）

（1）—无需支护；（2）—局部支护；（3）—系统锚杆；（4）—系统锚杆，20～100mm 素混凝土；（5）—锚杆，钢筋网层厚 50～90mm；（6）—锚杆，钢筋网层厚 90～120mm；（7）—锚杆，钢筋网层厚 120～150mm；（8）—锚杆，钢筋网层厚>150mm；（9）—现浇筑钢筋混凝土衬砌

（3）隧道和斜井的锚喷支护类型与设计参数。隧道和斜井的锚喷支护类型与设计参数见表7-8。

表 7-8　隧道和斜井的锚喷支护类型与设计参数

岩体类别	毛洞跨度 B/m				
	$B \leqslant 5$	$5 < B \leqslant 10$	$10 < B \leqslant 15$	$15 < B \leqslant 20$	$20 < B \leqslant 25$
I	不支护	50mm 厚喷射混凝土	（1）80～100mm 厚喷射混凝土；（2）50mm 厚喷射混凝土，设置 2.0～2.5m 长的锚杆	100～150mm 厚喷射混凝土，设置 2.5～3.0m 长的锚杆，必要时，配置钢筋网	120～150mm 厚钢筋网喷射混凝土，设置 3.0～4.0m 长的锚杆
II	50mm 厚喷射混凝土	（1）80～100mm 厚喷射混凝土；（2）50mm 厚喷射混凝土，设置 1.5～2.0m 长的锚杆	（1）120～150mm 厚喷射混凝土，必要时，配置钢筋网；（2）80～120mm 厚喷射混凝土，设置 2.0～3.0m 长的锚杆，必要时，设置钢筋网	120～150mm 厚钢筋网喷射混凝土，设置 2.5～3.5m 长的锚杆	150～200mm 厚钢筋网喷射混凝土，设置 3.0～4.0m 长的锚杆
III	（1）80～100mm 厚喷射混凝土；（2）50mm 厚喷射混凝土，设置 1.5～2.0m长的锚杆	（1）120～150mm 厚喷射混凝土，必要时配置钢筋网；（2）80～100mm 厚喷射混凝土，设置 2.0～2.5m 长的锚杆，必要时配置钢筋网	100～150mm 厚钢筋网喷射混凝土，设置 2.0～3.0m 长的锚杆	150～200mm 厚钢筋网喷射混凝土，设置 3.0～4.0m 长的锚杆	
VI	80～100mm 厚喷射混凝土；设置 1.5～2.0m 长的锚杆	100～150mm 厚钢筋网喷射混凝土，设置 2.0～2.5m 长的锚杆，必要时，采用仰拱	150～200mm 厚钢筋网喷射混凝土，设置 2.5～3.0m 长的锚杆，必要时，采用仰拱		
V	120～150mm 厚钢筋网喷射混凝土；设置 1.5～2.0m 长的锚杆，必要时，采用仰拱	150～200mm 厚钢筋网喷射混凝土；设置 2.0～3.0m 长的锚杆，采用仰拱，必要时，加设钢架			

注：1. 表中的支护类型和参数，是指隧道和倾角小于30°的斜井的永久性支护，包括初期支护和后期支护的类型和参数；

2. 服务年限小于10年及洞跨小于3.5m的隧道和斜井，表中的支护参数可根据工程具体情况适当减小；

3. 复合衬砌的隧道与斜井，初期支护采用表中的参数时，应根据工程具体情况，予以减小；

4. 急倾斜岩层中的隧道或斜井易失稳的一侧边墙和缓倾斜岩层中的隧道和斜井顶部，应采用表中第（2）种支护类型和参数，其他情况下，两种支护类型和参数均可采用。

5. I、II围岩中的隧道和斜井，当边墙高度小于10m时，边墙的锚杆和钢筋网可不予设置，边墙喷射混凝土厚度可取表中数据的下限；III类围岩中的隧道和斜井，当边墙高度小于10m时，边墙的锚喷支护参数可适当减小。

7.4 均质地层中轴对称条件下锚喷支护计算

20世纪60年代末，奥地利学者Robcewicz等人利用围岩塑性分析的成果，提出了锚喷支护的计算原理。1978年在法国又提出了收敛-约束法，从现场量测和理论计算两个方面解决锚喷支护的计算和设计问题。但当时解析计算的公式和图解分析方法还很不完善，直至近年来才渐趋完善。

岩体中开挖硐室后，破坏了原有岩层的平衡状态，硐室附近应力重分配，并向临空面产生位移。当围岩应力不超过弹性极限时岩体是稳定的；当围岩应力超过此极限强度时，这个区域内的岩体将呈塑性状态，形成塑性区（松弛区）。由于塑性影响，在洞壁处应力减小而在深处应力增大，并认为在该塑性区内形成一个承重圈，有一定承受周围岩石的能力（即自承作用），如能及时进行支护，给岩体以反力，就能阻止其变形的发展，防止坍塌，保持围岩稳定（图7-19）。锚喷支护要求喷锚支护与围岩紧密贴接，既有一定刚度，也有一定柔性。

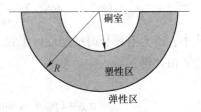

图 7-19　围岩分区

7.4.1 轴对称条件下喷层上围岩压力计算

轴对称条件下（即侧压系数 $\lambda = 1$，硐室为圆形），当硐室周围锚有均匀分布的径向锚杆时，无论是点锚式锚杆，还是全长黏结式锚杆，都能通过承拉，限制围岩径向位移来改善围岩应力状态，而且通过锚杆承剪提高锚固区的 c、φ 值。

7.4.1.1 点锚式锚杆

点锚式锚杆可视为锚杆两端作用有集中力。假设集中力分布于锚固区锚杆内外端两个同心圆上（图7-20），由此在洞壁上产生支护的附加抗力 p_a（p_i 为支护抗力），而锚杆内端分布力为 $\dfrac{r_0}{r_c}p_a$（r_c 为锚杆内端半径）。平衡方程及塑性方程为：

$$\frac{d\sigma_r}{r} - \frac{\sigma_r - \sigma_\theta}{r} = 0 \qquad (7-9)$$

$$\frac{\sigma_r + c_1\cot\varphi}{\sigma_\theta + c_1\cot\varphi} = \frac{1 - \sin\varphi_1}{1 + \sin\varphi_1} \qquad (7-10)$$

式中，c_1、φ_1 分别为加锚后围岩的 c、φ 值，一般可取 $\varphi_1 = \varphi$，c_1 按锚杆加固后的围岩参数决定。

由式（7-9）、式（7-10）得：

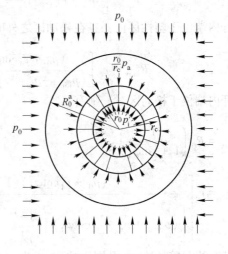

图 7-20　点锚式锚杆的分布力

$$\ln(\sigma_r + c_1\cot\varphi_1) = \frac{2\sin\varphi_1}{1-\sin\varphi_1}\ln r + C' \tag{7-11}$$

由 $r=r_0$ 时，$\sigma_r = p_a + p_i$ 得积分常数：

$$C' = \ln(p_a + p_i + c_1\cot\varphi_1) - \frac{2\sin\varphi_1}{1-\sin\varphi_1}\ln r_0 \tag{7-12}$$

将式（7-12）代入式（7-11），有：

$$\sigma_r = (p_a + p_i + c_1\cot\varphi_1)\left(\frac{r}{r_0}\right)^{\frac{2\sin\varphi_1}{1-\sin\varphi_1}} - c_1\cot\varphi_1 \tag{7-13}$$

令锚杆内端点的径向应力为 σ_c，并位于塑性区内，则弹塑性界面上有：

$$\sigma_r = (\sigma_c + c_1\cot\varphi_1)\left(\frac{R_0^a}{r_0}\right)^{\frac{2\sin\varphi_1}{1-\sin\varphi_1}} - c_1\cot\varphi_1 = p_0(1-\sin\varphi_1) - c_1\cos\varphi_1 \tag{7-14}$$

式中，R_0^a 为有锚杆时的塑性区半径。

由此得：

$$\sigma_c = (p_0 + c_1\cot\varphi_1)(1-\sin\varphi_1)\left(\frac{r_c}{R_0^a}\right)^{\frac{2\sin\varphi_1}{1-\sin\varphi_1}} - c_1\cot\varphi \tag{7-15}$$

此外，由式（7-13）并考虑锚杆内端的分布力，则：

$$\sigma_r = (p_a + p_i + c_1\cot\varphi_1)\left(\frac{r_c}{r_0}\right)^{\frac{2\sin\varphi_1}{1-\sin\varphi_1}} - c_1\cot\varphi - \frac{r_0}{r_c}p_a \tag{7-16}$$

按式（7-15）和式（7-16），得到有锚杆时的塑性区半径 R_0^a：

$$R_0^a = r_c\left[\frac{(p_0 + c_1\cot\varphi_1)(1-\sin\varphi_1)}{(p_i + p_a + c_1\cot\varphi_1)\left(\dfrac{r_c}{r_0}\right)^{\frac{2\sin\varphi_1}{1-\sin\varphi_1}} - \dfrac{r_0}{r_c}p_a}\right]^{\frac{1-\sin\varphi_1}{2\sin\varphi_1}} \tag{7-17}$$

当锚杆内端位于塑性区内，且在松动区之外时，有锚杆时的最大松动区半径为：

$$R_{max}^a = r_c\left[\frac{(p_0 + c_1\cot\varphi_1)(1-\sin\varphi_1)}{(p_{imin} + p_a + c_1\cot\varphi_1)(1+\sin\varphi_1)}\right]^{\frac{1-\sin\varphi_1}{2\sin\varphi_1}} \tag{7-18}$$

当锚杆内端位于松动区时，则有：

$$R_{max}^a = R_0\left(\frac{1}{1+\sin\varphi_1}\right)^{\frac{1-\sin\varphi_1}{2\sin\varphi_1}}$$

$$= r_c\left[\frac{(p_0 + c_1\cot\varphi_1)(1-\sin\varphi_1)}{\left[(p_{imin} + p_a + c_1\cot\varphi_1)\left(\dfrac{r_c}{r_0}\right)^{\frac{2\sin\varphi_1}{1-\sin\varphi_1}} - \dfrac{r_0}{r_c}p_a\right](1+\sin\varphi_1)}\right]^{\frac{1-\sin\varphi_1}{2\sin\varphi_1}} \tag{7-19}$$

有锚杆时的洞壁位移 $u_{r_0}^a$ 及围岩位移 u_r^a 为：

$$\begin{cases} u_{r_0}^{a} = \dfrac{M\left(R_0^{a}\right)^2}{4Gr_0} \\[4mm] u_r^{a} = \dfrac{M\left(R_0^{a}\right)^2}{4Gr} \end{cases} \tag{7-20}$$

式中，$M = 2p\sin\varphi + 2c\cos\varphi$。

对于点锚式锚杆，可按锚杆与围岩共同变形理论获得锚杆轴力为：

$$Q = \frac{\left(u' - u''\right)E_a A_s}{r_c - r_0} \tag{7-21}$$

式中，u' 为锚杆外端位移，其值为 $u' = \dfrac{M\left(R_0^{a}\right)^2}{4Gr_0} - u_0^{a}$；$u''$ 为锚杆内端位移，其值为 $u'' = \dfrac{M\left(R_0^{a}\right)^2}{4Gr_c} - \dfrac{r_0}{r_c}u_0^{a}$；$u_0^{a}$ 为锚固前洞壁位移值；E_a、A_s 分别为锚杆弹性模量和一根锚杆的横截面面积。

因为锚杆是集中加载，其围岩变形实际上是不均匀的，如图 7-21 所示，在加锚处的洞壁位移量最小，如锚杆设有垫板，则锚端还会有局部承压变形，因此在计算锚杆拉力时应乘以一个小于 1 的系数，即：

$$Q = k\frac{\left(u' - u''\right)E_a A_s}{r_c - r_0} \tag{7-22}$$

式中，k 与岩质和锚杆间距有关，岩石好时取 1；岩质差时取 $\dfrac{4}{5} \sim \dfrac{1}{2}$。

由 Q 即能算出 p_a，即：

$$p_a = \frac{Q}{ei} \tag{7-23}$$

式中，e、i 分别为锚杆间、排距（即锚杆的横向和纵向间距）。

当锚杆有预应力作用 Q_1 时，则：

$$p_a = \frac{Q + Q_1}{ei} \tag{7-24}$$

计算时，需要通过试算求出 p_a、p_i 及 R_0^{a}，并按式（7-25）求出洞壁的位移：

$$u_{r_0}^{a} = \frac{M\left(R_0^{a}\right)^2}{4Gr_0} = u' + u_0^{a} \tag{7-25}$$

及锚杆拉力为：

$$Q + Q_1 = k\frac{\left(u' - u''\right)E_a A_s}{r_c - r_0} + Q_1 \tag{7-26}$$

7.4.1.2　全长黏结式锚杆

如图 7-22 所示，全长黏结式锚杆通过砂浆对锚杆的剪力传递而使锚杆处于受拉状态。对一般软岩，可认为锚杆与围岩具有共同位移，而略去围岩与锚杆间相对位移。显然，锚杆轴力沿全长不是均匀分布的。由图可见，锚杆中存在一中性点，该点剪应力为零，两端锚杆受有不同方向的剪力。中性点上锚杆拉应力（轴力）最大，在锚杆两端点为零。

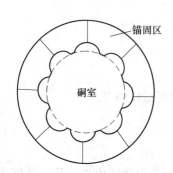

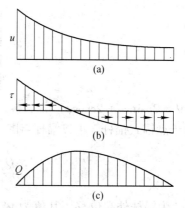

图 7-21　加锚区与非加锚区洞壁位移比较　　　图 7-22　黏结式锚杆内力及位移分布

考虑锚杆上任意点的位移为：

$$u_r^a = \left(\frac{M(R_0^a)^2}{4G} - r_0 u_0^a \right) \frac{1}{r} \tag{7-27}$$

当 $r_0 \leqslant r \leqslant \rho$（中性点半径）时，锚杆轴力 Q_1 为：

$$Q_1 = - \int \left(\frac{M(R_0^a)^2}{4G} - r_0 u_0^a \right) E_a A_s \left(\frac{\mathrm{d}^2 \frac{1}{r}}{\mathrm{d} r^2} \right) \mathrm{d}r + C'$$

$$= - \left(\frac{M(R_0^a)^2}{4G} - r_0 u_0^a \right) E_a A_s \left(\frac{1}{r^2} \right) + C'$$

当 $r = r_0$ 时，$Q_1 = 0$，故：

$$C' = \left(\frac{M(R_0^a)^2}{4G} - r_0 u_0^a \right) E_a A_s \left(\frac{1}{r_0^2} \right) \tag{7-28}$$

$$Q_1 = \left(\frac{M(R_0^a)^2}{4G} - r_0 u_0^a \right) E_a A_s \left(\frac{1}{r_0^2} - \frac{1}{r^2} \right)$$

当 $\rho < r < r_c$ 时，其轴力 $Q_2 = 0$ 为：

$$Q_2 = \left(\frac{M(R_0^a)^2}{4G} - r_0 u_0^a \right) E_a A_s \left(\frac{1}{r^2} - \frac{1}{r_c^2} \right) \tag{7-29}$$

当 $r = \rho$ 时，$Q_1 = Q_2$，则有：

$$\frac{1}{r_0^2} - \frac{1}{\rho^2} = \frac{1}{\rho^2} - \frac{1}{r_c^2}, \quad \rho = \sqrt{\frac{2 r_c^2 r_0^2}{r_0^2 + r_c^2}} \tag{7-30}$$

式中，ρ 为锚杆最大轴力处的半径，此处剪力为零。由此获得锚杆最大轴力为：

$$Q_{\max} = k \left(\frac{M(R_0^a)^2}{4G} - r_0 u_0^a \right) E_a A_s \left(\frac{1}{r_0^2} - \frac{1}{\rho^2} \right)$$

$$= k \left(\frac{M(R_0^a)^2}{4G} - r_0 u_0^a \right) E_a A_s \left(\frac{1}{\rho^2} - \frac{1}{r_c^2} \right)$$

$$= \frac{k}{2} \left(\frac{M(R_0^a)^2}{4G} - r_0 u_0^a \right) E_a A_s \left(\frac{1}{r_0^2} - \frac{1}{r_c^2} \right) \tag{7-31}$$

点锚式锚杆中，式（7-21）还可写成（$r_0 \neq r_c$ 时）：

$$Q = k\left(\frac{M(R_0^a)^2}{4G} - r_0 u_0^a\right)E_a A_s\left(\frac{1}{r_0 r_c}\right) \tag{7-32}$$

为使计算简化，可用 Q_{max} 或与点锚式锚杆等效的轴力 Q' 来代替 Q，由此可将黏结式锚杆按点锚式锚杆进行计算，Q' 按上述两种锚杆轴力图的面积等效求得，即：

$$Q'(r_c - r_0) = \int_{r_0}^{\rho} Q_1 dr + \int_{\rho}^{r_c} Q_2 dr$$

由此得：

$$Q' = k\left(\frac{M(R_0^a)^2}{4G} - r_0 u_0^a\right)\frac{E_a A_s}{r_c - r_0}\left(\frac{\rho - r_0}{r_0^2} + \frac{\rho - r_c}{r_c^2} + \frac{2}{\rho} - \frac{1}{r_0} - \frac{1}{r_c}\right) \tag{7-33}$$

7.4.2 锚杆支护的计算与设计

7.4.2.1 锚杆的计算与设计

为让锚杆充分发挥作用，应使锚杆应力 σ 尽量接近钢材设计抗拉强度，并有一定的安全度，即：

$$K_1\sigma = \frac{K_1 Q}{A_s} = f_u \tag{7-34}$$

锚杆抗拉安全系数 K_1 应在 $1 \sim 1.5$ 之间。

按本法计算，锚杆有一最佳长度，在这一长度时将使喷层受力最小。为防止锚杆和围岩一起塌落，锚杆长度必须大于松动区厚度，而且有一定的安全度，即要求：

$$r_c > R^a$$

$$R^a = r_c\left(\frac{p + c_1 \cot\varphi_1}{p_i + p_a + c_1 \cot\varphi_1}\frac{1 - \sin\varphi_1}{1 + \sin\varphi_1}\right)^{\frac{1 - \sin\varphi_1}{2\sin\varphi_1}} \tag{7-35}$$

锚杆间距、排距 e、i 应满足下列要求：

$$\frac{e}{r_c - r_0} \leqslant \frac{1}{2}, \quad \frac{i}{r_c - r_0} \leqslant \frac{1}{2}$$

此条件能保持锚杆有一定实际的加固区厚度，并防止锚杆间的围岩发生塌落（图 7-23）。此外，e、i 的合理选择还应使喷层具有适当的厚度，这样才能充分发挥喷层的作用。

7.4.2.2 喷层的计算与设计

喷层除作为结构要起到承载作用外，还要求向围岩提供足够的反力，以维持围岩的稳定。为了验证围岩稳定，需要计算最小抗力 p_{imin} 以及围岩稳定安全系数 K_2。

（1）最小围岩压力 p_{imin} 的计算。由 $p_i - R_i$ 曲线（图 7-24）可知，必须使所求得的满足下述条件：

$$p_{imin} \leqslant p_i \leqslant p_{imax}$$

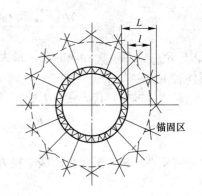

图 7-23 锚杆加固区与锚杆长度的关系

只有知道 $p_{i\min}$，才能确定最佳的支护结构或最佳支护时间。最小围岩压力 $p_{i\min}$ 和围岩允许位移 $\mu_{r_0\max}$ 两者是等价的（图 7-24）。目前，两者都没有较好的计算方法。

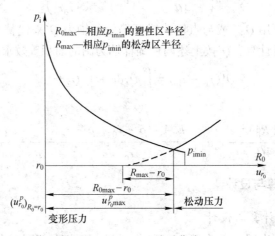

$R_{0\max}$——相应 $p_{i\min}$ 的塑性区半径
$R_{\max}$——相应 $p_{i\min}$ 的松动区半径

图 7-24　p_i-u_{r_0} 关系曲线

当围岩塑性区内的塑性滑移发展到一定程度，位于松动区的围岩可能由于重力而形成松动压力，这时围岩压力将不取决于前述的 p_i-u_{r_0} 曲线。围岩的松动塌落与支护提供的抗力有关，即与支护的时间有关。

把维持松动区内滑移体平衡所需的抗力等于维持极限平衡状态的抗力，作为围岩出现松动塌落和确定 $p_{i\min}$ 的条件。

由岩体力学知道，$\lambda = 1$ 情况下，围岩松动区内的滑裂面为一对数螺旋线（图 7-25）。假设松动区内强度已大大降低，可认为滑移体已无丝毫自承作用，以致于松动区内滑移体的全部重量由支护力 $p_{i\min}$ 来承担，因此有：

$$p_{i\min} b = G \tag{7-36}$$

如果考虑到实际情况下，真正作用在支护上的压力应当是重力和变形压力的叠加，则式（7-36）应改写为：

$$p_{i\min} b = 2G \tag{7-37}$$

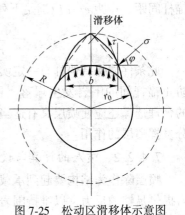

图 7-25　松动区滑移体示意图

式中，G 为滑移体的重量；b 为滑移体的底宽。滑移体重量可近似地按式（7-38）计算（图 7-25）：

$$G = \frac{\gamma b (R_{\max}^a - r_0)}{2} \tag{7-38}$$

式中，$R_{\max}^a$ 为与 $p_{i\min}$ 相应的允许最大的松动区半径；γ 为岩体容重。

将式（7-38）代入式（7-37），得：

$$p_{i\min} = \gamma r_0 \left(\frac{R_{\max}^a}{r_0} - 1 \right) \tag{7-39}$$

根据弹塑性分析，最大松动区半径 $R_{\max}^a$ 为：

$$R_{\max}^a = r_0 \left[\frac{(p_0 + c\cot\varphi)(1 - \sin\varphi)}{(p_{i\min} + c\cot\varphi)(1 + \sin\varphi)} \right]^{\frac{1 - \sin\varphi}{2\sin\varphi}} \tag{7-40}$$

与此相应的最大塑性区半径 R_{0max} 为：

$$R_{0max} = r_0 \left[\frac{(p_0 + c\cot\varphi)(1 - \sin\varphi)}{p_{imin} + c\cot\varphi} \right]^{\frac{1-\sin\varphi}{2\sin\varphi}} \tag{7-41}$$

计算 R_{max}^a 时，采用的 c 值应再降低，一般情况下，认为此区域的黏结力已接近于零。p_{imin} 的大小主要取决于松动区半径 R_{max}^a。当原岩应力越大，c、φ 越低和 c、φ 值损失越多时，则 R_{max}^a 和 p_{imin} 就越大。此外，还与岩体构造状况、施工爆破情况、外界条件等因素有关，因为这些都会影响围岩 c 值的降低。

例 7-1 某土质隧道，埋深 30m，毛洞跨度 6.6m，土体容重 $\gamma = 1800\text{kg/m}^3$，内摩擦角 $\varphi = 30°$，土体塑性区平均剪切模量 $G = 33.33\text{MPa}$；支护厚度 0.06m，支护材料变形模量 $E = 2 \times 10^4\text{MPa}$，泊松比 $\nu = 0.167$。护前洞壁位移 $u = 1.65\text{cm}$，求 p_i 和 p_{imin}。

解：由公式：

$$K = \frac{2G(r_0^2 - r_1^2)}{r_0[(1 - 2\nu)r_0^2 + r_1^2]}, \quad M = 2p\sin\varphi + 2c\cos\varphi$$

得，$p_0 = \gamma Z = 0.54\text{MPa}$，$M = 0.713\text{MPa}$，$K = 114.04\text{MPa}$，则有：

$$p_i = -c\cot\varphi + (p + c\cot\varphi)(1 - \sin\varphi) \left[\frac{Mr_0}{4G\left(\dfrac{p_i}{K} + u_0\right)} \right]^{\frac{\sin\varphi}{1-\sin\varphi}} = 0.192\text{MPa}$$

如果 c 值不变，解得 $p_{imin} = 0.0094\text{MPa}$；

如果 c 值下降 70%，则解得 $p_{imin} = 0.0292\text{MPa}$。

（2）喷层的计算。喷层除作为结构要起到承载作用外，还要求向围岩提供足够的反力，以维持围岩的稳定。为了验证围岩稳定，需要计算最小抗力 p_{imin}，以及围岩稳定安全系数 K_2。

当最小抗力 p_{imin} 已知，围岩稳定安全系数 K_2 可由式（7-42）得到：

$$K_2 = \frac{p_i}{p_{imin}} \tag{7-42}$$

要求 K_2 取值应在 2～4.5 之间。

作为喷层强度校核，要求喷层内壁切向应力小于喷混凝土的抗压强度。按厚壁筒理论，有：

$$\sigma_\theta = p_i \frac{2a^2}{a^2 - 1} \leqslant R_h \tag{7-43}$$

式中，$a = \dfrac{r_0}{r_1}$；R_h 为喷混凝土的抗压强度；r_1 为喷混凝土内壁半径。由此可算喷层厚度 t 为：

$$t = K_3 r_0 \left(\frac{1}{\sqrt{1 - \dfrac{2p_i}{R_h}}} - 1 \right) \tag{7-44}$$

式中，K_3 为喷层的安全系数。

（3）计算参数的确定。

1）岩性参数的确定。鉴于塑性区中 c、φ、E 等值都是沿围岩的深度变化的，因而计算时采用 c、φ、E 的平均值，即计算中用的 c、φ、E 值应低于实测值。按经验，计算采用的 E 值可为实测值的 0.5~0.7 倍；c 值为实测值的 0.3~0.7 倍；φ 值可与实测值相近。计算用的值亦可参照有关锚喷支护规定中提供的数值确定。

表 7-9 列出了国家标准《岩土锚杆与喷射混凝土支护技术规程》（GB 50086—2015）中建议的各类围岩力学参数值。

表 7-9　隧洞硐室岩体物理力学参数

围岩级别	重力密度 /kN·m^{-3}	抗剪断峰值强度		变形模量 E/GPa	泊松比 ν
		内摩擦角 φ/(°)	黏聚力 c/MPa		
I	>26.5	>54	>1.7	>20	<0.25
II		54~43	1.7~1.2	20~10	0.25~0.30
III	26.5~24.5	43~33	1.2~0.5	10~5	0.30~0.35
IV	24.5~22.5	33~22	0.5~0.2	5~1	0.35~0.40
V	<22.5	<22	<0.2	<1	>0.4

锚固区的 c、φ 值可取 $\varphi_1 = \varphi$，c_1 值为：

$$c_1 = c + \frac{\tau_a A_s}{ei} \tag{7-45}$$

式中，τ_a 为锚杆抗剪强度。

2）围岩初始位移 u_0 确定。围岩的初始位移 u_0 是喷层支护前围岩已释放的位移值。按理说，该值是指施作喷射混凝土支护时围岩的位移值，但由于计算中喷层是按封闭圆环计算的，因此，应取封底时围岩位移值 u_0' 作为 u_0 值（图 7-26），u_0' 与 u_0 相差不大。u_0 值原则上应按实测值确定，亦可按经验确定，相应于某一种施工方法有一个大致的 u_0 值。

锚固前洞壁位移 u_0^a，原则上亦应按实测确定，取某断面锚固施作将完成时的位移作 u_0^a 值，一般可取 $u_0^a = (0.5 \sim 0.8)u_0$。

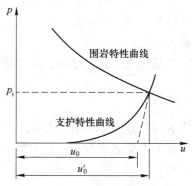

图 7-26　围岩初始位移 u_0 的确定

例 7-2　均质围岩中圆形硐室的锚喷支护设计，其有关计算参数如下：$p_0 = 15\text{MPa}$，$c = 0.2\text{MPa}$，$\varphi = 30°$，$E = 2 \times 10^3\text{MPa}$，$u_0^a = 0.08\text{m}$，$r_0 = 3.5\text{m}$，$r_i = 3.35\text{m}$，$r_c = 5.5\text{m}$，$e = 0.5\text{m}$，$i = 1.0\text{m}$，$A_s = 3.14\text{cm}^2$，$k = 2/3$，$E_a = 2.1 \times 10^5\text{MPa}$，$\tau_a = 312\text{MPa}$，$E_c = 2.1 \times 10^4\text{MPa}$，$\mu_c = 0.167$，$R_c = 11\text{MPa}$。

解：（1）确定围岩塑性区加锚后的 c_1、φ_1 值：

$$\varphi_1 = \varphi = 30°$$

$$c_1 = c + \frac{\tau_a A_s}{ei} = 0.2 + \frac{312 \times 3.14}{50 \times 100} = 0.40\text{MPa}$$

（2）计算 p_i、p_a、R_0^a、Q' 及 $u_{r_0}^a$：

$$\frac{M}{4G} = \frac{3}{2E}(p_0\sin\varphi_1 + c_1\cos\varphi_1) = 5.88 \times 10^{-3}$$

$$R_0^a = r_0\left[\frac{(p_0 + c_1\cot\varphi_1)(1 - \sin\varphi_1)}{p_i + p_a + c_1\cot\varphi_1}\right]^{\frac{1-\sin\varphi_1}{2\sin\varphi_1}}$$

$$p_i = K_c u_{r_0}^a = K_c(u_{r_0}^a - u_0) = K_c\left[\frac{M(R_0^a)^2}{4Gr_0} - u_0\right]$$

$$p_a = \frac{Q'}{ei}, \qquad \rho = \sqrt{\frac{2r_c^2 r_0^2}{r_0^2 + r_c^2}} = 4.176\text{m}$$

$$Q' = k\left(\frac{M(R_0^a)^2}{4G} - r_0 u_0^a\right)\frac{E_a A_s}{r_c - r_0}\left(\frac{\rho - r_0}{r_0^2} + \frac{\rho - r_c}{r_c^2} - \frac{2}{\rho} - \frac{1}{r_0} - \frac{1}{r_c}\right)$$

$$K_c = \frac{2G_c(r_0^2 - r_i^2)}{r_0(1 - 2\mu_c)r_0^2 + r_i^2} = 2.7 \times 10^7\text{kg/m}^3$$

将 p_i、p_a、R_0^a 三式试算得：$p_i = 0.338\text{MPa}$，$R_0^a = 7.72\text{m}$，$p_a = 0.067\text{MPa}$，$Q' = 33.81\text{MN}$，

$u_{r_0}^a = \dfrac{M(R_0^a)^2}{4Gr_0} = 0.1\text{m}$，$K_1 = \dfrac{f_u A_s}{Q'} = 2.23$。

（3）计算围岩稳定安全度：

$$p_{imin} = \gamma r_0\left(\frac{R_{max}^a}{r_0} - 1\right)$$

$$R_{max}^a = r_0\left[\frac{(p + c_1\cot\varphi_1)(1 - \sin\varphi_1)}{(p_{imin} + p_a + c_1\cot\varphi_1)(1 + \sin\varphi_1)}\right]^{\frac{1-\sin\varphi_1}{2\sin\varphi_1}}$$

解之得：

$$p_{imin} = 0.044\text{MPa}$$

$$R_{max}^a = 5.33\text{m}$$

$$K_2 = \frac{p_i}{p_{imin}} = 7.68$$

（4）验算喷层厚度：

$$t = r_1\left(\frac{1}{\sqrt{1 - \dfrac{2p_i}{R_h}}} - 1\right) = 10.8 < 15\text{cm}$$

7.5 轴对称条件下锚喷支护计算的图解方法

收敛-约束法或称特征曲线法，一般都采用图解的方法。实质上，这种方法是绘制岩体变形特征曲线和支护变形特征曲线，而两条曲线的交点就是问题的解。这两条曲线的图

形都是按解析计算公式给出的，因而它与解析计算法并无实质上的不同。

7.5.1 围岩收敛的几种形式

围岩变形特征曲线称为围岩收敛曲线，下面是几种不同状况下的收敛曲线方程。

7.5.1.1 弹性收敛方程

洞壁位移：

$$u_{r_0} = \frac{1}{2G}(p_0 - p_i)r_0 \qquad (7\text{-}46)$$

其收敛曲线如图 7-27 中 1 线所示，它只适用于围岩处于弹性状态。

7.5.1.2 弹塑性收敛曲线

（1）不考虑塑性区体积扩容的方程。一般都采用修正的芬纳公式，并写成如下形式：

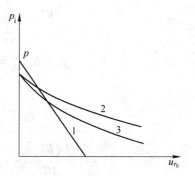

图 7-27 围岩弹塑性曲线
1—弹性线；2—修正的芬达线；
3—考虑扩容的弹塑性线

$$u_{r_0} = \frac{Mr_0}{4G}\left[\frac{(p + c\cot\varphi)(1 - \sin\varphi)}{p_i + c\cot\varphi}\right]^{\frac{1-\sin\varphi}{2\sin\varphi}} \qquad (7\text{-}47)$$

由于塑性区 c、φ 值是变化的，代以不同的 c、φ 值就可得到不同的收敛线。通常采用平均的 c、φ 来确定收敛线（图 7-27 中 2 线）

（2）考虑体积扩容的收敛曲线方程：

$$u_{r_0} = \frac{M(1 - \mu)r_0}{4G}\left[\frac{(p + c\cot\varphi)(1 - \sin\varphi)}{p_i + c\cot\varphi}\right]^{\frac{1-\sin\varphi}{2\sin\varphi}} + \frac{r_0}{2G}(1 - 2\mu)(p_i - p) \qquad (7\text{-}48)$$

当 $\mu = 0.5$ 时，则式（7-48）成为式（7-47）。

也可采用引入一个塑性区体积扩容系数 n 来求解洞壁位移（n 表示塑性区体积变化的百分率）。按 n 的定义，可导出式（7-49）：

$$u_{r_0} = \frac{Mr_0}{4G}\left[\frac{(p + c\cot\varphi)(1 - \sin\varphi)}{p_i + c\cot\varphi}\right]^{\frac{1-\sin\varphi}{2\sin\varphi}} + \frac{nr_0}{2}\left\{\left[\frac{(p + c\cot\varphi)(1 - \sin\varphi)}{p_i + c\cot\varphi}\right]^{\frac{1-\sin\varphi}{2\sin\varphi}} - 1\right\}$$

$$(7\text{-}49)$$

n 一般可取 0.5%~1%，当 $n = 0$ 时，式（7-49）就变成式（7-47）。

7.5.2 支护约束曲线的几种形式

支护（喷层、锚杆与锚喷支护）变形特征曲线通常称为支护约束线或支护限制线。

（1）喷混凝土约束线方程。一般采用厚壁筒理论：

$$u_{r_0} = \frac{r_0[r_1^2 + (1 - 2\mu_c)r_0^2]}{2G_c(r_0^2 - r_1^2)}p_i = \frac{p_i}{K_c} \qquad (7\text{-}50)$$

当喷层内同时受到内压 q_0 时，则有：

$$u_{r_0} = \frac{r_0}{2G_c(r_0^2 - r_1^2)}[K_1 p_i - K_2 q_0] \qquad (7\text{-}51)$$

其中，

$$K_1 = r_i^2 + (1 - 2\mu_c)r_0^2 , \quad K_2 = 2r_i^2(1 - \mu_c)$$

当 $q_0 = 0$ 时，式（7-51）即为式（7-50）。

若考虑到作为初期支护的喷层允许进入到塑性阶段，则宜改用弹塑性约束线方程。

如图 7-26 所示，鉴于仰拱通常是最后才施作，所以封底前喷层的实际约束线为一曲线，而按厚壁筒计算时则为一直线。因此，支护前洞壁的初始位移 u_0，应取仰拱封底时的位移值。

（2）锚杆约束线方程。常用的锚杆约束线方程是建立在锚杆与围岩共同变形基础上的，认为锚杆特征线与喷层相似，其斜率反映刚度。按上节所述可得锚杆的刚度 K_a：

$$\frac{1}{K_a} = \frac{E_a A_s}{k r_c e i} \tag{7-52}$$

$$u_{r_0}^a = K_a p_a = \frac{k r_c e i}{A_s E_a} p_a \tag{7-53}$$

式（7-53）适用于点锚式锚杆，对于全长黏结式锚杆，采用式（7-54）：

$$u_{r_0} = \left[\frac{k(\rho - r_0)ei}{E_a A_s r_0} \cdot \frac{1}{\dfrac{\rho - r_0}{r_0^2} - \dfrac{r_0 - \rho}{r_c^2} + \dfrac{2}{\rho} - \dfrac{1}{r_0} - \dfrac{1}{r_c}} \right] p_a \tag{7-54}$$

式中，p_a 为锚杆的附加支护抗力。

（3）锚喷联合支护约束线方程。对于锚喷联合支护，可采用两种支护刚度叠加得到式（7-55）：

$$\frac{1}{K} = \frac{1}{K_c} + \frac{1}{K_a} \tag{7-55}$$

式中，K_c 为喷层刚度；K_a 为锚杆刚度。

由于锚喷施作有先后，尤其是仰拱封底总是锚杆施作完成后再进行的，因而联合支护的约束线如图 7-28 所示。只要仰拱封底在最后进行，不论是先喷还是先锚的施工方法，图中的 u_{01}^a 都要小于 u_{02}。图中，

$$u_{r_{01}} = \frac{1}{K_a} p_i + u_{01}^a = u_{02}$$

$$u_{r_{02}} = \left(\frac{1}{K_a} + \frac{1}{K_c} \right) p_i + u_{02} \tag{7-56}$$

7.5.3 围岩最小压力 p_{imin} 的确定

最小围岩压力由围岩收敛线与围岩重力线相交确定（图 7-29）。如前所述，重力线方程为：

$$p_{imin} = \gamma r_0 \left(\frac{R_{max}^a}{r_0} - 1 \right) \tag{7-57}$$

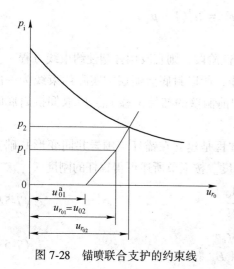

图 7-28　锚喷联合支护的约束线

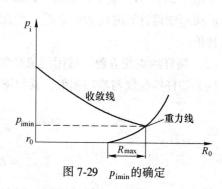

图 7-29　p_{imin} 的确定

7.6　特软地层中锚喷支护的解析计算

实践证明，特软地层中采用点锚式锚杆很难见效，因而一般都采用砂浆锚杆。在软弱地层中，锚杆与围岩之间的相对滑移是不大的，可以略去。但在特软围岩中，锚杆与围岩之间的相对滑移通常不能略去，因而锚杆的力学模式及锚喷支护计算方法也与上述不同。

7.6.1　特软地层中砂浆锚杆支护的力学分析

当锚杆与围岩共同变形时，由前述不难得到锚杆各点相对于中性点的位移为

$$\begin{cases} u = \dfrac{A}{\rho} - \dfrac{A}{r} & (\rho \leqslant r \leqslant r_c) \\[2mm] u = \dfrac{A}{r} - \dfrac{A}{\rho} & (r_0 \leqslant r \leqslant \rho) \end{cases} \qquad (7\text{-}58)$$

其中，

$$A = \frac{(p\sin\varphi_1 + c_1\cos\varphi_1)(R_0^a)^2}{2G} - r_0 u_0^a$$

此外，在特软围岩中还存在不能忽略的锚杆与围岩之间的相对位移，如图 7-30 所示。因此，使锚杆各点的绝对位移小于同点围岩的绝对位移，其值为：

$$u = \frac{A}{r} - \Delta u \qquad (7\text{-}59)$$

式中，Δu 为锚杆和围岩之间的相对位移。

锚杆的变形可认为是锚杆随围岩的共同变形与锚杆相对围岩的变形的叠加。

7.6.1.1　基本假设

（1）只考虑锚杆的轴向拉伸，不考虑横向变形。

（2）认为锚杆和砂浆之间不产生相对滑移，相对位移只发生在砂浆与围岩之间（图 7-30）。

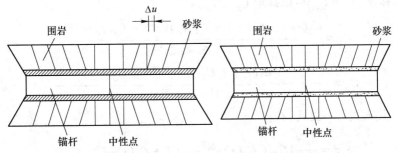

图7-30 锚杆、砂浆与围岩之间的相对位移

（3）锚杆周边剪力与锚杆对围岩的相对位移成正比。

（4）锚杆均匀分布在硐室横截面上，锚杆处于弹性工作状态。

7.6.1.2 受力分析

取锚杆上某一微段进行分析（图7-31），按假设（3）有式（7-60）：

$$\tau = K\Delta u \tag{7-60}$$

式中，K 为锚杆与围岩之间的抗剪刚度。

根据该微段的平衡条件，有：

$$A_s\sigma + \tau f\mathrm{d}r - (\sigma + \mathrm{d}\sigma)A_s = 0 \tag{7-61}$$

$$\tau = \frac{A_s\mathrm{d}\sigma}{f\mathrm{d}r} \tag{7-62}$$

式中，A_s、f 分别为锚杆的横截面面积和周长。

锚杆的拉伸位移为：

$$u = \frac{A}{\rho} - \left(\frac{A}{r} - \Delta u\right) \tag{7-63}$$

由于 $\sigma = E_a\varepsilon_a = E_a\dfrac{\mathrm{d}u}{\mathrm{d}r}$，将式（7-63）代

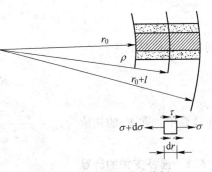

图7-31 锚杆微段受力分析

入，有：

$$\sigma = E_a\left(\frac{A}{r^2} + \frac{A_s}{Kf}\frac{\mathrm{d}^2\sigma}{\mathrm{d}r^2}\right)$$

令 $N^2 = \dfrac{Kf}{A_sE_a}$，$M = -\dfrac{AKf}{A_s}$，则有：

$$\frac{\mathrm{d}^2\sigma}{\mathrm{d}r^2} - N^2\sigma = \frac{M}{r^2} \tag{7-64}$$

式（7-64）的通解为：

$$\sigma = C_1\mathrm{e}^{Nr} + C_2\mathrm{e}^{-Nr} + C_1(r)\mathrm{e}^{Nr} + C_2(r)\mathrm{e}^{-Nr} \tag{7-65}$$

式中，

$$\begin{cases} C_1(r) = -\dfrac{M}{2N}\dfrac{1}{r} - \dfrac{M}{2}\ln r - \dfrac{M}{2}\sum_{n=1}^{\infty}\dfrac{(-Nr)^n}{n!\,n(n+1)} \\[4mm] C_2(r) = \dfrac{M}{2N}\dfrac{1}{r} - \dfrac{M}{2}\ln r - \dfrac{M}{2}\sum_{n=1}^{\infty}\dfrac{(Nr)^n}{n!\,n(n+1)} \end{cases} \tag{7-66}$$

由 $\sigma\,|_{r=r_0}=0$ 和 $\sigma\,|_{r=r_c}=0$，可以确定 C_1、C_2 为

$$C_1 = \frac{C_2(r_0) - C_2(r_c) + C_1(r_c)\mathrm{e}^{2Nr_c} - C_1(r_0)\mathrm{e}^{2Nr_0}}{\mathrm{e}^{-2Nr_c} - \mathrm{e}^{-2Nr_0}}$$

$$C_2 = \frac{C_1(r_0) - C_1(r_c) + C_2(r_0)\mathrm{e}^{-2Nr_0} - C_2(r_c)\mathrm{e}^{-2Nr_c}}{\mathrm{e}^{-2Nr_c} - \mathrm{e}^{-2Nr_0}}$$

将式（7-65）代入式（7-62），有：

$$\tau = \frac{A_s N}{f}\{C_1 + C_1(r)\mathrm{e}^{Nr} - [C_2 + C_2(r)\mathrm{e}^{-Nr}]\} \tag{7-67}$$

7.6.1.3　中性点半径求解

由锚杆中性点处应力最大条件 $\dfrac{\mathrm{d}\sigma}{\mathrm{d}r}=0$，得：

$$[C_1 + C_1(r)]\mathrm{e}^{2Nr} - [C_2 + C_2(r)] = 0 \tag{7-68}$$

设：

$$f(r) = [C_1 + C_1(r)]\mathrm{e}^{2Nr} - [C_2 + C_2(r)]$$

$$f'(r) = 2N^2\mathrm{e}^{2Nr}[C_1 + C_1(r)] + M\frac{1}{r^2}\mathrm{e}^{Nr}$$

则牛顿迭代格式为：

$$R_{i+1} = R_i - \frac{f(r)}{f'(r)} \tag{7-69}$$

在计算中，取 R_i 的初值为 $r_0 + \dfrac{r_c - r_0}{2}$，则由式（7-69）很快得到中性点半径 ρ。

7.6.2　锚杆支护的计算

锚杆支护的计算与前面章节完全类似，将砂浆锚杆按点锚式锚杆计算，只是以中性点轴力 Q_{max} 代替 Q，而不是以等效轴力 Q' 代替 Q。Q_{max} 按式（7-65）求得 σ_{max} 后得到式（7-70）：

$$Q_{max} = \sigma_{max}A_s = \{[C_1 + C_1(\rho)]\mathrm{e}^{Nr} + [C_2 + C_2(\rho)]\mathrm{e}^{-Nr}\}A_s \tag{7-70}$$

式中，$C_1(\rho)$、$C_2(\rho)$ 可令式（7-66）中的 $r=\rho$ 求得。

由此得：

$$p_a = \frac{Q_{max}}{ei} \tag{7-71}$$

7.7　非轴对称条件下锚喷支护的解析计算与设计

在非轴对称情况下，如 $\lambda<0.8$ 时，围岩的塑性区位于硐室两侧。Robcewicz 通过实地调查，认为在喷层两侧出现剪切破坏，而且剪切破坏是沿着围岩两侧破裂楔体的滑移线方向发展的（图 7-32（a））。这一破坏形态后来又被大量砂箱模型试验所证实，这就是喷层剪切破坏理论。

不过，也有人认为，即使在这种情况下，喷层仍然是由于四周受压而引起剪切破坏，而与破裂楔体的滑移线方向无关。其原因是柔性大，容易调整压力，使四周压力比较均匀，故应采用压剪破坏理论（图7-32（b））。

Robcewicz 提出的破坏剪切理论，未给出最小围岩压力 p_{imin}，下面根据模型材料的破坏试验数据，给出围岩进入松动破坏和确定最小围岩压力 p_{imin} 的判据。

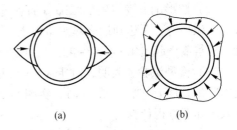

(a)　　　　　(b)

图 7-32　喷层破坏形式

（a）喷层剪切破坏；（b）喷层压剪破坏

7.7.1　围岩的塑性滑移线方程

根据摩尔圆理论，塑性区中出现的塑性滑移线与最小主应力迹线成 $45°+\varphi/2$ 角，亦即与坐标轴成 α 夹角，当轴对称情况时（图7-33），有：

$$\alpha = 45° + \frac{\varphi}{2} \tag{7-72}$$

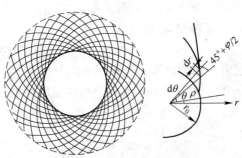

图 7-33　围岩塑性滑移线

当坐标有一个 $d\theta$ 的变化，径向也有 dr 的变化，θ 由 $\rho \rightarrow \theta$，r 由 $r_0 \rightarrow r$，故有：

$$dr = rd\theta \cdot \cot\left(45° + \frac{\varphi}{2}\right)$$

$$\int_{r_0}^{r} \frac{dr}{r} = \cot\alpha \int_{\rho}^{\theta} d\theta$$

$$\ln r - \ln r_0 = (\theta - \rho)\cot\alpha$$

$$r = r_0 e^{(\theta-\rho)\cot\alpha} \tag{7-73}$$

同理，得另一组滑移线：

$$r = r_0 e^{-(\theta-\rho)\cot\alpha} \tag{7-74}$$

塑性区内的塑性滑移线是一组成对交错出现的螺旋线。

7.7.2　$\lambda<1$ 时圆形硐室围岩破坏分析

试验表明，圆形硐室的围岩破坏具有如下特性：

（1）$\lambda=1$ 时，洞周出现环向破坏，而 $\lambda<1$ 时，在围岩两侧中间部位出现"破裂楔体"。同时表明，破裂楔体位于围岩塑性区中应力集中系数最高处，亦即位于应力降低和强度丧失最严重的地方。

（2）圆形硐室围岩破裂区随着加载过程逐渐发展，因此，破裂起始角 ρ 随着加载增大逐渐减小，直至达到最终起始角为止。对 $\varphi = 33°$ 的模型材料，在 $\lambda = 0.25$ 情况下进行试验，获得最终起始角 $\rho = 40° \sim 43.5°$，此时继续加载，ρ 值不变（图7-34）。

（3）模型试验还表明，对于 $\lambda \neq 1$ 的情况也可采用 $\lambda = 1$ 的滑移线方程来计算"破裂楔体"的长度 l。当 $\lambda = 0.25$ 时，实测 $l = 2.7\text{cm}$，按 $\lambda = 1$ 滑移线方程计算 $l = 2.9\text{cm}$。因而可采用如下方程计算 l：

$$l = r_0 \left[e^{(\theta - \rho)\cot\beta_1} - 1 \right] \tag{7-75}$$

式中，β_1 为滑移线切线与所给出坐标方向的夹角。

7.7.3　喷射混凝土支护的计算

保证喷层不出现剪切破坏时所需的支护抗力 p_i 为：

$$p_i = (p + c\cot\varphi)(1 - \sin\varphi)\left(\frac{r_0}{R}\right)^{\frac{2\sin\varphi}{1-\sin\varphi}} - c\cot\varphi \tag{7-76}$$

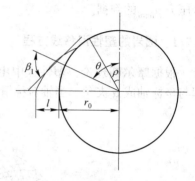

图 7-34　破裂楔体滑移线

按照 Robcewicz 提出的剪切破坏理论中有关概念，这里的 p_i 值就相当于保持围岩稳定的最小支护抗力 $p_{i\min}$。

设喷层厚度为 t，喷层沿"破裂楔体"滑移线方向的剪切面积为 $t / \sin(45° - \varphi/2)$，按外荷与剪切面上剪切强度相等，得：

$$K_4 p_i \frac{b}{2} = \frac{t\tau_c}{\sin\left(45° - \dfrac{\varphi}{2}\right)}$$

由此，

$$t = \frac{K_4 p_i b \sin\left(45° - \dfrac{\varphi}{2}\right)}{2\tau_c} \tag{7-77}$$

式中，K_4 为剪切破坏安全系数，$K_4 = 1.5 \sim 2.5$；$b = 2r_0\cos\rho$；ρ 为"破裂楔体"最终起始角；$\tau_c = 0.2R_h$，τ_c、R_h 分别为混凝土抗剪强度和轴心抗压强度。

除考虑上述剪切破坏形态外，还需验算在作用下，喷层是否出现压剪破坏，所以，喷层厚度尚需满足式（7-44）。

7.7.4　锚喷支护的计算与设计

有锚杆作用时，需将式（7-76）改写为

$$p_i = (p + c_1\cot\varphi_1)(1 - \sin\varphi_1)\left(\frac{r_0}{R}\right)^{\frac{2\sin\varphi_1}{1-\sin\varphi_1}} - c_1\cot\varphi_1 - p_a \tag{7-78}$$

附加支护抗力由式（7-79）确定：

$$p_a = \frac{A_s f_u}{K_1 ei} \tag{7-79}$$

此外，还应用锚杆锚固力 F 进行验算：

$$p_a = \frac{F}{K_1 e i} \tag{7-80}$$

p_a 取式上两式中的较小值。

当喷混凝土中有钢筋网时，式（7-78）为：

$$p_i = (p + c_1 \cot\varphi_1)(1 - \sin\varphi_1)\left(\frac{r_0}{R}\right)^{\frac{2\sin\varphi_1}{1-\sin\varphi_1}} - c_1 \cot\varphi_1 - p_a - p_i^t \tag{7-81}$$

其中，

$$p_i^t = \frac{A_s \tau^{st}}{s \dfrac{b}{2} \sin\left(45° - \dfrac{\varphi_1}{2}\right)}$$

式中，τ^{st} 为钢筋抗剪强度；s 为环向钢筋间距。

喷混凝土厚度仍可采用式（7-44）、式（7-77）。

合理的设计要求喷层具有合理的厚度，以保证喷层柔性的特点和充分发挥围岩的自承作用。锚杆配置原则上仍采用全断面配置，但围岩破裂区位于侧向，所以，在侧向部位，尤其是侧向上方部位，锚杆应加长加密，而顶底部则可适当减短减稀。尤其是底部，如果没有地面隆起现象发生，也可不设锚杆。侧向锚杆的长度应大于破裂楔体长度 l。

例 7-3 某圆形硐室半径为 $2m$，埋深 $300m$，$c = 0.3MPa$，$\varphi = 40°$，$\lambda = 0.5$，岩层平均容重 $\gamma = 2500 kg/m^3$，喷混凝土设计抗压强度 $R_h = 11MPa$。试进行锚喷设计。

解： 不同 λ 值建议的 ρ 值为：

$$\lambda = 0.2 \sim 0.5, \ \rho = 50° \sim 40°$$
$$\lambda = 0.5 \sim 0.8, \ \rho = 40° \sim 35°$$

由 $\lambda = 0.5$，得 $\rho = 40°$，

$$R = r_0 e^{(\theta - \rho)\cot\left(45° + \frac{\varphi}{2}\right)} = 2e^{(90-40)\cot\left(45° + \frac{40°}{2}\right)} = 3m$$

$$\frac{b}{2} = r_0 \cos 40° = 153 cm$$

$$c \cot\varphi = 0.3 \times 1.19 = 0.357 MPa$$

$$\sin 40° = 0.642$$

$$p_i = (p + c\cot\varphi)(1 - \sin\varphi)\left(\frac{r_0}{R}\right)^{\frac{2\sin\varphi}{1-\sin\varphi}} - c\cot\varphi$$

$$= (300 \times 0.025 + 0.357)(1 - 0.642)\left(\frac{2}{3}\right)^{\frac{2 \times 0.642}{1 - 0.642}} - 0.357$$

$$= 0.30 MPa$$

K_4 取 1.5，$\tau_c = 0.2R_h$，则：

$$t = \frac{K_4 p_i b \sin\left(45° - \dfrac{\varphi}{2}\right)}{2\tau_c} = \frac{1.5 \times 0.30 \times 0.423 \times 153}{0.2 \times 11} = 13.2 cm$$

按式（7.44），并采用 1.2 的安全系数，则：

$$t = K_3 r_0 \left[\frac{1}{\sqrt{1 - \frac{2p_i}{R_h}}} - 1 \right] = 1.2 \times 200 \left[\frac{1}{\sqrt{1 - \frac{2 \times 0.3}{11}}} - 1 \right] = 6.8 \text{cm}$$

故采用 14cm 的喷射混凝土层。

如采用锚杆支护，可采用 $l = 1.5$m 锚杆，锚杆直径 $d = 14$mm，锚杆间距 $s = 0.75$m，锚杆采用 I 级钢，锚杆锚固力 60000N。

锚杆附加支护抗力 p_a（取 $K_1 = 1.2$）为：

$$p_a = \frac{\frac{\pi d^2}{4} f_u}{K_1 ei} = \frac{0.000154 \times 380}{1.2 \times 0.75 \times 0.75} = 0.085 \text{MPa}$$

$$\frac{\pi d^2}{4} f_u = 58.52 \text{kN} < 60 \text{kN}$$

用锚杆锚固后围岩 c 值的提高值为：

$$\tau_a = 0.6 f_u = 0.6 \times 380 = 228 \text{MPa}$$

$$c_1 = c + \frac{\tau_a A_s}{ei} = 0.3 + \frac{228 \times 1.54 \times 10^{-4}}{0.75 \times 0.75} = 0.3625 \text{MPa}$$

$$c_1 \cot \varphi_1 = 0.3625 \times 1.19 = 0.433 \text{MPa}$$

支护抗力 p_i：

$$p_i = (300 \times 25000 \times 10^{-6} + 0.433)(1 - 0.642)\left(\frac{2}{3}\right)^{\frac{2 \times 0.642}{1 - 0.642}} - 0.433 - 0.085$$

$$= 0.145 \text{MPa}$$

喷层厚度：

$$t = \frac{1.5 \times 0.145 \times 0.0423 \times 153}{0.2 \times 11} = 6.4 \text{cm}$$

故选用喷层厚度为 7cm。

如果在锚喷支护基础上再加钢筋网，钢筋网直径 $d = 0.6$cm，环向间距 20cm，I 级钢筋。

$$p_i^t = \frac{A_s \tau^{st}}{s \frac{b}{2} \sin\left(45° - \frac{\varphi_1}{2}\right)} = \frac{\frac{0.6^2}{4} \times 3.14 \times 228}{20 \times 153 \times 0.423} = 0.0497 \text{MPa}$$

$$p_i = 0.145 - 0.05 = 0.095 \text{MPa}$$

喷层厚度：
$$t = \frac{1.5 \times 0.095 \times 0.423 \times 153}{0.2 \times 11} = 4.2 \text{cm}$$

故选用喷层厚度 5cm。

7.8 岩土锚固的研究进展与研究方向

7.8.1 岩土锚固研究进展

岩土锚固作为岩土工程领域的重要分支，由于其方式独特、工艺简便、造价经济、效果良好等原因，目前已在国内外边坡、基坑、矿井、隧道、坝体以及抗浮、抗倾结构等土木工程建设中获得广泛应用。

据记载，美国于1911年首先使用岩石锚杆支护矿山巷道。1918年西利西亚矿山开采使用锚索支护。1934年在阿尔及利亚的舍尔法坝加高工程中，首先使用承载力为10000kN的预应力锚索来保持加高后坝体的稳定。1957年德国Bauer公司在深基坑中使用土层锚杆。

20世纪60年代，捷克斯洛伐克的Lipno电站主厂房（宽为32m）、西德的Waldeck Ⅱ地下电站主厂房（宽33.4m）等大型地下硐室采用了高预应力长锚杆和低预应力短锚杆（张拉锚杆）相结合的支护形式。锚杆支护在中国的矿山巷道、铁路隧洞和电站地下厂房中也迅速得到应用。1964年，中国安徽梅山水库采用设计承载力为2400~3000kN的预应力锚杆加固坝基。1969年，海军某大跨度地下工程采用锚杆加固高达40m的岩墙，比原计划的钢筋混凝土墙支护节约投资250万元，并缩短了工期。

20世纪70年代，英国在普莱姆斯的核潜艇综合基地船坞的改建中，广泛应用了地锚，用以抵抗地下水的上浮力。1974年，纽约世界贸易中心深开挖工程采用锚固技术，950m长、0.9m厚的地下连续墙，穿过有机质粉土、砂和硬土层直达基岩，开挖深度为地面以下21m，由6排锚杆背拉。锚杆倾角为45°，工作荷载为300kN。法国、瑞士、捷克、澳大利亚先后颁布了地层锚杆的技术规范。在瑞士、法国、捷克、澳大利亚、意大利、英国、巴西、美国、日本等国广泛采用岩土锚杆维护边坡稳定。

20世纪80年代，英国、日本等国研究开发了一种新型锚固技术——单孔复合锚固，改善了锚杆的传力机制，大大提高了锚杆的承载力和耐久性。英国采用单孔复合锚固技术，在软土中使锚杆的承载力达到1337kN。1989年，澳大利亚在Warragamba重力坝加固工程中采用由65根15.2mm的钢绞线组成的锚杆，最大承载力达16500kN。中国北京的京城大厦、王府饭店、上海太平洋饭店等大型基坑工程均采用了预应力土层锚杆背拉桩墙结构。奥地利、英国、美国、国际预应力协会、日本和中国相继制定了地层锚杆的技术规范。

进入20世纪90年代，岩土锚固的理论研究、技术创新和工程应用得到进一步发展。据不完全统计，国外各类岩石锚杆已达600余种，锚杆年使用量达2.5亿根。

1993~1999年，据初步统计，我国在深基坑和边坡工程中的预应力锚杆用量，每年约为2000~3500km。澳大利亚对Nepean重力坝和Burrinjuek重力坝相继采用高承载力（分别是16500kN和16250kN）的锚杆加固。为了检验锚杆防腐蚀系统的完善性，瑞士开发应用了电隔离锚杆（电阻测定法）技术，该法已列入瑞士和全欧的锚杆标准。瑞典和日本开发的带端头膨胀体的土中锚杆，得到了实际应用。据称，这种锚杆膨胀体的直径可达0.8m，它改变了摩擦作用的传力机制，大大缩短了固定段长度，具有多方面的优点。我国台湾在砂性土的抗浮工程中应用了底端扩成圆锥体的锚杆，它借助旋转的叶片，底端可形成直径为0.6m的锥体，当固定长度为6~10m时，锚杆的极限承载力达960~1400kN，可比直径为12cm的圆柱形固定段的锚杆承载力提高2~3倍。在我国香港新机场建设中，采用单孔复合锚固创造了单根土层锚杆承载力的新纪录：位于砂和完全风化崩解的花岗岩层中的单孔复合型锚固锚杆，由7个单元锚杆组成，单元锚杆的固定长度分别为5m和3m，锚杆在3000kN荷载作用下未见异常变化。

目前，岩土锚固的理论、设计、材料、施工、腐蚀、防护、试验、长期性能、荷载传递和界面上的黏结特性等研究成果不断更新，具体表现在：

（1）锚杆结构与工艺的不断革新，提高了锚杆在不同工作条件下的适应性。为了改善锚杆在不同工作条件下的适应性并提高其经济性，近年来我国使用的岩土锚杆的品种不断增多，工艺也在不断变革。发明了以缝管锚杆和水胀式锚杆为主的摩擦型岩石锚杆，该类锚杆能在其安设后立即对围岩施加三向预应力，具有良好的延展性，随着时间的推移，经受爆破震动或岩石移动后，锚固力会大幅度增长。因而它特别适用于软弱围岩或受爆破震动影响的地下工程。目前摩擦型锚杆已在100多个地下矿山工程中应用。以树脂为黏结剂的锚杆和快硬水泥卷锚杆均有早期强度高、能及时提供足够的支护抗力等特点，在矿山及交通隧洞中的应用也日渐增多。

此外，让压锚杆的开发应用给大变形和受动压作用的矿山巷道工程提供了一种较有效的支护形式。让压锚杆（又称屈服锚杆）或伸缩式锚杆比普通锚杆具有承受更大变形的能力。锚杆的这种特性是通过锚杆的摩擦滑移、屈服元件或延伸率高达10%~20%的杆体钢材来实现的。

近年来，可尤以岩土预应力锚杆（索）技术的发展最为明显。用于坝基稳定的预应力锚索最长可达90m，单根锚索的极限承载力达6000kN。用于基坑稳定的土层预应力锚索最长可达40m，单根锚索的极限承载力达1200kN。对土层锚杆的锚固体实施二次高压灌浆，可使水泥浆液向锚固体周围的土体中劈裂、挤压和渗透，从而显著地增大土体的抗剪强度，锚杆的锚固强度比仅采用一次常压灌浆的约提高50%~100%。

（2）采用先进的锚固旋工机具，提高了岩土锚固的施工效率。在岩土预应力锚固施工机具中，钻孔机具是影响施工经济效益的关键设备。为了适应大型岩土锚固工程的需要，近年来，中国一方面从国外引进各类履带式液压钻孔机外，另一方面坚持自身研制开发新型钻孔机械。目前在工程中应用的国产钻机主要有CM351、KQJ-100B、QZ-100K等岩石锚杆钻机和土星811L型、YTM87型和KGM5型等土锚钻机，YTM87型钻机是履带式全液压钻机，它有两种功能：1）使用螺旋钻杆的干式钻进，钻孔深可达32m；2）清水循环带护壁套管的湿式钻进，钻孔深可达60m。

在预应力锚杆（索）的张拉和锁定装置方面，中国已能生产各种荷载水平张拉设备和锚具。研制成的6000kN级的张拉设备和锚固装置已在吉林丰满大坝加固工程中应用。近年来研制的OVM锚具，其锚固效率系数$\eta_A > 0.95$，破断总应变$\varepsilon_n \geqslant 2.0\%$，锚口摩阻损失系数为0.025，在国内许多大型岩土锚固工程中应用，取得了满意的效果。

（3）锚固材料得到新发展，改善了锚杆的工作性能。在岩石锚杆的黏结材料方面，由于硫铝酸盐水泥和各种高效早强剂的发展，使得早强水泥卷锚杆的应用成为现实。这类锚杆能显著地提高早期限制围岩变形的能力，且成本低廉，因而具有广阔的销售市场，目前国内生产的水泥基药卷式锚固能使锚杆的抗拔力在安装后 2 小时达 150kN。

在预应力锚索材料方面，发展高强度、低松弛的预应力钢绞线对于节约钢材、方便施工、减少锚索预应力损失具有重要意义。目前在我国生产的低松弛钢绞线，有利于减少锚索因松弛引起的预应力损失。

（4）土钉墙技术的工程应用，获得了可喜的成绩。土钉墙是一种新型挡土墙结构。土钉墙在基坑开挖工程中得到了较广泛的应用，特别是在一些土质软弱且深度大的基坑开挖工程中得到了成功的应用，如广州安信大厦深 16m，地层为粉质黏土，局部为淤泥质土，紧临多层建筑物，采用土钉、配筋喷射混凝土和预应力锚杆相结合的支护形式满足了基坑工程的稳定要求。可以相信，在中国的深开挖工程中，土钉墙将成为稳定开挖面的一种主要形式，具有广阔的发展前景。

7.8.2 岩土锚固研究方向

岩土锚固作为解决复杂岩土工程问题最经济最有效的方法之一，已在国内外边坡、基坑、矿井、隧道、坝体以及抗浮、抗倾结构等土木工程建设中获得广泛应用。岩土锚固理论研究也得到进一步发展。

早期主要沿用结构工程概念，对锚杆作用机理提出诸如悬吊理论、组合梁理论、成拱理论等简单模型，对锚固体传递的力在设计中大都采用黏结应力均匀分布的形式，锚杆（索）加固机理也没有统一的认识，缺乏行之有效、合理的计算方法。采用等效模型评论锚杆（索）的加固作用，理论分析和数值分析与实际情况出入较大。

因此岩土锚固的理论与技术应用研究应从以下几方面展开：

（1）围绕地锚荷载传递机理，研究考虑黏结应力非均匀分布的事实，提出切合实际的单锚承载力的计算公式。

（2）根据半理论半经验的设计原则，提出考虑群锚效应的系统锚杆支护的实用计算方法。

（3）进一步加强锚固机理研究，包括锚固体对岩土体物理力学性质的影响和锚杆（索）与岩土体之间的相互作用。

（4）提出模拟锚杆作用的合理计算模型，探寻拉力型、压力型、剪力型锚固体内应力传递规律。

（5）锚杆预应力对岩土体应力重分布及岩土体力学性能的影响。

（6）复合土钉墙工作机理及设计方法。

（7）地震、冲击、交变荷载、冰冻、高温等特殊条件下锚杆的性能及设计方法。

（8）开发各种地质条件下喷锚支护设计的专家系统。

（9）锚固体质量检测的方法与标准。

（10）基于环境岩土工程的新型锚杆的开发。

（11）高强度非金属材料的研发与应用。

（12）锚杆的腐蚀与防护。

参 考 文 献

［1］高谦，施建俊，李远，等．地下工程系统分析与设计［M］．北京：中国建材工业出版社，2011.

［2］徐干成，白洪才，郑颖人．地下工程支护结构［M］．北京：中国水利水电出版社，2008.

［3］梁波、陈建勋．隧道工程［M］．重庆：重庆大学出版社，2015.

［4］张强勇．岩土工程强度与稳定计算及工程应用［M］．北京：中国建筑工业出版社，2005.

［5］郑颖人，朱合华，方正昌，等．地下工程围岩稳定分析与设计理论［M］．北京：人民交通出版社，2012.

［6］蔡美峰．岩石力学与工程［M］.2版．北京：科学出版社，2017.